2015年第十一届
中国海洋论坛论文集

中国太平洋学会　编

海洋出版社

2016年 · 北京

图书在版编目（CIP）数据

2015年第十一届中国海洋论坛论文集/中国太平洋学会编.
—北京：海洋出版社，2016.7
ISBN 978-5027-9557-3

Ⅰ.①2…　Ⅱ.①中…　Ⅲ.①海洋学-文集　Ⅳ.①P7-53

中国版本图书馆CIP数据核字（2016）第189014号

责任编辑：潘　峰　王　溪
责任印制：赵麟苏
海洋出版社　出版发行
http://www.oceanpress.com.cn
北京市海淀区大慧寺路8号　邮编：100081
北京朝阳印刷厂有限责任公司印刷　新华书店北京发行所经销
2016年7月第1版　2016年7月第1次印刷
开本：787mm×1092mm　1/16　印张：10.5
字数：242千字　定价：48.00元
发行部：62132549　邮购部：68038093　总编室：62114335
海洋版图书印、装错误可随时退换

目 录

福建建设21世纪海上丝绸之路核心区的功能定位及其角色作用 …………… 李鸿阶(1)
“一带一路”背景下海岸带区域经济可持续发展研究 ……………………… 陈林生(7)
日本对“一带一路”的认知及中国的政策选择 ……………………………… 刘瑞(13)
21世纪海上丝绸之路:南海形势评估与审慎原则的应用 ………… 刘芳明 连晨超(21)
中国海洋安全战略新发展:基于“21世纪海上丝绸之路”视角的思考 ……… 唐嘉华(29)
新挑战与新抉择
——“21世纪海上丝绸之路”背景下的中国海洋安全战略 …………… 马跃堃(38)
“海上丝绸之路”背景下东北亚地区的安全合作
——基于地区安全公共产品的考察 ……………………………………… 马文龙(45)
“21世纪海上丝绸之路”战略下南海海上公共服务体系构建……………………
………………………………… 于莹 刘大海 马雪健 李晓旋 李彦平(54)
从两岸合作到“21世纪海上丝绸之路”共赢还有多远 ……………………… 刘晶晶(63)
浅析共建21世纪海上丝绸之路的风险与对策 ………………………………… 吴诚根(69)
民国时期中国海防思想的发展与海防建设实践 ……………………………… 郭锐(74)
中国海权战略与海上战略通道安全 …………………………………………… 董珊珊(86)
法治建设与海洋文化之互补与融构
——基于象山县东门渔村海洋文化资源的调研 …………………………… 励东升(100)
巴基斯坦加入上海合作组织的原因、挑战及前景分析 ……………………… 薛志华(110)
中美人文交流现状、问题及对策 ……………………………………………… 杨松霖(117)
战争尚未终结,和平仍需努力
——论第二次世界大战与冷战的缘起缘灭 ………………………………… 曹瑞冬(128)
我国保险业推行海洋灾害保险的偿付能力是否充足
——基于风暴潮灾害偿付能力的评估 ……………………………… 郑慧 贺婷婷(145)
我国财险业应对台风灾害的偿付能力评估
——基于浙闽粤琼四省的分析 ……………………………………… 郑慧 贾郭智(156)

福建建设21世纪海上丝绸之路核心区的功能定位及其角色作用

李鸿阶*

（福建社会科学院，福建 福州 350001）

“一带一路”战略是国家的重大决策，已经得到国际社会的高度关注和积极肯定。2015年3月28日，国家发展改革委、外交部、商务部联合发布了《推动共建丝绸之路经济带和21世纪海上丝绸之路的愿景与行动》，明确提出支持福建建设21世纪海上丝绸之路核心区（简称“海丝”核心区）。福建省应充分利用侨台资源优势，进一步密切与海上丝绸之路沿线国家关系，积极发挥引领、示范、辐射和带动作用，成为21世纪海上丝绸之路建设的先行者、排头兵和主力军。

一、21世纪海上丝绸之路核心区的重要内涵

21世纪海上丝绸之路属于经济区域概念，涵盖范围包括从中国沿海港口城市经过南海到印度洋、延伸至欧洲，经过南海延伸到南太平洋。按照区域发展特征，可将21世纪海上丝绸之路分为同质区、异质区（集聚区）两种类型。其中，国内同质区包括广东、江苏、浙江、海南、山东、上海、广西等中国沿海省市区，具有开放程度高、经济实力强、辐射带动作用大等特点，应强化统筹兼顾、形成发展合力，加快共建21世纪海上丝绸之路建设。国际集聚区包括东南亚、南亚、非洲等海上丝绸之路沿线国家，欧洲部分港口城市。由于沿线国家发展水平显著不同，要着力发挥21世纪海上丝绸之路核心区的辐射、带动和对接作用，加快构建多元开放、互惠发展的交流合作新模式，形成区域经济增长极、社会文化活动中心；通过调整经济结构和空间结构，加快形成集约发展模式，推动海上丝绸之路沿线国家、地区和港口城市联动发展。

一是古今传承。建设21世纪海上丝绸之路核心区，不是只恢复古老丝绸之路的往日辉煌，而是要延续海上丝绸之路精神，传承海上丝绸之路文明，推进与海上丝绸之路沿线国家的全方位交流合作，促进产业对接、区域协作和联动发展。二是对外开放。21世纪海上丝绸之路涉及国家多、范围广，要以开放促发展，加快构建开放型的区域经济体。福建省对外开放起步早，要积极推进区域经济合作，加快构建面向“海丝”沿线国家的开放型经济体系。三是提升功能。促进基础设施互联互通，创新区域合作模式，

---

* 李鸿阶：福建社科院副院长、研究员，中国与海上丝绸之路研究中心主任。本文为华侨大学海上丝绸之路研究院委托课题“福建融入‘一带一路’战略研究”的阶段性研究成果。

提升区域聚集能力，强化海上丝绸之路沿线国家交流合作，加快打造21世纪海上丝绸之路节点城市。四是合作共赢。充分利用侨台资源优势，鼓励企业“走出去”发展，与海上丝绸之路沿线国家建立紧密型的贸易、投资关系，促进互惠互利、共同发展。

总之，21世纪海上丝绸之路核心区是指以福建区域为核心地带，以基础设施互通互联为平台，以海外华侨华人为纽带，通过外引内联、创新驱动，将海上丝绸之路沿线国家、节点城市连成一片，形成内外开放、辐射带动、整合提升、集约发展的核心区。

二、21世纪海上丝绸之路核心区的功能定位

建设21世纪海上丝绸之路核心区，要按照区域多元化发展要求，积极发挥引领、示范、辐射和带动作用，加快形成“一极”、“三基地”、“四中心”和“六大产业集聚区”。

（一）“一极”：经济增长极

从经济功能看，21世纪海上丝绸之路核心区涵盖经济合作、产业发展、资金流动等诸多方面，具有集聚功能与辐射效应，能够成为区域发展的“引擎”。应实施转型升级、集群发展战略，合理配置要素资源，进一步做大做强特色产业、优势产业，成为21世纪海上丝绸之路重要的经济增长极。

（二）“三基地”：制造业基地、台港澳同胞和海外侨胞融合基地、对外文化交流基地

1. 制造业基地。要科学把握全球科技与产业发展态势，主动融入国家“一带一路”战略。以信息化与工业化深度融合为主线，以智能制造为主攻方向，改造提升传统优势产业，培育壮大战略性新兴产业、生产性服务业，推动制造业集聚化、网络化、智能化、绿色化发展，加快打造“海丝”先进制造业基地，使先进制造业成为推动经济转型和产业升级的重要引擎。

2. 台港澳同胞和海外侨胞融合基地。福建省海外侨胞众多，台胞80%的祖籍地在福建，闽籍港澳同胞超过120万人，台港澳同胞和海外侨胞是福建省拓展对外关系的天然优势。要以侨为“桥”，加快吸引“世界500强”、海外重点华商和台湾百大企业投资，使福建省成为承接先进制造业、战略性新兴产业、现代服务业的集聚地。要鼓励福建省企业利用华商网络优势，发挥新侨集群效应，赴海上丝绸之路沿线国家开展投资，促进与台湾自由贸易示范区对接，共同打造21世纪海上丝绸之路产业合作示范基地。

3. 对外文化交流基地。福建省“海丝”历史悠久，文化底蕴深厚，海上丝绸之路文化既是福建省重要的文化品牌，也是海上丝绸之路沿线国家共同的历史记忆。要进一步挖掘、整合海上丝绸之路文化资源，以福州、泉州、漳州等城市联合申报海上丝绸之路世界文化遗产为契机，通过举办“海丝”文物精品展、“海丝友好之船”巡航、“海丝”城市联盟等一系列活动，促进文化融洽，加快打造21世纪海上丝绸之路文化交流基地。

（三）“四中心”：交通枢纽中心、商务会展中心、区域性金融中心、区域科研中心

1. 交通枢纽中心。以重点港口为节点，以沿线节点城市为支撑，加快构建面向世界、连接海上丝绸之路沿线国家，快捷畅通，服务中西部地区的综合交通枢纽网络，提高贸易、投资和人员往来的便利化水平。以厦门港、福州港、湄洲湾港为主体，拓展港口腹地，联结“海丝”沿线国家的重要港口，重点发展集装箱运输、散杂货运输和大宗油品运输，实现“大港口、大通道、大物流”的互通互联格局。

2. 商务会展中心。依托福州、厦门、泉州重点港口城市，大力发展信息服务、研发设计、知识产权、资金融通服务、中介咨询服务、会务展示服务、生活娱乐服务等现代服务业，打造海上丝绸之路商务中心。加快发展管理咨询、研究设计、资产评估、信用服务等商务服务，以及法律、会计、广告等中介服务业。重点打造面向21世纪海上丝绸之路沿线国家会展业、商品贸易中心，提升重大展会水平，培育国际化会展品牌。

3. 区域性金融中心。加快建设厦门两岸区域性金融合作中心、海峡股权交易中心，引进台湾银行、证券公司和股权基金，推进两岸金融深度合作。提升泉州金融改革综合实验区水平，破解金融服务实体经济难题，促进产业转型升级。依托海外侨商力量，积极引进海上丝绸之路沿线国家华商银行、伊斯兰银行、主权基金和商业性股权投资基金。创新监管服务模式，积极营造国际化、市场化、法治化的营商环境，为区域性金融中心建设提供保障。

4. 区域科研中心。鼓励企业设立科技机构、研发中心，支持高校、科研院所兴办技术创新机构，为21世纪海上丝绸之路核心区建设提供技术、信息和人才支撑。强化企业创新主体地位，重点瞄准新一代信息技术、高端装备、新能源汽车、新材料、生物医药等重点领域和关键环节，积极推动技术、资金、人才等要素资源向优势企业集聚。

（四）“六大产业集聚区”：现代农业、先进制造业、能源矿产业、海洋产业、旅游产业、金融业

要抓住“一带一路”战略契机，加快构建产业配套、带动功能大的“海丝”沿线国家产业聚集区。

1. 现代农业。充分发挥现代农业示范区、台湾农民创业园、海峡两岸农业合作试验区的窗口作用，实施现代农业发展行动计划，加快建设特色农业、优势农业集中区、海上丝绸之路农产品进出口基地、集散中心。深化与21世纪海上丝绸之路沿线国家先进农业技术、优良育种技术、先进设备合作，吸收引进优秀农业人才，建设农业技术合作中心，提高特色农业品牌化、规模化和科技化水平。

2. 先进制造业。完善制造业创新体系，积极推进智能制造，加大投资基础材料、核心基础零部件、先进基础工艺和产业技术基础，提高重大装备基础配套能力，促进“互联网＋制造业”融合发展。大力推进绿色制造，加快“福建制造”品牌建设，促进制造业服务化，加快建设生产性服务业集聚区，不断提高先进制造业的创新能力、质量

效益和国际化发展水平。

3. 能源矿产业。完善能源合作机制，加大煤炭、油气、金属矿产等能源矿产资源开发。积极推动水电、核电、风电、太阳能等清洁、可再生能源合作，推进能源资源就地、就近加工转化，提升能源矿产资源的技术装备、深加工与工程服务水平。

4. 海洋产业。用好中国——东盟海上合作基金，深化渔业、海洋环保、生物制药、海洋工程、海上旅游等领域合作，以沿海重要港湾为依托，发展现代海洋新兴产业，加快建设临港经济密集区。推进海洋科技研发平台建设，加快构建海洋经济示范区、海洋科技合作园、海洋产业实验基地。探索建立“海丝”国家海洋管护协作机制，大力发展中国－东盟海产品交易所，建成“海丝”沿线国家海洋产业集散地、海产品交易中心。

5. 旅游产业。建立21世纪海上丝绸之路旅游合作机制，加强沿线国家旅游景区和线路对接，做大做强“海丝旅游”品牌。积极拓展“海丝”旅游市场，打造黄金旅游通道，共同构建“21世纪海上丝绸之路旅游带”。整合旅游资源，举办海丝旅游论坛，成立海上丝绸之路旅游联盟，培育和壮大旅游企业，加快形成以福州、厦门和泉州为中心的“海丝”文化名城和旅游产业集群。

6. 金融服务业。福建省民营经济发达、民间金融活跃，应加快培育新型金融市场，探索建立金融资本与产业资本融合发展新途径。依托厦门两岸区域性金融合作中心、泉州金融服务实体经济示范区，加快打造面向海上丝绸之路沿线国家的区域金融服务中心。完善金融人才激励机制，加快培养金融服务人才，引进国际金融高端人才，推进沿线国家金融合作，为21世纪海上丝绸之路核心区建设提供金融支持。

三、21世纪海上丝绸之路核心区的角色作用

建设21世纪海上丝绸之路核心区，必须坚持深化改革，加快形成对外开放示范区、科技创新引领区、高端要素聚合区、创新创业集聚地、战略产业策源地和人文交流前沿地区。

（一）21世纪海上丝绸之路核心区的重要角色

1. 先行先试的实践者。福建省是21世纪海上丝绸之路建设的排头兵，要继续当好领跑者角色，用好用足用活中央赋予的各种优惠政策，充分发挥生态省、自贸试验区、海峡蓝色经济试验区、平潭综合实验区等政策叠加优势，加快推进政策创新，提升经济治理能力，加快形成可复制、可推广的经验，成为21世纪海上丝绸之路建设的先行区。

2. “海丝”建设的举旗者。福建省是古代丝绸之路的重要起点，宋元时期泉州港被誉为“东方的第一大港”，是世界多元文化的中心之一。福建省侨力资源丰富，对外经贸网络发达，应强化海上通道、空中通道和信息走廊建设，加快构建对外联系通道，促进企业和优势产业“走出去”发展，成为21世纪海上丝绸之路建设的举旗者和开拓者。

3. 区域发展的带动者。在我国GDP总值超过两万亿元的省市中，福建省经济增长

名列前茅，发展速度位居全国前列。但与沿海经济发达的省市相比，福建省 GDP 总量差距较大，不到同期的广东、江苏和山东的一半。要以 21 世纪海上丝绸之路核心区建设为契机，使福建成为全国 GDP 增速的“引擎”，带动周边区域经济共同发展。

4. 创新驱动的引领者。科技创新投入成本小、经济效益高，对经济发展贡献大。目前，福建省高新技术产业占有比重不高，企业研发投入和创新能力不足。在推进 21 世纪海上丝绸之路核心区建设中，福建省应注重科技人才培养，不断提升科技创新对经济增长的贡献率，实现由科学技术的“追赶者”向科技创新的“引领者”转型。

（二）21 世纪海上丝绸之路核心区的功能作用

建设 21 世纪海上丝绸之路核心区，要加快构建互惠互利合作的战略契合点，形成紧密型的战略合作区域。

一是发挥与东盟合作交流的桥头堡作用。东盟是海上丝绸之路沿线的重要国家，与福建省的历史渊源深厚、经贸往来和人文关系密切，是福建省企业“走出去”发展的重点区域。要发挥地缘相近、文化相通、商脉相连的优势，把东盟打造成为 21 世纪海上丝绸之路的桥头堡，成为联结亚太、中非等经济板块的重要链条。

二是发挥产业转型升级的示范作用。海上丝绸之路沿线国家经济发展程度不一、产业跨度大，有较强互补性，可为我省企业“走出去”发展，产业转型升级提供广阔的市场和空间。要发挥民营经济、民间投资等优势，针对国外市场需要，鼓励福建省优势企业“走出去”，到海上丝绸之路沿线国家投资办厂，建立跨国营运中心，开展产品服务和能源矿产资源开发。要鼓励企业开展“并购投资”，提高跨国经营能力，把福建省打造成为海上丝绸之路沿线国家经济合作、产业转型升级的示范基地。

三是发挥经贸合作的载体作用。要发挥开放型经济、外贸大省的优势，依托厦门投资贸易洽谈会、福州“5. 18”、“6. 18”投洽会载体，福建自由贸易试验区、跨境电子商务等平台作用，以投资、贸易便利化为重点，加强与海上丝绸之路沿线国家合作，加快建立区域统一市场，把福建省建设成为 21 世纪海上丝绸之路经贸合作的新平台。

四是发挥互联互通的枢纽作用。福建省依山傍海、四通八达的区位特点和区域交通枢纽优势，要积极参与海上丝绸之路沿线国家铁路、高速公路、港口等重大项目建设，促进基础设施互联互通，构建海陆空综合大通道，努力打造 21 世纪海上丝绸之路重要门户和区域枢纽中心。

五是发挥华侨华人的桥梁作用。海外侨胞是海上丝绸之路建设重要的见证者、参与者和贡献者，具有释疑解惑、穿针引线和桥梁纽带的重要作用。可依托华侨华人恳亲会、联谊会、华商会等载体平台，扩大与“海丝”沿线国家友好往来，深化经贸合作与人文交流。

六是发挥民心相通的融合作用。文化认同是推进 21 世纪海上丝绸之路核心区建设的重要因素。福建省拥有绚丽多彩的闽南文化、客家文化、妈祖文化，在海上丝绸之路沿线各国传播早、扎根深，开放包容、务实创新、实利重商的文化特质得到了大多数国家和人民的认同。要依托福建省独特的区域文化优势，努力搭建海外华侨华人文化交流平台，拓展文化传播渠道，不断扩大中华文化的影响力。

四、推进21世纪海上丝绸之路核心区建设的保障措施

建设21世纪海上丝绸之路核心区是一项庞大的系统工程，需要国家、相关省市、区和地区合力共建。

1. 加强政策沟通。21世纪海上丝绸之路建设涉及众多省市区，既要发挥自身优势，又要促进合力共建。要围绕共建21世纪海上丝绸之路的目标任务，明确各自的战略定位，统筹平衡各方利益，促进分工协作、优势互补和共赢发展。

2. 推进机制创新。建立对话磋商决策机制，设立21世纪海上丝绸之路合作秘书处、联合专家组，构建城市联盟、港口联盟合作机制，促进投资、贸易、航运、金融和人员往来便利化，形成发展合力。

3. 突出统筹协调。加快构建团结合作、开放包容、均衡普惠的区域合作机制，强化统筹协调，深化跨领域、深层次的区域合作，促进要素资源合理配置，加快打造政治互信、经济融合、文化包容的利益共同体、命运共同体和责任共同体。

4. 打造综合通道。充分发挥21世纪海上丝绸之路核心区的载体平台作用，完善海上丝绸之路沿线国家的综合通道。加快公路、铁路、港口和机场等基础设施建设，推动客货物运输业、仓储业、船舶和货运代理合作。实施“大港口、大通道、大物流”战略，拓展港口腹地，推进河海、水陆联运，拓展重要的出海通道和陆海口岸支点，使之成为21世纪海上丝绸之路互联互通的重要枢纽。

5. 扩大资金供给。21世纪海上丝绸之路核心区建设范围大、涉及面多，沿线各国发展很不平衡，需要大量资金支持。要加快设立产业合作基金，强化与亚洲基础设施投资银行、金砖银行、海丝基金业和亚洲债券市场合作，为21世纪海上丝绸之路重大项目和基础设施建设提供资金保障。

6. 设立主题论坛。为增进了解、深化合作，应加快设立21世纪海上丝绸之路主题论坛，如互联互通论坛、港口合作论坛、金融合作论坛、旅游合作论坛等专业性、行业性论坛。以“共建21世纪海上丝绸之路、共享合作与发展机遇”为宗旨，建议在泉州设立21世纪海上丝绸之路博览会永久会址，开展多层次、宽领域的合作交流活动。

7. 建设人才智库。人才是企业“走出去”发展，推进21世纪海上丝绸之路核心区建设的关键。要加快培养创新人才和创新团队，推进科技创新，积极引进复合型优秀人才，实现创新与创业、线上与线下相结合，为“海丝”核心区建设提供智力支持。

8. 提供组织保障。建议成立21世纪海上丝绸之路建设工作领导小组，负责落实国家制定的工作计划和政策措施。建立工作联动机制，统筹协调相关政策。加强调查研究，多渠道收集、整理、研究21世纪海上丝绸之路沿线国家信息，并将分析结果及时反馈给工作领导小组，为21世纪海上丝绸之路核心区建设提供组织保证。

“一带一路”背景下海岸带区域经济可持续发展研究

陈林生[①]

（上海海洋大学，上海 201306）

内容摘要：海岸带是一类特征明显的经济区域。海岸带区域生态环境的脆弱性及复杂性决定了海岸带区域可持续发展的重要性。我国海岸带区域经济发展中存在的问题主要是环境污染严重、生物多样性破坏及海岸带区域无序开发。发展政策的框架是建立海岸带可持续发展综合协调机制、建立完善污染控制政策体系、建立地方政府海岸带区域可持续发展的问责机制。“一带一路”战略背景下，海岸带区域通过国际产能合作减轻区域资源承载压力、提升产业层级，为海岸带区域可持续发展提供了新的思路。

关键词：“一带一路”；海岸带；区域经济；可持续发展

一、引 言

海岸带是人类赖以生存发展的最重要的居住地和经济资源开发利用强度最大的区域。我国拥有18 000多千米的大陆海岸线，21 770平方千米的海涂，6 500多个岛屿和可供养殖的140 000平方千米的浅水（15 m等深线）海洋国土资源。自改革开放以来，经过30多年的高速发展，沿海地区已进入工业化的新阶段，走在全国前列，已形成3个中国经济最发达的经济圈和城市群。但是，经济发展的同时也带来了严重的可持续发展问题。海岸带区域是一类特征明显的经济区域，其特殊性使可持续发展问题尤为突出。“一带一路”国家战略的提出，意味着中国的开放将更加重视空间和内容的开放，更加重视区域间的大合作；也意味着它将成为中国对外开放的新路径和中国经济新的增长点。《推动共建丝绸之路经济带和21世纪海上丝绸之路的愿景与行动》提出，拓展相互投资领域，开展农林牧渔业、农机及农产品生产加工等领域深度合作，积极推进海水养殖、远洋渔业、水产品加工、海水淡化、海洋生物制药、海洋工程技术、环保产业和海上旅游等领域合作。加大煤炭、油气、金属矿产等传统能源资源勘探开发合作，积极推动水电、核电、风电、太阳能等清洁、可再生能源合作，推进能源资源就地就近加工转化合作，形成能源资源合作上下游一体化产业链。加强能源资源深加工技术、装备

① 陈林生（1969—），男，安徽怀宁人，上海海洋大学副教授，经济学博士，主要研究方向：海洋经济。

与工程服务合作。在这个历史机遇和战略背景下，我国海岸带区域经济也将迎来一个开放发展的新时期。本文试图分析我国海岸带经济区域的可持续发展的政策框架以及如何利用“一带一路”战略机遇，如何与国家战略对接。

二、海岸带区域可持续发展的特性

海岸带因大海和陆地交汇交融而具有明显的特点，也因此具有重要意义。陆地和海洋有完全不同的特征。大海日复一日、年复一年地撞击岩石，潮起潮落，淹没沼泽和冲击海岸。正是大陆与海洋环境的相互作用赋予海岸带明显的特点，也由此给海岸带管理带来巨大挑战。陆地开发利用给海岸带来的灾害和给管理带来的挑战常常是复合性的。陆地开发常使位于集水盆地泄水口的海岸线距离变得越来越远。例如，土地交替用于耕作和种植树林会导致土壤侵蚀和污染。水坝会降低水流流速而导致来自上游泥沙在沿海海域沉降，沿岸带水体盐度变化或诱发有毒水华形成。海岸带区域最显著的特征是环境的脆弱性。海岸带区域是经济最活跃的地区，我国沿海地区的经济活动强度明显高于全国平均水平。

海岸带的福祉不仅受到海岸线及其毗邻地区人类活动的影响，还受到内陆和相关流域活动的影响。海岸带自然资源有限，而使用者众多，竞争激烈。海岸带地区多种利用的冲突不仅形式多样，而且涉及大量的经济集团和当地的使用者。常见的冲突包括发展水产养殖、港口建设和运行、渔业捕捞、休闲业和旅游业、海运、矿产资源和自然保护而争夺土地、海域和资源。海岸带生态系统环境承载力具有不确定性。尽管在评估海湾和海岸带养殖水域和滨海旅游的承载力方面已经取得了一定的进展，但是目前科学家仍无法提供一种可靠的方法来计算或者预测与人口和经济增长相关的海岸带地区的同化能力。海岸带环境可持续性承受的影响错综复杂。

海岸带陆地与近海海域是大自然对人类的赠品和恩赐，是沿海国家发展贸易的基础。然而，对海洋利益的过度追求诱导了对沿海资源长期而巨大的竞争性开发，已经成为沿海各国政府必须面对的问题。因此，人类应充分关注沿海区域经济的合理发展，在开发利用资源时应合理的规划和加强管理。沿海区域的生物与经济资源不仅现在，而且在将来都有多用途、利用开发强度大和竞争性使用的特点。在海岸带环境的脆弱性和复杂性的基础上处理好社会公平、环境保护和经济发展原则，就是海岸带经济区域的可持续发展。

三、我国海岸带区域经济可持续发展中存在的问题

（一）海岸带环境污染严重

根据《2014年中国海洋环境状况公报》（以下简称《公报》），2014年，我国管辖海域近岸局部海域海水环境污染严重，近岸以外海域海水质量良好。春季、夏季和秋季，劣于第四类海水水质标准的海域面积分别为5.2万平方千米、4.1万平方千米和5.7万平方

千米，主要分布在辽东湾、渤海湾、莱州湾、长江口、杭州湾、浙江沿岸、珠江口等近岸海域，主要污染要素为无机氮、活性磷酸盐和石油类。夏季重度富营养化海域面积约 1.3 万平方千米，主要集中在辽东湾、长江口、杭州湾、珠江口等近岸区域。重点监测的 44 个海湾中，20 个海湾春季、夏季和秋季均出现劣于第四类海水水质标准的海域，20 个海湾夏季的劣四类海水水质面积总和为 15 440 平方千米，占管辖海域劣四类水质面积的 37.5%；影响海湾水质的主要污染要素为无机氮、活性磷酸盐、石油类和化学需氧量。

海岸带污染来源非常复杂。农业，尤其是种植业，由于化肥和杀虫剂的大量使用，导致了环境污染，有害物质通过河流汇集到河口港湾和海岸带水域；工业，如化工厂、钢铁厂、造船厂、发电厂等排放的污染，20 世纪 90 年代以来，我国各种类型的沿海化工园区规划建设如同雨后春笋，大连、天津、秦皇岛、青岛、长三角、杭州湾等都布局了大量的化工园区；城市污水；港口污染来自大量以油料为动力的船舶会排放污水和废气以及船员生活污水，为维持船舶安全航行的挖泥活动等等；水产养殖业中，养殖池无控制排放的有机和无机废水，过量使用的抗生素以及养殖池管理中使用的药物污染海岸带环境。网箱的过度发展，降低或改变了水体流动，加速了沉积物沉降，也会导致环境损害，我国 2013 年海水养殖产量达 1 739.25 万吨，占海水产品产量的 55.41%，比 2012 年增加 95.43 万吨、增长 5.81%，2013 年海水养殖面积达 2 315.57 千公顷，比 2012 年增加 134.64 千公顷，增长 6.17%；船舶、航运也会带来污染，主要是事故、工作排放、船舶运行对海洋环境的影响以及携带外来物种等；近海石油开采等也会对海岸带环境造成影响。

（二）生物多样性破坏，海洋资源枯竭

《公报》显示，81% 实施监测的近岸河口、海湾等典型海洋生态系统处于亚健康和不健康状态。其中，杭州湾、锦州湾持续处于不健康状态，部分海洋生态系统健康状况下降。环境污染、人为破坏、资源的不合理开发是造成典型生态系统健康状况较差的主要原因。2014 年，国家海洋局继续对 2011 年发生的蓬莱“19－3”油田溢油事故和 2010 年发生的大连新港“7.16”油污染事件实施跟踪监测，监测数据表明事发海域的海洋生态环境状况继续呈改善态势，但其生态环境影响依然存在。

以山东省为例，目前，山东一些重要湾口和滩涂破坏严重，围海造地肆意进行，破坏了部分重要海域原有的自然属；部分内湾渔场基本荒废，一些主要经济鱼虾类产卵场和育幼场遭到严重破坏；一些溯河性鱼虾资源遭到破坏，产量大幅度下降；莱州湾河口地区原盛产的银鱼和河蟹已基本绝迹，毛蚶资源已接近枯竭。从全国范围来看，2013 年海洋捕捞（不含远洋）产量为 1264.38 万吨，比上年减少 2.81 万吨，呈下降趋势。与 1999 年的 1497.62 万吨比起来，更是显著下降。

（三）海岸带区域无序开发，过度利用

海岸带区域在经济发展过程中，为了修建道路、堤坝、港口、滨海旅游度假区及酒店设施，许多岸线被截断和改变。随着我国经济快速持续增长，特别第二次工业化浪潮和土地紧缩情势下，我国正掀起新一轮的大规模的围填海热潮。这次热潮波及的造陆区

域大，从辽宁到广西我国东部、南部沿海省市区甚至包括县、乡一级行政区均在积极推行围填海工程。违背客观自然规律的无序围填海必将给沿海地区带来严重的、永久的负面影响。大规模的围填海工程不仅直接造成大量的工程垃圾加剧海洋污染，而且大规模的围填海工程使海岸线发生变化，海岸水动力系统和环境容量发生急剧变化，大大减弱了海洋的环境承载力，减少了海洋环境容量。我国的现有管理体制中，土地是属于国土资源部门管理，而海洋则属于海洋部门管理，两者之间也常常出现不协调的地方。以海洋环境监测为例，涉及海洋监测的部门、单位、机构较多，除国家海洋局外，环保部、农业部、水利部、科技部、中科院、交通部、气象局、海军、一些大专院校、地方政府有关部门以及海洋工程部门都或多或少地开展着与海洋相关的监测、调查或探究活动。受国家海洋管理体制的制约，中央与地方的海洋管理范围与事权不清，地方海洋管理部门与其他产业管理部门职能相互交叉，地区之间争海域、争资源、争渔场、争滩涂、争海岛的矛盾时有发生。《公报》显示，2014 年，赤潮和绿潮灾害影响面积较上年有所增大。全海域共发现赤潮 56 次，累计面积 7 290 平方千米，赤潮次数和累计面积均较 2013 年有所增加；黄海沿岸海域浒苔绿潮影响范围为近 5 年来最大。渤海滨海地区海水入侵和土壤盐渍化依然严重，局部地区入侵范围有所增加。砂质和粉砂淤泥质海岸侵蚀依然严重，局部岸段侵蚀程度加大。

四、海岸带区域经济可持续发展的政策框架

基于海岸带可持续发展问题的复杂性与综合性，许多国家都采取海岸带综合管理（Integrated Coastal Zone Management，ICZM）的管理方法。海岸带综合管理的起点应追溯到 1992 年在里约签署的《21 世纪议程》，经过 20 多年的实践，日益被各国接受和实施。我国在制定海岸带区域经济可持续发展政策时，也应制定一套综合管理的制度与政策体系。

（一）建立海岸带可持续发展综合协调机制

海岸带管理机构条块分割，机构之间的职责有些相互重叠，必须建立强有力的协调机制，协调管理机构之间相互重叠的职责、各相关方的利益，综合协调海岸带可持续发展政策与措施。以英国的海岸带综合治理为例，英国在治理过程中也曾经存在多部门管理，出现矛盾的情况，但在过去 10 年有明显的进步。主要是因为在环境食品和农村事务部（Defra）成立了海岸带政策小组，并建立了一个部际海岸带政策委员会，每六个月出版一期名为 Wavelength 的通讯，报道英国政府在海岸带及海洋环境方面的全局性的行动。我国目前还没有一个专门的机构来协调海岸带区域的发展，应该在国家层面建立一个跨部门的海岸带区域发展协调机构。

（二）建立完善污染控制政策体系

按照污染控制经济学原理，污染控制的政策手段是制定排放标准、污染物排放收费、建立排污总量控制等。

严格实行污水处理达标排放，陆源污染是海岸带污染的主要来源，工业、城镇生活、海岸工程、农业、旅游等污染要严格监测，严禁污染物直接向海排放。加强对海岸带涉海用海活动污染的防治，海水养殖要、港口作业、船舶工业、海上石油开采等要制定严格的标准。只有执行严格的排放标准，才能控制海岸带污染恶化的势头。

建立以重点海域排放总量控制制度为核心的海洋环境监管机制。依据重点海域污染物排放总量，确定各沿海地区污染物排海种类、数量及降污减排的实施方案。将海洋污染物排放总量控制纳入环境保护法，另外，还应当在法律中明确规定排污总量控制过程中的具体办法，例如如何确定排污总量、排污控制计划的具体执行，负责执行总量控制计划的部门都有哪些等等，应该将条款具化，避免模糊和概念性强的表达方式。

加强环保执法力度，加大违规排放宣传和惩罚力度，加强责任追究，使排污企业不敢排、相关部门和单位不玩忽职守。2015 年 1 月 1 日实施的新《环境保护法》，该法提供了一系列的执法手段，改变长期以来，中国环保部门的处罚力度、执法手段都相当有限，环保部门一直都是一个“软衙门”，难以遏制环境违法的行为。但法律的有效性，还要取决于严格的执法。例如，我国早在 2008 年就禁止超薄塑料袋，并对其他塑料袋征收费用，但实施的效果并不理想，在菜市场随处可以看到商家在用超薄塑料袋，在很多超市，塑料袋也是免费提供。

（三）建立地方政府海岸带区域可持续发展的问责机制

由于海岸带开发给地方政府能带来巨大的当前利益，一些地区忽视保护与开发并重原则，只顾经济效益不顾环境效益，过度开发利用海岸带资源，肆意进行填海造地，造成开发活动无序、无度、无偿争抢资源、乱填海、乱造地、乱围垦、乱占乱用的短期行为，一些地区不合理地开发滩涂养殖场，在潮上带大规模建设养殖池塘，加上其他严重破坏海洋生态环境的人为活动，也加重了海洋资源枯竭危机。对地方政府的考核，要改变唯“GDP”目标，要将可持续发展、民生问题等纳入考核范围，对海岸带开发中造成环境问题的地方政府追究责任。

五、“一带一路”背景下海岸带区域经济可持续发展的新思路

（一）通过国际产能合作，减轻海岸带区域资源承载压力

海岸带区域经济可持续发展一方面要从综合协调制度、污染控制体系以及地方问责机制等方面进行，但海岸带区域的经济承载力有限，产能过剩的问题也是造成发展问题的重要原因。以广东省渔业为例，广东省企业积极开拓东盟市场，分别在文莱、菲律宾等国家建设养殖基地，开展高价值鱼类的养殖合作，在马来西亚、越南等国开展罗非鱼的养殖。发展远洋渔业合作，带动一批国内渔产走出去。发展远洋渔业是广东渔业产业结构调整优化及推动海洋丝绸之路建设的重要途径。近年来广东省加大对远洋渔业的投资力度，减轻国内渔业资源捕捞压力，在国外设立远洋渔业项目 20 多个，主要分布在泰国、缅甸、马来西亚、印度以及沿太平洋等地区。为了加强与东盟国家渔业技术交流

和合作，广东省近年来举办 5 次中国与东盟养殖技术培训班，培训国外水产技术员 100 多人，培训班举办进一步加深广东与东盟国家在渔业领域的交流，加深双方信任，增进友谊。推进了广东与东盟国家开展渔业合作。作者 2015 年在浙江省台州市的渔业调查中也了解到，玉环县本是传统的海洋渔业大县，但由于工业的发展，很多沿海滩涂经围海后变成了工业用地，许多从事养殖的渔民没有了养殖水域了，他们中有一部分人带着技术资金到其他省份，如海南，去从事养殖业，取得了不小的成绩。这种情况是我国海岸带区域中常见的现象，养殖、捕捞、生产加工等产能都严重过剩，这部分产能通过“一带一路”战略走出去，对减轻我国海岸带区域资源承载压力，促进区域经济可持续发展，大有裨益。

（二）通过国际产能合作，提升海岸带经济区域的产业层级

以石化行业为例，“一带一路”沿线国家，是我国油气资源来源多元化战略的重要依托，是我国能源战略通道的必经之地，是我国石化产品及下游产品进口的主要来源和出口的新兴市场，也是我国石油和化学工业进一步推进“走出去”战略，推动生产力全球化布局的重要目的地。中国石油和化学工业联合会外资企业合作委员会秘书长庞广廉认为，石化行业可抓住这个机遇，多领域、多角度地开拓海外市场，利用国内优势产能促进当地经济发展，让传统石化产品如橡胶制品、化肥、农药、无机盐等走出国门；通过购买海外上游资源、在当地合作建厂，在国际市场进行就地销售或者向下游领域业务拓展；通过收购有知识产权和专利技术的公司，掌握先进技术和高端品牌，从而进行技术创新和产品开发设计，譬如，浙江龙盛集团曲线控股全球最大的染料供应商德国德司达公司，不仅获得了高端的品牌和销售渠道，而且进一步晋升为世界染料巨头；利用跨国公司的成功品牌、销售渠道和经销网络，节省开发新产品的时间成本和中间环节，比如，中国中化集团通过收购孟山都在中国以及印度、巴基斯坦、孟加拉、菲律宾、泰国等东南亚地区的农药独家经营权和经销网络，利用跨国企业的品牌和渠道优势打开了自身农药产品的销路。此外，石化领域的工程公司还可以向发展中国家进行基建输出，在资源丰富的海外地区建立产业园区，上下游产业配套发展，发挥集聚效应和综合效应。石化业是我国海岸带区域主要的污染源之一，石化行业通过“走出去”，将过剩产能转移出去，将资金投入到新能源、新材料、清洁技术与节能环保等高新技术领域，减轻海岸带区域的环境压力，实现区域经济的可持续发展。

六、结语

“一带一路”战略是我国发展新常态下推出的统筹内外、兼顾现实与未来、全面布局新一轮对外开放的大战略。海岸带区域作为我国的改革开放前沿，充分利用这个机会扩大国际产能合作，转移过剩产能，推动产业转型升级，以更开放的视角制定海岸带区域可持续发展政策。

日本对“一带一路”的认知及中国的政策选择

刘　瑞[①]

（吉林大学，吉林 长春 130023）

内容摘要：“一带一路”战略的提出引起了国际社会的广泛关注。日本认为中国“一带一路”意在为本国经济发展寻求出路以及构筑新的东亚国际体系；该战略将促进沿线经济的发展，削弱美日在亚太地区的经济影响力，但其前景仍面临许多不确定因素。日本通过战略性利用官方发展援助、加快与美国的跨太平洋战略经济伙伴协定（TPP）谈判、加强“丝绸之路外交”以及搅局印太等多元手段阻截“一带一路”战略。中国应当向日方阐明“一带一路”战略的合作性和开放性，改变日本的错误认知；在务实层面寻求与日本的合作，增强与日本的良性互动，并要强化海洋危机管控，缓减21世纪海上丝绸之路的安全压力。

关键词：“一带一路”；日本的认知；中国应对

党的十八大以来，新一届中央领导集体进一步突出周边在我国发展大局和外交全局中的重要作用，提出更加奋发有为地推进周边外交。2013年习近平主席在访问哈萨克斯坦和印度尼西亚时分别提出共建“丝绸之路经济带”和“21世纪海上丝绸之路”的构想。“一带一路”成为中国与周边国家深化互利共赢格局，加强区域经济合作的重要战略。“一带一路”的提出引起国际社会的广泛关注，沿线各国及域内外大国出于自身利益考虑对此倡议褒贬不一。日本作为现有国际秩序的既得利益者和中国在东亚地缘政治格局中的主要竞争者，并不欢迎中国提出的“一带一路”战略。日本的错误认知是中国“一带一路”战略实施面临的一大舆论挑战。准确把握日本政治界、经济界及舆论界对该战略的总体认知，思考中日良性互动渠道及合作方式具有一定的现实意义。本文将从意图、前景两个维度梳理日本对中国“一带一路”战略的总体认知，进一步分析日本遏制我“一带一路”战略的手段及影响，并有针对性地探讨中国的应对策略。

一、日本对“一带一路”战略的总体认知

日本认为，中国提出“一带一路”倡议一方面是为了给中国的经济发展寻求新的

① 刘瑞，吉林大学国际关系专业博士研究生，研究方向：中国外交。

出路，转移过剩的产能，另一方面意在构建新的东亚国际体系，扩大中国的经济影响力，整合东亚地缘板块。中国实施“一带一路”战略机遇与挑战并存，中国资金优势明显，同时也面临诸多不确定因素。“一带一路”战略将削弱目前由美日主导的国际经济秩序，挤压日本海外市场，威胁到日本的既得利益。

（一）日本对中国“一带一路”意图的认知

日本认为，中国基于经济与政治的双重考量提出“一带一路”构想，从经济层面看，中国不仅可以解决本国经济发展中出现的产能过剩问题，而且能够借助亚洲基础设施投资银行（简称“亚投行”，Asian Infrastructure Investment Bank，AIIB）的扩大其经济影响力。从政治层面看，中国试图将该构想作为地缘战略工具，构建新的东亚国际秩序。

第一，解决国内产能过剩。日本认为，中国经济的高增长不再维持，特别是地方经济几乎走向了崩溃的边缘。在这种情况下，发展边境贸易，加强周边合作就成了中国唯一的出路。中国打算利用“经济大国外交”，通过与周边国家分享中国经济增长的成果，为国内过剩的产能打开新的市场，壮大国有企业的对外投资，多样化使用4万亿美元的外汇储备。中国“一带一路”构想的目标是在经济领域与周边国家建立睦邻关系。

第二，扩大经济影响力。日本政界一直对中国筹建亚投行的意图存在错误认知。日本媒体认为，中国对由美日主导的既有国际金融体系不满，筹建亚投行是在故意制造与日美抗衡的新经济体系。而且，中国在亚投行筹建初期就将亚洲主要国家日本排除在外，企图借此增强其在经济领域的影响力。日本对亚投行的防备导致其在是否加入亚投行问题上保持谨慎态度。

第三，构建新的国际体系。在日方看来，中国的“一带一路”战略是地缘战略工具。在古代，对中国经济发展更重要的是西部，1840年鸦片战争以后，东部的重要性更加突出。而现在习近平主席试图返回到西部，从这一角度看习近平的外交是一种回归型外交。中国推行“一带一路”战略意在重构中国为“宗主国”，周边国家为“朝贡国”的现代版东亚朝贡体系。此外，中国推进亚投行也有明确的政治考虑，中国试图通过主导新的地区融资秩序，以亚投行为战略工具控制地区政治。中国提出的“21世纪海上丝绸之路”是其实现海洋强国战略的重要环节。

（二）对“一带一路”前景的评估

第一，“一带一路”资金优势明显，将带动沿线经济发展。日本认为中国国内生产总值（GDP）总量居世界第二，并且拥有4万亿美元的外汇储备，推动“一带一路”战略具有强大的资金优势。丝绸之路基金和亚洲基础设施投资银行几乎肯定会产生中国期望的效果。事实上，中国已经展示了其金融实力，在它的两个“丝绸之路”倡议的带动下，计划投资400亿美元于基础设施的建设，这种以凯恩斯主义的方法创造需求必将导致贸易和投资的增长，在这样的发展中，生产和销售将更为有效也有潜力带动整个地区经济的增长。日本一位经济师指出：“21世纪海上丝绸之路似乎是‘郑和下西洋’的现代版，为亚太地区的合作发展提出了新途径，可以说是自由贸易区的延伸计划，可以想象“一带一路”将成为一个超级宏大的自由贸易区。”

第二，削弱美日在亚太地区影响力。日本认为，中国试图以亚投行为战略工具，构建新的国际经济秩序，对抗当前由日美欧主导的国际金融秩序。在日本保守主义的主要观点认为，亚投行的成立将与日美主导的国际金融秩序形成抗衡，并冲击现有的国际金融体系。中国不仅是设立亚投行的倡导者，也将是“主导”亚投行相关谈判进程的“驾驭者”，甚至更可能成为今后亚投行运营过程中的“最高决策者”。日本担忧亚投行的快速发展将使日本主导的亚开行被边缘化，进而削弱日本在亚太地区的经济影响力。未来在亚洲经济一体化中哪个国家将发挥领导作用？目前的情形来看，天平似乎向中国倾斜。“一带一路”也将对日本的海外市场形成挑战，日本甚至感叹其在亚洲的经济优势不在。而且预测中日在东南亚的基础设施投资竞争必将加剧，中国过剩钢铁输往东南亚将给日本钢铁企业带来巨大压力。

第三，中国“一带一路”仍面临诸多抑制性因素。日本认为，中国“一带一路”战略在融资、政治信任、安全环境以及项目投资方面存在不确定性。首先，亚投行筹建的目标理念，组织运营的透明性，融资政策和条件以及资金提供者之间的协调方面还存在不足。而且，亚投行和“丝绸之路基金”之间存在利益和原则操控的冲突，如果这两个机构同时投资同一个项目，那么亚投行的贷款将会成为无条件贷款，使亚投行沦为中国制造商的附属金融机构。而且，如果亚投行财政失控，那么每个国家将有可能失去任何参与亚投行的愿望。其次，“一带一路”沿线国家对过度依赖中国资金存有疑虑，海洋争端以及沿线国家政治经济环境掣肘该战略的推进。例如沿线国家对中国高铁的需求密度较低，试图尽可能迫使整个线路的开通，势必造成不良贷款和投资。此外，中国的海外基础设施项目建设并不顺利，中国在希腊、斯里兰卡的港口建设以及在缅甸的投资都受到干扰。

二、日本遏制我“一带一路”战略的方式手段

针对中国提出“一带一路”战略和筹建亚投行，日本迅速做出反应，采取多元化手段遏制中国影响力的扩大，维护日本的既得利益。提供政府开发援助（Official Development Assistance）是日本阻截中国“一带一路”战略的最有力手段，日本通过战略性利用 ODA 与中国在基础设施投资建设上展开激烈竞争。此外，日本企图借力美国，利用 TPP 抗衡中国主导的亚投行，阻截中国构建新的经济秩序。具体而言，在陆上，日本通过推动“丝绸之路外交”，扩大在中亚地区的影响力，实现抗衡中国的目的。在海上，利用海洋争端，搅局印太，给中国“21 世纪海上丝绸之路”制造麻烦。

（一）战略性利用 ODA，对抗中国基础设施建设投资

日本官方发展援助（ODA）在中国“一带一路”沿线具有较强的影响力，是阻截中国实现基础设施互联互通的最有力手段。1954 年日本加入“科隆坡计划”，开始对外援助。在过去的60 年里，日本已经向169 个国家21 个地区提供了 ODA，援助领域涉及基础设施建设、人道主义救援、医疗卫生、文化教育、经济合作等多个领域。安倍政府

企图利用ODA阻截中国“一带一路”的血络经脉，从起步阶段遏制中国该战略的推行。首先，日本加大了对相关各国ODA投资力度。2014年，日本表示向缅甸提供260亿日元的贷款，以支援缅甸改善配电网和建设港湾等基础设施。安倍首相向柬埔寨承诺提供192亿日元贷款用于提高其5号国道。目前，在东南亚，日本ODA涉及道路、桥梁、机场、港口和电网等基础设施，给中国海上互联互通建设带来巨大压力。而且，日本转变了传统ODA资金来源方式，充分发挥地方政府和中小企业在国际合作中的作用，建立各种角色的伙伴关系官方发展援助，以扩宽ODA资金的融资渠道。

其次，日本大力推动企业海外发展援助，与中国争夺海外基础设施建设项目。安倍晋三充分利用外交出访机会大力推销日本的基础设施体系和高科技技术，为日本企业争取订单，寻求投资机会。2015年4月，安倍利用访美之机卖力推销日本的高铁技术，力争赢订单。日本四大铁路公司联合成立“国际高速铁路协会”，携手向海外出口日本新干线技术和设备。当前，日本插手中泰铁路建设项目，与中国展开竞争。据泰国交通部长巴金上将称，日本有意投资北碧—曼谷—沙缴府亚兰县—LAEMCHABANG和曼谷—清迈的复线铁路，并且希望将曼谷—清迈升级为高铁。

第三，放宽ODA领域，支持国防建设。2015年2月10日，日本内阁会议通过了“开发合作大纲”，指出：“如果受惠国军方或军事人员投入到旨在改善民众生活和非军事行动的开发合作，比如赈灾，将逐个考虑这些个案并考虑予以这类援助的规模。”而且，将海洋、太空、网络安全、反恐、扫雷、排除未爆照弹药等都列入政府支援领域。新大纲解除了官方开发援助用于军事的禁令，增加了日本支持与中国存在海洋争端的国防建设的可能，必将激化南海争端，给中国21世纪海上丝绸之路的推行带来安全挑战。

（二）加快TPP谈判，阻截中国构建新的经济秩序

日本政界普遍认为中国筹建亚投行将在区域层面对日本的经济地位构成实质性挑战，假如没有TPP，亚洲将出现一个以中国为主导的新的经济秩序。日本欲借力美国主导的跨太平洋战略经济伙伴协定（TPP）制衡中国。在全球层面，美国同样担忧亚投行对既有国际经济秩序和国际金融规则制定的“破坏性”。美国国会提出一项“贸易促进法案”以推动TPP谈判进程，防止中国在亚太地区主导经济秩序。日美作为现有国际经济秩序的既得利益者，都采取与中国主导的亚投行保持距离的态度，而且都认识到TPP在东亚经济秩序的塑造中具有至关重要的作用，双方应当超越两国间的利益冲突，将焦点转移到亚洲，共同阻截中国构建新的经济秩序。

日本将推动TPP谈判作为其坚定不移的前进方向，并努力增强TPP谈判的动力和灵活性。安倍晋三提出要从战略高度推动TPP谈判。2014年6月30日，日美重新启动TPP谈判，此后，双方通过首席谈判官会议、部长级会议以及事务级磋商会议等形式展开了密集的谈判。日本为了尽快完成TPP谈判，在牛肉进口、美国金融和服务业进入日本市场问题上不断做出让步。日美TPP谈判已经在金融、服务贸易、市场准入以及农产品等多个领域取得一定进展，两国之间的距离已相当接近。目前，日美谈判已进入最后关口，在日本汽车和美国大米这一双方都难以让步的“禁区”，谈判艰难。但就目前趋势看，日本急切希望完成TPP谈判，作出让步，寻求与美国的妥协只是时间问题。

因为日本已经意识到其在亚洲的影响力日趋下降，不仅日本经济已经难以成为亚洲经济发展的火车头，甚至在日本得意的资金援助方面也很难发挥主导作用。而且，日本作为现有国际秩序的既得利益者，绝不甘心中国轻易制造出有利于自己的经济规则。安倍曾表示“日本不是，也永远不会成为一个二流国家，当印太地区越来越繁荣，日本必须继续保持在贸易、投资、知识产权、劳工、环境等领域规则的主要推手。”因此，尽管当前日美 TPP 谈判存在分歧，TPP 制衡亚投行的作用并未充分显现。但日本加快 TPP 谈判，巩固日美同盟，遏制中国的政策倾向并不会改变。中国在亚投行建设得到众多沿线国家及域外大国支持与响应的大好形势下，不应忽视 TPP 的潜在对抗性。

（三）推动“丝绸之路外交”遏制我丝绸之路经济带

日本谋求通过“丝绸之路外交”扩大在中亚及高加索地区的影响力，遏制中国的丝绸之路经济带。1997 年日本前首相桥本龙太郎在经济同友会会员恳谈会议上发表演说，将中亚及高加索地区称为“丝绸之路地区”，指出该地区是日本“欧亚大陆外交”的有机组成部分，要重视与“丝绸之路地区”的外交关系。“丝绸之路外交”为此后日本对中亚高加索地区外交确定了整体方向：一是加强相互理解和信任的政治对话；二是促进经济合作和能源合作；三是推动核不扩散、政治民主化和地区和平与稳定。2004 年，日本推动设立了“中亚 + 日本”多边对话机制，日本与中亚国家的高层互访、民间交流及经济往来步入常态化。2006 年日本前外相麻生太郎提出“自由与繁荣之弧”，将中亚变为“和平与稳定”的走廊，日本欲利用价值观外交围堵中国。

安倍第二次上任后继续推进与中亚各国的紧密关系，加强遏制中国丝绸之路经济带。2012 年日本向“丝绸之路地区”提供 2 191. 3 万美元的 ODA。ODA 投资领域涉及道路、机场、桥梁、发电站、运河等基础设施建设等。日本与中亚在教育、能源资源开发及区域经济方面的合作进一步发展。2013 年安倍晋三两次出访土耳其，除推销日本的核电技术外，欲加强与土耳其的政治联系，利用土耳其与中亚各国的紧密联系。日本要做新的“亚欧丝绸之路”的起点、要做亚欧新丝绸之路地缘政治的“操盘手”。2014 年，日本外务大臣岸田文雄访问中亚五国，并以遏制共同的邻居中国为目的举行了第四次外相会谈。安倍拟 10 月下旬访问中亚，企图通过加强与拥有丰富的天然气、石油、铀资源的中亚各国关系，达到牵制中国的目的。日本推行“丝绸之路外交”将使中国面临在新能源开发和利用、核电技术、资源加工及管理等领域与日本的竞争。而且一定程度上增加了该地区国家对中国的战略性疑虑，削弱对中国的政治信任，阻碍中国丝绸之路经济带的实施。

（四）搅局印太，牵制中国海上丝绸之路

日本不断拉拢与中国存在海洋争端的越南、菲律宾刺激中国南海争端的升级，积极联手与中国存在边界争端的印度，平衡中国在印太地区影响力，牵制“中国海上丝绸之路”。日本炮制“中国海权威胁论”，日本防卫研究所发布的《中国安全战略报告（2011）》指出：“中国海军开始着眼于建立堪与美国的海上军事优势相对抗的海军力量。《日本防卫白皮书（2013）》将中国在南海维权行为称为引发地区和国际社会担忧

的事项。

日本通过加强与菲律宾、越南的海上安保合作，积极介入南海争端。2014 年 4 月日菲举行外长会谈，日本外相岸田文雄将海洋合作视为日菲战略伙伴关系的重要支柱”，并承诺“除了提供 10 艘巡逻船和增强通信系统之外，日本将与菲律宾在海岸警卫队能力建设方面加强合作，并在人力资源开发方面加大支持。”同年 10 月，日本首相安倍晋三借参加欧亚峰会之机与越南总理阮晋勇举行会谈，双方确认继续加强在南海问题上的合作，安倍提出“除了最近决定提供给越南 6 艘旧的巡逻船之外，日本将继续讨论提供新巡逻船”。

日本强化与印度的海洋安全合作，构建对华海洋包围圈。近年来，日本推进与印度的海洋伙伴关系，两国建立了“日印海洋安全保障合作对话”机制，加强军事技术交流，频繁展开海军和海上自卫队的联合军演。2015 年 3 月日印举行防长会谈，双方同意为日本自卫队救援飞艇“US2”对印出口事宜早日取得进展而积极展开磋商，并同意日本海上自卫队继续参加美印举行的海上联合训练。此外，日本提出由日本、美国、澳大利亚和印度组成“民主安全菱形”的构想，该构想最为重要的使命就是“威慑传统大国与新兴国家间的武力冲突。”为此，“民主安全伙伴”需要发展“离岸控制”战略，使得任何敌对性国家无法使用海上通道，其目的旨在通过和平时期的拒止、拦截能力，威慑中国的“进攻态势”。该构想意在构建对华“海洋包围圈”。

日本搅局印太，给中国 21 世纪海上丝绸之路带来了严重影响。炮制“中国海权威胁论”增加了南海周边国家对中国的疑虑，影响了中国与东盟国家关系。日本加强与越南、菲律宾的海洋安保合作，一定程度上刺激了南海争端的升级，对中国“一带一路”战略实施的周边环境造成破坏。日印联手牵制中国海洋崛起，堵截中国海上交通线，延缓了中国海上丝绸之路发展进程。

三、中国的应对：对策建议

日本对中国“一带一路”战略存有疑虑，国内保守势力夸大中国“一带一路”战略的地缘政治色彩，右翼媒体大肆渲染中国对亚投行的主导作用。这种错误认知阻碍中国丝路基金和亚投行的正常运行，增加周边国家对“一带一路”倡议意图的战略性疑虑，影响中国“一带一路”战略的舆论环境，同时制约着中日关系的正常发展。当前中国“一带一路”战略的推行处于起步阶段，合作构想尚在发展之中，而且日本政治界、经济界、学界对该战略的认知尚未成形。中国应当利用官方外交和公共外交加强与日本的沟通对话，试图改变日方的错误认知；积极寻求与日本的利益契合点，加强中日务实层面的合作，增进双边良性互动；共同管控海洋危机，为中国“一带一路”营造和平稳定的周边环境。

（一）强调“一带一路”的合作性与开放性

官方层面应利用高层领导人互访和多边国际舞台增加双方的互动。正如习近平主席表示：“我们愿意同日方加强对话沟通，增信释疑，努力将中日第四个政治文件中关于

‘中日互为合作伙伴、互不构成威胁’的共识转化为广泛的社会共识”。应充分发挥公共外交的补充作用，鼓励双边经济界、学界人士的交流与沟通，利用多种渠道向日方反复强调“一带一路”的非排他性和非对抗性。

此外，应积极引导媒体传播的正确方向，让日本更加清晰地了解中国“一带一路”战略。一方面，媒体应淡化“一带一路”的地缘政治意图，该战略并非“中国版马歇尔计划”，中国无意构建新的地区秩序。另一方面，应强调“一带一路”是一个多元、开放的合作倡议，是互利共赢的战略，不具有对抗性。亚投行只专注于基础设施建设，绝非与日本主导的亚开行相抗衡，二者是互惠互补的关系。此外，中国应向日本发出开放合作的信号，中国“一带一路”并非将日本排除在外，“一带一路”应该是网状而非辐射状。而且，日本曾经是古丝绸之路的东方终点，至今仍对丝绸之路充满热情。日本作为世界第三大经济体，一旦融入“一带一路”必将给亚投行的融资以及“一带一路”沿线的经贸往来增加巨大动力。因此，尽管目前中日之间存在利益纠葛，中国仍应秉承开放包容的精神，欢迎日本的参与。

（二）寻求与日本的务实合作

中日在亚投行的建设与运营，区域经济合作方面具有广阔的合作前景。中国应主动寻求与日本的利益契合点，在具体领域探索务实合作，与日本实现互利共赢。

首先，中国应吸纳日本加入亚投行，并加强亚投行和亚开行的合作。尽管目前日本对加入亚投行虽举棋不定，但有巨大的争取价值。日本经济界对加入亚投行表现出积极态度，担忧如果不参加亚投行将失去基础设施出口的商机。日本副首相兼财务相麻生太郎指出：“基础设施需求日益增加，亚投行和亚开行不是‘零和博弈’的关系。而且中国亚投行的建设在经验、技术和专业知识方面也需要日本的支持。

其次，中国应为中日韩三国自贸区谈判寻求动力。中日韩三国具有较强的经济依存度，中国是日本和韩国的第一大贸易伙伴，日本是中国第二大贸易伙伴，韩国是中国第三大贸易伙伴。中日韩自贸区建设将有助于消除中国与日韩之间的贸易和投资壁垒，扩大中国对日韩的贸易和投资规模。因此，中日韩三国应继续充分利用“中日韩运输及物流部长会议”机制和双边政策对话，推动东北亚运输物流网络建设，实现无缝物流体系。通过自贸区谈判，可以使日本真正体会到自己也是“一带一路”的受益者，缓减对中国的疑虑与防范。

再次，复兴东北亚海上丝绸之路，打造“环日本海经济圈”。从历史维度来看，东北亚海上丝绸之路是中日经济往来的重要通道。公元727年，渤海民族开辟了珲春至日本奈良的海上航线，东北亚大陆与海洋上往来的航线从此铺平，史称“日本道”的“海上丝绸之路”，打开了中日贸易新格局，以珲春为起点的东北亚海上丝绸之路得以贯通。从国际合作维度而言，日本积极支持地方政府和企业介入图们江国际合作开发，重视中国东北地区在日本贸易与投资领域的重要地位。因此，中国应当依托图们江国际合作示范区建设，发挥珲春东北亚地理几何中心和东北亚海上丝绸之路纽带的作用，复兴东北亚海上丝绸之路，加强与日本的经济合作。中日可以利用长吉图开发开放先导区的边境自由贸易区增进合作。此外，中国应加强与日本及环日本海各国的港口的互联互通，建立“环日本海经济圈”。

（三）管控海洋危机

海洋危机已经成为日本阻截中国海上丝绸之路的主要抓手，严重阻碍中国海上丝绸之路经济带的建设。中国应在中日双边海洋危机、海洋危机的南北联动以及东亚区域性海洋危机三个层面思考危机管控策略。近年来中日海洋争端的升级使两国建立合作关系的信心受挫，中日两国首先应寻求增加两国互信的新方法，以四点共识为原则，共同管控海洋危机。中日双方应加强防务部门海上联络机制，完善危机管控方式与手段，防止重大危机的发生，避免突发事件引发危机升级，引发两国关系的全面性对抗。

中国要善于运用海洋外交的合纵连横，以低成本的途径化解危机，避免冲突升级。中国与南海争议方应排除干扰，管控分歧，最终通过友好协商谈判和平解决争议，防止日本介入南海导致的海洋争端南北联动，降低岛链围困的地缘压力。

中日两国应共同参与构建东亚海洋危机管控的长效机制。海洋危机管理需要畅通的沟通渠道、规范的管控机制以及权威的国际组织。当前东亚海洋危机管控机制水平较低，并不能够满足危机频发的东亚海洋局势。中日两国应当积极推动区域海洋危机管理机制，用国际机制的可预见性与合法性引导海洋危机的解决。并与地区各国努力提高现有双边和多边海洋事务磋商机制的实际效能，共同构建海洋冲突管理的权威组织。

21 世纪海上丝绸之路：南海形势评估与审慎原则的应用

刘芳明[1,3]　连晨超[2]

（1. 国家海洋局第一海洋研究所，山东 青岛 266061；2. 中国人民大学，北京 100872；
3. 中国科学院大学，北京 100049）

内容摘要：“一带一路”合作倡议是未来较长一段时间内中国的对外总体战略，21 世纪海上丝绸之路也随之成为未来中国的海上发展蓝图。南海是 21 世纪海上丝绸之路两条主要线路出海的第一站，也是必经之地，其重要意义不言而喻。伴随着南海地区的权力转移，南海局势自 2009 年逐步升级，目前已经成为中国外交面临的突出问题，南海争端也对海上丝绸之路的开展形成巨大障碍，处理好南海问题对中国未来的发展意义重大。本文对南海目前存在的各方面问题进行了梳理，并结合南海争端 2015 年最新事态发展，对南海局势中面临的种种困难进行评估，提出中国 21 世纪海上丝绸之路在南海的推进应审慎进行，并针对“一带一路”倡议的五个合作重点提出具体审慎建议。

关键词：21 世纪海上丝绸之路；南海；审慎；权力转移

近年来中国的经济实力快速增长，随之而来的是军事投入与国防力量的跳跃式的迈进和美国及中国周边国家对中国崛起带来的权力转移的抵触与担忧。中国新一届领导人上台后在外交上更加奋发有为，这有着两个方面的突出表现：第一，中国在东海、南海等核心国家利益问题上更加强硬，同时愿意向国外展示自身军事力量的进步；第二，中国提出共建“一带一路”与亚洲基础设施投资银行的国际合作倡议，共建经济走廊，同时大力推动高铁项目对外输出。

2013 年 10 月习近平主席在对印度尼西亚国会发表演讲时提出了与东盟共同建设“21 世纪海上丝绸之路”的国际合作倡议，该倡议与 2013 年 9 月习近平主席在哈萨克斯坦访问期间提出的共建“丝绸之路经济带”一起构成了中国的“一带一路”国家发展战略。“一带一路”合作倡议提出之后，中国领导人在多个外交场合不断推动各国参与到该倡议中来，并将“一带一路”写入了中共十八届三中全会决定，作为推进中国改革的一项重要内容。

2015 年 3 月，国家发改委、外交部、商务部联合发布了《推动共建丝绸之路经济带和 21 世纪海上丝绸之路的愿景与行动》，对“一带一路”做出了初步的规划。文件提出，21 世纪海上丝绸之路主要由两条线路构成：第一个重点方向是从中国沿海港口过南海到印度洋，延伸至欧洲；第二个重点方向是从中国沿海港口过南海到南太平洋。

由此可见南海作为必经之路对于21世纪海上丝绸之路的重要意义。随着海上丝绸之路战略的开展，中国与东盟之间的经济贸易往来与海上货物运输会更加频繁，相应的经济摩擦也可能随之增多。此外，南海航道的通航自由与安全必须得到保障，这不仅是其他国家的需求，也是中国的利益所在。

中国崛起一直面临较大的国际压力：炒作多年的“中国威胁论”从未消失；部分国家不断指责中国“搭便车”，不承担国际责任；“一带一路”倡议的提出是中国利用自身经济优势承担国际责任的表现，却又面临部分国家的怀疑。最近几年南海尤其不太平，中国与相关国家的海洋划界与领土争端有愈演愈烈之势，其他域外国家也不断搅局南海问题，南海争端成为实施21世纪海上丝绸之路目前所预见到的最大障碍。同时，其他国家对中国在南海的所作所为充满警惕与怀疑，担心中国将会利用自身快速增长的经济与军事实力强力解决南海问题，因而在很多方面并不配合中国，甚至想方设法遏制中国的发展。

面对南海出现的外交困境，中国的21世纪海上丝绸之路必须要重视审慎原则，降低域内域外国家对中国的担忧与怀疑，促进21世纪海上丝绸之路的稳健推进。

一、南海近年来地缘政治变化

南海对于21世纪海上丝绸之路战略的顺利推进有着不言而喻的重要意义，这要求我国对南海格外关注。而目前南海争端也成为海上丝绸之路掣肘之处，是其他国家遏制中国发展的把手。近年来南海的地缘政治变化主要体现在两个方面：第一是中国与南海相关国家的海洋划界与领土主权争端升级，第二是中国与南海域外大国的地区主导权正在发生权力转移。

中国与南海相关国家的海洋划界与领土主权争端升级。该事态的不断升级主要由菲律宾、越南等与中国在南海存在争议的国家挑起，中国面对挑战进行回应，并且逐步发展出自己的南海战略与政策。南海争端源于20世纪70年代，在这之前南海的大规模油气资源没有被发现，因而东南亚相关国家并没有对中国在南海的主权提出异议。然而南海油气资源的发现带来的巨大的经济前景促使相关国家开始侵占南沙群岛的部分岛礁，并且在海上开展非法作业，盗取我国的油气与渔业资源。目前，南海争端主要呈现出六国七方的竞争格局（中国、越南、菲律宾、印度尼西亚、马来西亚、文莱、中国台湾）。以2009年5月马来西亚连同越南向联合国提交其所谓的南海划界草案为界限，中国与相关国家在南海的争端开始逐步升级。南海争端的升级由以下几项主要事件构成：越南、菲律宾等国通过国内立法或颁布政策文件等方式加强对南海的管控；中国在南海执行休渔政策，并且成立三沙市加强对南海的管理；2012年中国与菲律宾发生较为激烈的海上对峙，最终中国实现对黄岩岛的实际控制；以菲律宾和越南为代表的相关国不断扩充海军力量，并且推动南海问题国际化；菲律宾在南海仁爱礁与中国形成对峙，并且针对南海问题向国际海洋法法庭提交国际仲裁，中国选择不应诉；中国对南海部分岛礁开展迅速而有力的填海造地，并且加强对南海油气资源的勘探与开发。

中国针对相关国在南海的挑衅有系列的反制措施，其中最为引人注目，也是引起国际争议最大的措施为2013年12月开始的填海造地工程。根据2015年8月21日美国国防部最新发布的《亚太海上安全战略》报告，中国在过去20个月在南海的填海造地面积达到2 900英亩[①]，占到了所有相关国家填海造地总面积的95%。尽管中国的填海造地将主要用于民用设施和公共服务的提供，然而快速的工程进展以及未来的军用潜力加剧了周边国家对中国军事力量的担忧，也使得美国等域外大国在此问题上不断向中国施压。

中国与南海域外大国的地区主导权正在发生权力转移。随着中国经济的腾飞，2010年中国超过日本成为世界第二大经济体，并且在之后短短不到五年时间内，中国的经济总量已经是日本的两倍多。根据IMF的报告，按照购买力平价计算，中国已经在2014年超越美国，成为世界第一大经济体。伴随着中国经济增长的还有中国军费的快速上升、觉醒的海洋意识和日趋强硬的对外政策，美国、日本等原有地区主导大国感到深深的不安。中国在亚洲和西太平洋地区日益增长的影响力势必削弱美国和日本在该地区的领导力。

权力转移最典型的表现是中国近年来与东盟合作的深入。尽管与东盟部分成员国在南海问题上存在争端，中国仍然与东盟建立了多方面的合作机制，其中最突出的就是双边的经济合作。东盟地区国家“经济上依靠中国，安全上依靠美国”的现象近年来愈加明显，尤其是在中国与东盟签订自由贸易协定之后，中国在东盟地区的经济影响力持续快速增长。2014年，中国与东盟贸易额达4 803.94亿美元，同比增长8.3%，增速较中国整体对外贸易平均增速高出4.9个百分点；双边累计相互投资高达1 200亿美元。2015年中国已经连续5年成为东盟的最大的贸易伙伴，而东盟连续4年是中国的第三大贸易伙伴。中国优先发展经济的战略带来了综合国力的快速增长，促进了世界权力中心从欧洲向东亚的过渡。中国成为唯一能与美国进行全球战略竞争的国家。

国际关系中的权力转移理论认为，伴随着新兴大国的崛起，崛起国会对霸权国发起挑战，霸权国必然要提前对崛起国进行遏制，在这个过程中冲突与战争难以避免。近来有关中美两国是否会陷入“修昔底德陷阱”、中美关系是否面临转折点的学术争论也在国内外学术界讨论激烈。无论学术界的观点如何，亚太地区正在发生权力转移是既有事实。纵向来看，中国对相关国家的反制手段在增多、对南海的实际控制在增强。美国、日本等传统大国面对中国在亚太地区的崛起，必然采取多种手段对中国进行遏制。美国是对南海问题影响最大的域外国家，南海问题也因为美国的插手而复杂化。奥巴马政府上台后开始反思美国的全球反恐战略，开始在中东地区收缩美国的战略投入，从而转向“亚太再平衡”战略。“亚太再平衡”战略也直接影响着美国的南海政策。从近年来美国在南海的作为来看，美国主要在以下几个方面插手南海问题：美国政府发布报告涉及南海问题，政府官员也不断发表相关言论，阐述美国的南海政策，从而使中国及相关国家清晰认识到美国的立场；与其同盟国在南海地区增加军事演习，重启或升级部分军事基地，给盟友提供更多先进武器，调集更多海军力量到西太平洋，同时对中国近海地区开展海空侦查等；在多边外交场合不断向中国就南海问题施加外交压力；大力推动TPP

---

① 英亩为非法定计量单位，1英亩≈4 047平方米。

的谈判进程，增强与东盟的经济贸易与投资关系。南海问题只是中美关系中很小的一个方面，如何在不影响中美关系大局的情况下处理好在南海的权力转移成为目前影响中美关系与南海问题的最重要因素之一，也是双方外交智慧的较量。

二、2015 年南海局势的最新发展

在南海出现地缘政治变化的大背景下，南海周边近两年出现的事态发展给 21 世纪海上丝绸之路的开展提出了多方面的挑战。有学者就 2014 年的南海问题进行了比较详细的梳理，对南海问题在 2014 年的新发展进行了比较全面的分析。本部分以 2015 年发生的南海热点问题为线索，从政治、经济、安全三个视角对南海最新的事态发展进行评估，分析其可能对 21 世纪海上丝绸之路推进带来的阻碍。

政治方面，南海争端已经成为 21 世纪海上丝绸之路开展面临的最大障碍，并且成为中国周边外交目前最突出的问题，是其他国家遏制中国的抓手。在南海问题上，其他各方有形成联合体与中国对峙的趋势：以中国为一方，以美国为主导的亚太安全联盟体系为另一方的对峙格局日益明朗。同时，菲律宾、越南继续不断推动东盟在南海问题上采取统一立场，尽管得到响应不多，但是东盟作为一个整体对南海问题的参与明显增多。以 2015 年 4 月在马来西亚举办的第 26 届东盟峰会为例，峰会发表的主席声明涉及南海问题，对中国在南海的填海造地和南海的和平稳定与航行自由表示严重关切。这被视为近年来东盟作为一个整体在南海问题上的最强硬的表态。菲律宾继续推动其在国际海洋法法庭上诉讼中国的仲裁案，同时在美国、日本的支持下大力推动南海问题国际化，不断在南海挑起事端。中国仍然面临着域内与域外国家对中国施加的外交压力，典型的案例是 2015 年 4 月举办的七国集团（G7）外长会议通过的涉及东海和南海的声明，以及 2015 年 5 月底举办的第十四届亚洲安全峰会（香格里拉峰会）和 8 月初举办的东亚系列外长会上针对南海问题的激辩。除 G7 外长会议之外，这些会议每年向中国施压几乎成为惯例，这对于中国外交而言不是一个好的现象，中国亟需在南海问题上改变国际舆论方向，破解外交难题。

经济方面，尽管中国与东盟的经贸往来日益密切，但是海上丝绸之路在南海的推进仍面临经贸与资金上的不确定因素。南海争端各方对中国的经济依赖程度日渐增强对 21 世纪海上丝绸之路的开展是一个好的现象，不过目前看来经济上还是存在一些问题。"一带一路" 本质上是经济合作倡议，21 世纪海上丝绸之路的贯通也需要做到贸易畅通和资金融通。尽管中国与东盟之间的经贸发展非常迅速，但是从贸易结构来看，中国与东盟的贸易主要还是集中在中端与低端的工农业产品上，这一点与美国、日本有较大差别。同时，中国与南海争端国之间的经贸呈现出不稳定的状态，容易受到其他因素的影响。资金方面，设立于 2011 年的中国—东盟海上合作基金运营情况一直不够理想，东盟国家对其参与较少，未能在推动中国与东盟海洋合作上实现突出贡献。亚投行可以为 21 世纪海上丝绸之路的推进提供一定形式的资金支持，不过菲律宾目前仍未正式签署亚投行协议，马来西亚正式加入亚投行之前也必须完成国内批准程序。此外，中国在东盟地区的资金投入还面临着日本与中国的激烈竞争：日本将在未来 5 年内拿出 1 000 亿

美元用于支持亚洲地区的基础设施建设，与亚投行叫板的意味明显；目前日本正在与中国就印度尼西亚的高铁项目进行激烈竞标；日本于 2015 年 8 月宣布日本向菲律宾提供 20 亿美元官方发展援助建设进行铁路建设；美日主导的亚洲开发银行在未来 3 年对菲贷款将由 18 亿美元增加至 30 亿美元，以支持包括基础设施在内的各种发展项目。

安全方面，目前 21 世纪海上丝绸之路在南海推进存在的安全问题主要有军事安全与航道安全两项内容，传统与非传统安全均有隐患。军事安全方面，美国军方继续保持对南海地区的军事关切与军事干预。美国国防部部长卡特和第七舰队司令托马斯在多个场合对中国的填海造地进行批评，并鼓励日本加入美国在南海的巡航、东盟组建联合舰队巡航南海；2015 年 4 月 20 日，"肩并肩 2015" 美菲联合军事演习在南海地区开展，双方超过 1 万人参加联合军演，人数是 2014 年的两倍；菲律宾等国不断炒作中国将在南海划设防空识别区，加剧南海紧张局势；2015 年 5 月 20 日，美国 P－8A "海神" 反潜侦察机对南海永暑礁等 3 个岛礁进行监视，受到中国海军的 8 次警告；日本与菲律宾于 2015 年 6 月举行了联合军事演习，两国将在未来进一步增强军事合作；美国在 "亚太再平衡" 战略之下将进一步增强对亚太地区的军事投入，在菲律宾重开 8 处军事基地。航道安全方面，南海地区一直存在着海上公共服务不足的状况，这同样对海上丝绸之路的推进构成阻碍。

总体而言，2015 年的南海局势呈现出两大特点。第一，各方冲突总体呈现逐渐缓和态势。与 2014 年中越之间就 "981" 钻井平台出现的系列冲突和中菲在仁爱礁发生的系列摩擦相比，2015 年南海争端各方冲突有所缓和，尤其是在 2015 年 6 月中国完成在南海的填海造地之后，进入下半年后南海地区整体保持稳定。马来西亚、印度尼西亚在南海问题上采取了较为平衡的外交政策，主要表现为与中国在南海争端与其他方面关系上保持平衡，在中国与美国等域外大国之间保持平衡。与此同时，越南对华政策发生一定转变，开始对国内的反华情绪进行控制，越共中央总书记阮富仲 2015 年 4 月初访华，双方通过党际交流改善国家关系。第二，中国在南海问题上面临更大国际压力与风险。随着菲律宾等国继续推动南海问题国际化，南海问题有进一步国际化的趋势。美国对南海的外交关注与军事投入进一步增加，日本开始在国际场合上搅局南海问题。东盟共同体建设在 2015 年将进一步推进，中国在南海问题上面临着东盟国家 "抱团" 针对中国的风险。同时，中国、美国、菲律宾等国都在南海地区进行了军事演习，海上对峙与撞机、撞船风险较大。最后，中国完成在南海的填海造地之后将着手对相关岛屿进行建设，各方可能就中国的基础设施建设展开新的外交角逐。

从以上两个特点可以看出，2015 年南海局势虽有所缓和，但南海问题的解决仍将是一个长期、困难的任务。21 世纪海上丝绸之路作为中国目前主要的海上战略，其在南海地区的推进仍然要注意审慎，不可急进。

三、审慎原则与 21 世纪海上丝绸之路在南海的推进

国际关系理论中现实主义的主导地位使许多人认为国家间的交往就是权力政治，道德在国际关系上没有立足之地，这是一种对国际政治的误解。国家利益与国家权力固然

在外交上具有决定性意义，然而这并不意味着国家之间就不必重视道德。事实上，审慎原则（prudence）正是国际政治上的重要道德，甚至被视为国家与政治的最高道德。政治思想史上诸多著名思想家和国际关系理论家都对政治上的“审慎”非常重视。古希腊历史学家修昔底德的《伯罗奔尼撒战争史》被视为国际关系现实主义的起源之作，该书将政治审慎确立为权势与道义之间紧张与对立关系之间的纽带。继修昔底德之后，从亚里士多德、西塞罗、奥古斯丁、托马斯·阿奎那，到近代霍布斯、休谟、伯克，再到现代的国际关系思想家尼布尔、摩根索，都对“审慎”有着或从政治价值，或从道德原则上的论述。有学者将审慎原则的内涵加以梳理，认为其在国际政治中主要意味着国家在政治行为中要注意适度、理性和节制。这也启示着国家对外交往要界定好国家利益的主次，追求适度的权力，同时避免理想主义外交，执行明智的对外战略。

针对近来中国外交与“一带一路”研究中出现的问题，有学者就“一带一路”与中国外交未来的战略走向展开讨论。中国人民大学国际关系学院时殷弘教授在多个学术会议和所发表文章中强调，中国的对外战略正在由“战略军事”为主转为“战略经济”为主，进而提出中国的“一带一路”必须要注意“心态审慎、政治审慎和战略审慎”。21世纪海上丝绸之路在南海的推进也要做到审慎，不可急功近利，否则若引起相关国家的反制，则对中国的整体国家利益而言得不偿失。

“一带一路”倡议有五个合作重点，即政策沟通、设施联通、贸易畅通、资金融通、民心相通。21世纪海上丝绸之路在南海的合作重点同样是这五个领域，审慎原则应在这“五通”上得到充分重视。

政策沟通是21世纪海上丝绸之路在南海推进最重要的方面，是“一带一路”的基础。杨洁篪在2015年博鳌亚洲论坛上的演讲中提到，“21世纪海上丝路不是任何国家的地缘政治工具，而是所有国家的公共产品，不搞任何形式的垄断和强制，而是大家平等相待，商量着办事。”中国应该与其他南海争端国以及东盟各国充分协商，真正将21世纪海上丝绸之路打造成为一条“共商、共建、共享”的合作之路。同时，中国在南海推进21世纪海上丝绸之路应该符合中国周边外交的基本方针，那就是坚持与邻为善、以邻为伴，坚持睦邻、安邻、富邻，突出亲、诚、惠、容的理念。想要实现政策沟通，首先中国需要明确在南海地区的国家利益的优先顺序。南海问题是中国与东盟关系中最薄弱之处，但同时也是双方目前最关注的安全问题。南海问题应该在维护中国与东盟之间友好关系的大局下得到解决，中国在保护海洋权益的同时还要维护好中国—东盟合作关系的稳定。这种国家利益的先后性也决定了中国不可在南海过于激进，对海上力量的使用也要保持克制，做好危机管控。其次，中国应该使相关国家充分认识到21世纪海上丝绸之路是经济合作倡议，不涉及争议问题。尽管南海争端与21世纪海上丝绸之路本质上是两个问题，然而其他国家却未必能够认识到这一点。中国要不断申明，参与到海上丝绸之路中来不仅将得到巨大的经济实惠，而且不会因此而在南海争端中受到中国未来的威胁。最后，中国需要在南海问题上时刻注意自身的行为，不要让政治争端过多影响到21世纪海上丝绸之路的推进。南海争端未来仍将有各种问题，中国作为地区大国不可被部分小国牵制过多。

设施联通上，就21世纪海上丝绸之路在南海而言，中国推动设施联通必须稳步进行。首先，中国可以凭借陆上基础设施为切入点加强与东盟国家的合作。东盟各国近年来经济发展速度较快，对基础设施的需求也相应提升，中国可在此领域发挥自身的优势。目前中国正在积极推动的高铁输出项目可继续进行，作为推动设施联通的前期合作重点项目。其次，中国要在与东盟相关国家充分沟通的基础上推动港口建设与海上通道的公共服务水平，稳步推进中国与东盟国家之间的互联互通，同时谨防合作中可能出现的法律风险与政治风险。最后，中国要注意在南海的岛礁建设可能会引起的新的争端：保证国家利益的前提下中国在南海岛礁上应大力加强民事设施的存在，尽量减少军事设施建设，否则将与自身前期的宣告自相违背，并会引发新的国际舆论，进而影响21世纪海上丝绸之路的推进。

贸易畅通上，21世纪海上丝绸之路必须要做到共同收益，合作共赢。只有中国收益，或者中国与其他国家收益明显不均，21世纪海上丝绸之路绝难成功。国际政治的现实情况是各国在合作中是追求相对收益的，如果在21世纪海上丝绸之路合作中各方的收益情况出现明显的不平衡，收益较小的国家合作的积极性一定会有所降低。首先，中国可以在维护正当利益的前提下，对东盟国家适当提供更多的贸易优惠政策。中国需要认清，在中国的贸易结构中，东盟各国所占比例并不大，但是对其他国家而言情况则不同。例如，中国对于越南而言是其第一大贸易伙伴国，对于菲律宾而言是其第二大贸易伙伴国。适度出让经济利益将有利于21世纪海上丝绸之路在东盟地区的前期顺利推进，这对于未来而言利大于弊。其次，中国在南海地区推动21世纪海上丝绸之路，要真正激发其他国家参与的热情，不能单独依靠中国来引导。东盟相关国虽然对21世纪海上丝绸之路表现出兴趣，但是并没有明确的政策与规划。中国要等待或鼓励其他国家提出参与21世纪海上丝绸之路的合作倡议，激发别国合作的主动性与积极性，关切其他国家的真正需要。

资金融通上，中国在与东盟合作的过程中要与东盟就资金合作充分协调，利用好中国的资金优势服务于21世纪海上丝绸之路在南海的推进。首先，中国要进一步稳步推动亚投行的组建运营，以亚投行这一多边金融机构为依托，协调21世纪海上丝绸之路的开展。中国需要与菲律宾、马来西亚两国就亚投行协议的签订问题进行进一步沟通协调，同时吸引更多国家参与到亚投行中。此外，中国还需要处理好亚投行与总部设立在菲律宾、由美日主导的亚开行之间的关系。外交层面上经济合作与领土争端是两个层面的问题，中国理性运用亚投行服务于未来中国的对外战略意义重大。其次，中国需要进一步优化中国—东盟海上合作基金的使用，激发其他国家运用该项资金的热情，不能只由中国唱独角戏。同时，中国可以参考与印度尼西亚之间的合作，尝试与其他国家开设并运用好双边的海上合作基金。

民心相通上，中国要加强与东盟其他国家社会层面的交往，同时在经济合作中注意增加能够切实提高他国民众生活水平的合作项目的数量。随着南海争端的不断升级，越南、菲律宾近年陆续出现了比较严重的反华、排华事件。民族主义情绪的激化会对21世纪海上丝绸之路的推进形成威胁。要解决这个问题，中国首先必须要拓展与东盟国家的交往层面，不可仅就经济层面展开合作。民生项目的建设是中国对外援助的强项，中国可在东盟地区开展基础设施援建、科技与医疗合作、职业技术培训等，同时加强青年学生之间的交流，为东盟国家提供更多来华学习奖学金名额。其次，中国近年来出境游人数不断增加，游客境外消费能力也增长迅速，中国需要做好外事保障，以民间交往促进官方关系的提升。最后，中国必须要重视地区研究人才的培养，加强对沿线国家的语言、文化、宗教和其他基本情势的学习，做好地区与国家研究工作。

中国海洋安全战略新发展：基于“21 世纪海上丝绸之路”视角的思考

唐嘉华[①]

（厦门大学南洋研究院，福建 厦门 361005）

内容摘要： 21 世纪是海洋的世纪。中国顺应时势，提出建设 21 世纪海上丝绸之路的构想，标志着中国海洋安全战略进入了一个新的发展阶段。首先，海洋安全的概念、指导思想和战略目标被赋予了新的内涵。其次，海洋安全政策在涉及传统安全领域之外，重点关注非传统安全的诸多问题。最后，战略实践层面突出了南海的重要地位以及现有合作机制的作用。

关键词： 海洋安全战略；21 世纪海上丝绸之路；中国

随着综合国力的不断提升，海外利益的不断扩大，中国愈发重视海上的安全与发展。这不仅是因为中国拥有位居世界第四的海岸线长度、位居世界第五的大陆架面积和位居世界第十的 200 海里专属经济区，更是因为随着全球化的推动和航运的发展，中国的海上交往范围不断扩大，接踵而至的海洋问题也与政治、经济和安全等领域的联系更为紧密。

2013 年 9 月，李克强总理在参观中国—东盟博览会展馆时强调要“铺就面向东盟的海上丝绸之路，打造带动腹地发展的战略支点”。同年 10 月，在出席亚太经济合作组织领导人非正式会议期间，习近平主席提出了共同建设“21 世纪海上丝绸之路”的倡议。经过一年多时间的酝酿，国家发展改革委、外交部和商务部于 2015 年 3 月 28 日联合发布《推动共建丝绸之路经济带和 21 世纪海上丝绸之路的愿景与行动》（以下简称《愿景与行动》），正式公布了“一带一路”路线图。海上路线从中国沿海港口经过南海到达印度洋、非洲东部，再从红海、地中海延伸至欧洲以及从中国沿海港口经过南海到达南太平洋。

“一路”的布局对中国的海洋安全战略产生了深远的影响。其一方面预示着战略未来的发展方向，另一方面也要求战略做出相应的调整以确保“一路”的顺利实施。本文拟基于《愿景与行动》中 21 世纪海上丝绸之路的规划框架，对中国海洋安全战略的内涵、政策和实践等方面内容的变化进行总结及预估。

---

① 唐嘉华，女，1992 年 2 月出生，厦门大学南洋研究院国际关系专业硕士研究生，邮编 361005，电子邮箱为 tangjiahua0206@163.com。

一、中国海洋安全战略内涵的新变化

（一）概念

海洋安全作为国家安全的一个分支，其含义一直未能获得完全的统一。研究者往往采取这样的逻辑，将安全的概念拓展到海洋领域来理解海洋安全的实质。然而，安全是一个模糊又复杂的概念，其不仅指一种被客观事实所验证的实际状态，即没有受到侵犯；也可以指一种由主体自身所感知的估测状态，即没有受到威胁。这两种状态在海洋领域的延伸便可发展出海洋安全的概念。

但是，海洋安全的概念却是相对模糊的，因为其与具体的海洋问题相关联，结合了不同的行为者、时间和地点等因素。西方学者通常将海洋安全的概念界定为两个层面，其一，针对海上安全领域的威胁因素；其二，重视蓝色经济和海洋发展。而中国学者一般将海洋安全定义为“国家的海洋权益不受侵害或不遭遇风险的状态”。这两种解释大致相似，但“安全”概念中的主客观因素在后者定义中更加明显。国家的海洋权益应当既保持稳定的状态，又不为可能的威胁而有所担忧。继而，国家海洋安全战略可以被视为一个主权国家为维护自身的海上权益在主观层面和客观层面均不受到威胁而综合筹划的一系列纲领，包含定义、宗旨、目标、政策和指导思想等主要内容。

然而，正是因为“21 世纪海上丝绸之路”构想的提出，海洋安全的传统定义已经悄然发生了改变。这要求研究者以一个更加宏观和积极的视角扩充已有的理解。首先，概念的范围得到拓展。根据马斯洛的个人需要层次理论，我们可以将国家的安全需求分为生存安全、发展安全、崛起安全和自主主导安全。生存是基础条件，发展和崛起分别是量变和质变的过程，自主主导阶段则是最终的理想层次。已有的概念对海洋安全的判定要素为海洋权益，这种权益包括了中国在海洋领域的生存利益和发展利益。这种定义下的海洋安全还停留在生存安全和发展安全的层次。而 21 世纪海上丝绸之路战略的提出显示着国家安全层次已经从生存和发展的较低层次迈向了崛起、甚至是自主主导的战略新高度——中国开始构建一个符合自身利益的海上合作框架。

其次，概念的性质发生转变。利用“不被侵略和不受威胁”的标准来判定海洋安全的状态一定程度上反映出中国对待海洋事务消极的态度。当然，这与中国从古至今的海洋观念和海洋管理政策都有着深厚的渊源，也可以说是近代以来中国海上力量相对薄弱的一种无奈表现。但是，“一带一路”是一个重大的转折点。它不仅反映了中国海洋实力的增强和综合国力的提高，还标志着中国在海洋事务上由局限于防御的政策转变为自主构建综合性的战略，由受外在世界牵制的被动状态转变为由内向外主动出击的积极态度。这是海上丝绸之路自秦汉时期发端以来，历经千年的发展、宋代的鼎盛、明清的萎缩、近代的战乱和新中国的建设之后，进入到 21 世纪被重新构想与建设的历史新阶段。

（二）指导思想

一国的海洋安全战略与本国对海洋研究的能力和对海洋事务的认知及态度息息相关。中国与周边国家的海上交往最早可以追溯至秦代，海上贸易航线的正式记录则始于汉代。随着航运技术的发展和经济重心的南移，宋代进入了海上交往与经济繁荣的鼎盛时期。但紧接着，为防止外敌威胁，明清王朝实行了长达半个世纪的“海禁”政策，使得这种繁荣戛然而止。在新中国成立之后，中国海洋安全战略的指导思想也发生了明显的阶段性变化。20 世纪 50 至 70 年代，海洋安全战略的思想主要为保护海岸线安全，防止外敌入侵。改革开放以后，国家利益逐渐走向世界，对海洋安全和海洋利益的认识逐渐深化，形成了积极的“近海防御”战略安全思想以及为维护亚太地区稳定、塑造有利于中国长期发展的周边环境而制定的“搁置争议、共同开发”为指导思想的处理与周边海上邻国海洋主权争端的方针。

进入 21 世纪以后，中国的海洋安全观念发生了新的变化。指导思想已经从重视国防建设、转向经济发展进入到一个更具综合视角的深层次合作阶段。海上各国联系日益紧密，诸多问题日趋复杂，这种全方位的合作观念在新海上丝绸之路的构想中得到了进一步的明确。第一，和平合作。《愿景与行动》自始至终强调着“和平”与“合作”这两个关键词，展现出中国面对当今复杂国际局势的积极态度。历史上的西方海上霸主之争并没有给世界带来真正的稳定与繁荣。西班牙、荷兰、英国和美国的霸主更替只是通过消耗资源的方式在打败前者的同时，不断削弱自身的实力，并且给其他国家和世界人民带来深重的灾难。因此，坚定地促进合作才是实现中国发展与世界和平的正确选择。第二，互利共赢。历史上的海上丝绸之路曾带动了世界贸易的发展与兴盛，也成功推动中国的传统文化名扬天下。因此，进入新世纪，中国将秉着“共商、共建、共享”的原则，继续向世界传播“和平合作、开放包容、互学互鉴、互利共赢”的精神，让古丝绸之路焕发出新的生机与活力，最终实现相互扶持、共同发展的美好局面。第三，共同治理。21 世纪国际局势的一大特点便是全球性问题不断凸显，尤其是非传统安全领域的威胁不断增强。这要求国家之间应联合起来共同应对，加强交流以制定积极有效的防治措施。《愿景与行动》针对一些海洋领域的热点问题，如能源开采、打击跨国犯罪和环境保护等，为沿线各国之间的合作治理提供了指导性理念和建设性框架。

（三）目标

新中国成立以来的海洋安全战略目标与海洋安全观的变化是相辅相成的，主要历经了从“防御外敌”到“共同开发”，即从国防目标到经济合作的战略重点转移。随着中国综合国力和国际地位的提升，相关战略目标也在逐步发生转变。新海上丝绸之路的提出是中国和平崛起的有力体现，是为应对被美国不断宣传强化的“中国威胁论”的积极举措。这一具有划时代意义的行动意味着中国海洋安全战略的范围不断拓宽，战略目标扩大至全世界的发展问题，并着重于提高中国的国际影响力。这是一项造福世界各国人民的伟大事业，在某种程度上是中国基于对自身实力和发展前景的估测而展现出的对区域战略规划的充分信心。

尽管受到一些西方学者的质疑，但是“一带一路”并非中国版的“马歇尔计划”，两者之间存在着本质的区别。马歇尔计划通过参与及掌控战后欧洲的重建，在货币、贸易和石油等领域逐步确立符合美国利益的游戏规则，最终成功构建了一个美国霸权的统治体系。而建设“一带一路”的目的和意义在于促进沿线各国合作与经济繁荣、加强不同文明交流与促进世界和平发展，用一条陆上丝绸之路和一条海上丝绸之路搭建一个崭新的、区域间的国家关系网络。习近平主席甚至还于 2015 年 5 月访问蒙古国时表示“中国愿意为周边国家提供共同发展的机遇和空间，欢迎大家搭乘中国发展的列车，搭快车也好，搭便车也好，我们都欢迎”。中国将不遗余力地发挥主导作用，在地区合作中担当重任，进一步塑造一个负责任的大国形象。

二、中国海洋安全战略政策的新重点

海洋安全通常可以被划分为传统海洋安全和非传统海洋安全。传统海洋安全主要指军事安全和海防安全，军事入侵是传统意义上最大的军事威胁。非传统海洋安全主要包括海盗和武装抢劫、恐怖主义活动、大规模杀伤性武器非法贩运、毒品贩运、海洋偷渡、非法渔猎以及蓄意破坏海洋环境等。一直以来，中国都十分重视传统安全领域的事务，集中精力巩固海防建设，不断加强海上军事实力，密切监视东海和南海海域动态。而非传统领域的问题在近年来才逐渐开始凸显。中国在这一领域的政策往往是在坚守主权原则的基础上，针对具体的问题制定相应的措施。这通常是单方面的，具有被动性与滞后性。

进入新世纪，非传统安全威胁大有增加之势。新海上丝绸之路的顺利建设将更多依赖于海上非传统安全问题的成功解决。所以，《愿景与行动》对中国海洋安全战略的政策制定提出了新的要求。首先，海洋安全不再局限于主权问题与军事较量，传统安全的领域不断与其他领域相互融合，形成新形势下的经济安全、能源安全和环境安全等诸多交叉领域。这使得威胁中国海洋安全的因素更为复杂，并要求未来的政策发展趋于全方位及多样化。其次，在重视传统安全的同时，政策重心应当向非传统安全转移，突出对海上通道建设、海上经济合作、海上跨国犯罪和海洋生态保护等问题的处理。

（一）缓解传统安全矛盾

中国海上传统安全的威胁主要表现为军事安全压力及领土主权争端这两个因素。第一，美国等世界海洋强国以及区域海洋大国视中国为潜在的竞争对手，对我国进行战略防范与牵制，给我国海洋发展和安全带来较大的压力。在阶段性完成伊拉克战争、阿富汗战争及反恐行动之后，美国于 2012 年 1 月发布“新军事战略报告”，宣布高调重返亚太，将军事战略中心转向亚太地区。2012 年 11 月，奥巴马在获总统大选连任后首访选择东南亚三国，并于 2013 年 10 月再访东南亚，意图展现推动“重返”战略的决心，并进一步巩固同现有盟友的联盟关系，加强与新兴国家的利益合作。这些举动都体现出美国警惕和企图遏制中国快速崛起的决策动态。第二，受历史遗留问题的影响，中国与邻国的海上主权争议不断。一方面，钓鱼岛、黄岩岛等岛屿的主权备受争议。由于海洋法和历史条约的模糊不明，中国与日本、越南、菲律宾等国至今对岛屿的归属问题各执一词，尚未达成有效的共识；另一方面，中国与邻国的海域划界争议一直存在，主要包括领海基线划分上的分歧、岛屿权利争议、大陆架争议和专属经济区争议等。这些争议始终是国家之间矛盾的潜在导火索。

虽然这些矛盾现在、甚至在未来很长一段时间内将持续存在，但这并不能阻挡中国和平崛起与逐步构建地区海洋战略的脚步，也无法阻碍亚太地区因共同利益而形成的多方合作行为。21 世纪海上丝绸之路正是对美国“重返亚太”的正面回应，也给缓解因固有矛盾而僵持的亚太关系提供一次契机。该战略并未对解决领土争端和减轻军事压力给予直接的解决方案。相反，该战略故意淡化这些冲突，却意图通过其他领域的合作缓解这些争端，为未来矛盾的解决奠定相互信赖的基础。共建“一带一路”要求中国的海洋安全政策恪守联合国宪章的宗旨和原则，严格贯彻“和平共处五项原则”，坚持开放合作，坚持和谐包容，实现沿路国家、尤其是东南亚地区的政治互信。

（二）加强海上通道建设

海上通道通常被临海国家视为同外部世界联系的纽带。在世界海运线网络中，受运输依赖的局限，一些重要的国际通道甚至可以成为扼制国家战略安全的关键所在。中国经济严重依赖对外贸易，对外贸易严重依赖海洋运输，海洋运输严重依赖少数海上通道，而这些海上通道一旦受阻或遭到破坏，必然伤及中国经济命脉，甚至威胁社会稳定。因此，为确保“一路”顺利通行，中国的海洋安全政策必须加强沿线重要通道的建设工作。

“一路”的重点方向为：其一从中国沿海港口过南海到印度洋，延伸至欧洲，其二从中国沿海港口过南海到南太平洋；同时以重点港口为节点，共同建设通畅高效的运输大通道。依照路线图，“一路”途经马六甲海峡、苏伊士运河等国际重要航道，以及孟加拉湾、亚丁湾等事故多发海域；重点港口包括中国东南沿海城市福州、泉州、广州、湛江、海口和北海；东南亚城市河内、吉隆坡和雅加达；孟加拉湾港口加尔各答；斯里兰卡首都科伦坡；非洲东部肯尼亚首都内罗毕；以及欧洲重要港口雅典和威尼斯。通过沿海港口与海上通道串联，新海上丝绸之路意图搭建一个跨越亚、欧、非三大洲的国际航运版图。中国通过建设公路、铁路、港口和能源通道，加深与周边国家的经贸联系，以抵消美国的影响力，并且将印度洋沿岸国家纳入中国的影响力范围之内，为中国创造更广阔的战略空间。

保障海上航道的“通畅”需要推进港口合作建设、航线基本设施建设，实现点线结合、互联互通。当然，通道问题还需依赖于军事及领土争端处理、跨国犯罪整治和生态灾害治理等其他领域问题的解决配合。此外，为实现运输通道的“高效”，中国应重点推进建立统一的全程运输协调机制，在国际通关、换装和多式联运等环节实现快速有效对接，逐步形成兼容规范的运输规则，促进国际运输便利化。同时，加强与沿线国家沟通，增多海上航线班次、共享海上物流信息等措施均有利于通道建设的持续进展。

（三）扩大海上经济合作

近年来，中国海洋经济迅速崛起，成为中国国民经济持续增长的主要动力之一。根据《中国海洋发展指数报告（2014）》，2013 年中国海洋发展指数（ODI）为 115.5，比 2012 年增长 5.5，2010—2013 年年均增速为 4.9%。海洋事业在中国的经济发展、社会民生、资源支撑、环境生态、科技创新、管理保障等领域均发挥了积极的作用。海上丝绸之路沿线海域蕴藏着丰富的海洋空间资源、渔业资源和海底矿产资源，给中国与沿线国家的海洋经济合作提供了物质基础。根据联合国粮农组织统计，全球渔业生产在过去 50 年间稳定增长，2012 年人均渔业产品消费达到 19.2 千克。其中，中国因周边海域宽广和水产养殖扩张，成为世界渔业发展的主力军。另外，南海是世界上四大海洋油气聚集地之一，被称为"第二个波斯湾"。其滨海矿砂资源储量也十分可观，在沿海相关国家经济中发挥了举足轻重的作用。

投资贸易合作是"一带一路"建设的重点内容。这要求中国不断扩大海上经济投资，加深海洋相关产业的跨国合作，同时通过不断完善经济领域的安全政策以保障贸易与投资持续跟进。首先，虽然海上资源的划分一直存在争议，但中国愿意积极推动沿线国家间的合作，重点关注海水养殖、远洋渔业和资源开发等领域。《愿景与行动》还特别指出了沿线国家间能源合作的重要性，要求一方面加大煤炭、油气、金属矿产等能源、资源勘探开发，另一方面积极推动水电、核电、风电、太阳能等可再生能源的合作，形成能源、资源合作上下游一体化产业链。其次，与海洋相关的第二、第三产业将在未来显现出更大的发展活力。这要求现有的中国海洋安全政策囊括海洋新兴产业和相关交叉产业等内容。例如，革新海水淡化技术，改善沿海地区供水结构；发展海洋旅游产业，开发专门的海上丝绸之路邮轮旅游项目；发展信息工程技术，搭建覆盖整个丝绸之路的洲际海底光缆等。

（四）打击海上跨国犯罪

跨国犯罪一般指犯罪行为的准备、实行或犯罪结果跨越了一国或两个以上不同国家的国境线。海上跨国犯罪主要包括海盗、恐怖主义、偷渡、贩毒和走私等多种形式，涉及的国家可以按照自身的刑事法律对犯罪行为进行惩治。由于海洋运输成本低、管理难度大、国际法不完善和各国刑事标度不一等原因，海上跨国犯罪近年来呈现出范围扩大和问题复杂的趋势，给海上通道安全和国家合作互信带来了严重的威胁。根据国际海事局（IMB）等机构发布的《2014 年全球海盗活动报告》数据显示，2014 年全球海盗袭击事件共发生 245 起，其中东南亚海域共发生 183 起，比 2013 年增加 22%，索马里地区只发生 11 起，但有 33 名船员被劫持。此外，近年来，境内外贩毒集团利用我国海洋管理方面存在的薄弱环节，想方设法开辟海上贩毒通道，海上走私贩运毒品和易制毒化学品的案件不断发生。同时，人口贩卖和非法移民行为愈演愈烈，与东南亚国家相关的偷渡现象一直十分普遍。2015 年 5 月，数千偷渡者滞留南海，东南亚各国拒绝接受。虽然相关国际组织不断进行人道主义呼吁，但是偷渡者的生存形势依旧严峻，周边国家仍处于互相推诿的僵持局面。

打击海上跨国犯罪是一项具有综合效益的政策。21 世纪海上丝绸之路所强调的政策沟通、设施联通、贸易畅通、资金融通、民心相通等五大合作重点，其所构建的一系列政治互信、经济合作与文化交往的战略框架都建立在地区安全与稳定的基础之上。因此，沿途国家应当积极展开合作，既参与相关国际机制以完善国际法体系，又能在区域内部联合打击和惩治跨国犯罪行为。得益于各国联合的海军护航行动，亚丁湾索马里海盗得到了大幅度改善，2014 年全球的海盗事件也降至 8 年以来的最低值。但是东南亚海域的海盗问题却不容乐观，呈现出激增的趋势，需要得到进一步治理。另外，除了海盗问题，海上跨国之间的偷渡、贩毒和走私等其他犯罪手段层出不穷。其往往具有内部组织严密和国际分工明确的特征，在谋取大量经济暴利的基础上，也给丝绸之路途经地区的安全与稳定造成巨大的挑战。因此，未来中国的海洋政策应当重点关注、监视并加强有效治理这一系列的跨国犯罪行为。

（五）建设新型的绿色丝绸之路

人类在工业化进程的道路上付出了惨痛的生态代价。过度排放二氧化碳造成气候变暖与海平面上升，海水酸化不断严重；向海洋排放包括石油、重金属和酸碱物质、放射性核素、固体废物及废热等各类污染物质，致使水质逐渐恶化，海洋生态失衡。海上生态与污染问题往往超出了单个国家的管辖范围，也超越了国际或地区性组织的管理能力。而且，海洋污染的来源和影响是两个独立且相互联系的问题，如果在解决时不注意将二者协调起来，那么治理效果将受到影响。很显然，现存的、模糊的法律规定与有限的治理手段致使海洋环境未能得到有效的保护，各国短视的经济利益选择往往了造成难以挽回的自然破坏。

21 世纪海上丝绸之路是一条绿色丝绸之路，它在认可海洋问题严重性、复杂性和迫切性的基础上，提供了一个可持续海洋安全的发展理念。《愿景与行动》要求树立生态文明理念，加强生态环境、生物多样性和应对气候变化等方面的合作。气候变暖、海水酸化、海洋污染、生物多样性锐减的连环效应表明海洋安全政策的完善已经刻不容缓。中国作为战略的制定者与主导者，更加应当率先展示出积极的、不畏艰难的政策决心，通过多重主体、多种手段共同配合应对环保挑战。面向高层政府，制定宏观的指导方针，加强对公共医疗事件、大型海洋灾害及事故的合作与处理；面向各国企业，积极采用新型的信息技术、新材料和新能源，在谋求经济收益的同时注重对环境的维护；面向基层民众，广泛地开展生物多样性和生态环保等公益慈善活动，塑造和谐友好的文化生态与舆论环境。

三、中国海洋安全战略实践的新特色

（一）实践重心

根据“一路”路线图，南海将成为中国东南沿海港口前往南太平洋和途经印度洋、到达欧洲的必经之地，通道战略意义显著。同时，由于在海上传统安全和非传统安全的重要地位，南海或将成为未来中国海洋安全战略实践的重中之重。南海各类资源丰富，历史政治因素复杂，各方势力均意图介入此地以谋求经济利益、施加政治影响。而马六甲海峡作为连接印度洋与太平洋的咽喉要道，不仅是中国进出口贸易的重要通道，更可谓中国能源安全的命脉。一旦国际局势发生剧烈动荡，马六甲海峡遭到封锁，中国能源安全将面临严重困境。

面对南海瓶颈，中国一改过去相对消极的解决态度，更为主动地向世界证明中国在南海主权神圣不可侵犯。有研究者将2012年中国在黄岩岛问题上的维权举措命名为“黄岩岛模式”。其具体含义指：中国为保护自己的海洋权益，采取以现场执法为主、外交手段为辅、经济手段策应、军事手段为后盾、国内民意为支撑的一系列行为；既不同于主要为外交抗议、也不同于主要为武力的解决手段。“黄岩岛模式”的实践体现了中国在南海问题上态度和行动的标志性转变，同时也成为以综合手段解决南海问题的一次成功尝试。此外，中国还试图以一种另辟蹊径的方式来解决海洋安全所面临的威胁。以马六甲困局为例，中国并未将全部精力放在打破马六甲多方利益共持的僵局之上，而是大胆开创新的方式，利用中缅油气管道、中巴铁路走廊计划、中泰铁路计划等陆路途径降低对海上通道的依赖程度，从而减少能源安全风险。其中最引人注目的当是2015年5月中泰两国正式签署了“克拉地峡”合作备忘录。源起于17世纪的“克拉运河”计划在经过中泰两国十余年的热议之后，终于在“一带一路”的推动下取得突破性进展。如在克拉地峡开凿运河，与绕道马六甲海峡相比，可使过往船舶缩短航程1 200～1 400千米，具有重要的经济和战略意义。虽然开凿克拉运河目前仍处于计划阶段，且耗时长、耗资多、泰国政局不稳等不利条件众多，但这一计划至少为中国提供了一个运输通道的替代选择。

（二）实践方式

根据《愿景与行动》，建设21世纪海上丝绸之路将依靠一种新型的合作机制，以目标协调、政策沟通为主，不刻意追求一致性，全方位地利用现有的双多边合作机制，共建多元开放的合作进程。这一战略途径突出了“一带一路”在实践方面的两个特征，也预示着中国海洋安全战略实施的新方式。其一，扩大区域合作，发挥在海上丝绸之路范围内的双边对话、多边机制和其他论坛及博览会的平台作用；其二，保持弹性合作，在坚持联合国宗旨和原则以及和平共处五项原则的基础上实现合作形式、内容及程度的高度灵活操作，最大程度上鼓励区域内部国家开展共同对话。

具体而言，合作可以分为三个层次，共同形成政府与民间、双边与多边、正式与非正式相结合的全方位合作。首先，针对两国具体的海洋问题开展多层次、多渠道的沟通磋商，同时充分利用在经贸、法律、科技合作等领域专门设置的机构，发挥各层次联委会、混委会、协委会、指导委员会和管理委员会的作用。其次，强化海上丝绸之路区域内的各项多边合作机制，突出对跨国性质问题的讨论与解决。这主要涉及了东盟（ASEAN）、亚太经合组织（APEC）、亚欧会议（ASEM）、亚洲合作对话（ACD）、亚信会议（CICA）、大湄公河次区域（GMS）等组织。最后，发挥沿线各国区域、次区域相关的国际论坛和展会等平台的建设性作用，如博鳌亚洲论坛、中国—东盟博览会、中国—南亚博览会、中国国际投资贸易洽谈会等，同时还鼓励民间团体组织开展一系列历史纪念、文化交流与贸易交往等多种形式的活动。

四、结语

21 世纪海上丝绸之路的构想推动着中国海上安全战略的全方位转变。海洋安全的内涵得以扩充，从被动消除威胁、保障自身安全转向积极推进合作、促进区域和平与发展。海洋安全工作的重心也从传统的军事安全向海上通道安全、经济合作、跨国犯罪治理和海洋环境保护等非传统领域倾斜。在此过程中，南海的战略地位不断凸显，合作机制的重要性与日俱增。

然而，现有的政策制定暂且仅针对某些问题提供了相对理想化的宏观指导。面对错综复杂的海洋环境和“一路”沿线多方势力交织的国际局面，新海上丝绸之路将在实践中遇到更多的操作性障碍。而如何切实推动“一路”顺利实施，如何有效保障沿线国家积极配合，采取何种措施协调区域内部的利益纷争，或将成为新海上丝绸之路，以及中国海洋安全战略接下来所面临的重大挑战。

新挑战与新抉择

——“21世纪海上丝绸之路”背景下的中国海洋安全战略

马跃堃[①]

（国际关系学院，北京 100091）

内容摘要： 由于“21世纪海上丝绸之路”倡议的提出，我国的海洋安全战略正面临诸多全新的挑战，在许多方面甚至处在两难的地步。反海盗只是“21世纪海上丝绸之路”面临的众多安全挑战之一。在应对海上丝路的安全挑战时，中国做出的抉择是追求有限度的安全。在南海地区，有许多与中国存在岛礁主权和海洋权益纠纷的国家，同样是“21世纪海上丝绸之路”建设的重要支撑点。在应对南海地区的安全挑战时，中国做出的抉择是在有限反制的同时保持极大克制。

关键词： 21世纪海上丝绸之路；海洋安全战略；挑战；抉择

中国是典型的海陆复合型国家，陆上领土的东南两面临海，由北向南濒临的海洋分别是渤海、黄海、东海和南海，大陆海岸线全长约18 000千米，同时中国还拥有6 900多个500平方米以上的海岛，可主张管辖的海域面积达到300万平方千米。[②]当前，海洋对于国家经济发展与国家安全的重要意义不言而喻。为了早日实现中华民族的伟大复兴，中国需要妥善利用好自身的海洋权益，因此，制定合理且有效的海洋安全战略对中国而言尤为重要。

由于“21世纪海上丝绸之路”倡议的提出，我国的海洋安全战略正面临诸多全新的挑战，在许多方面甚至处在两难的地步。审视“21世纪海上丝绸之路”的宏伟蓝图，我们不难发现，该倡议设定的海上运输路线经过南海、印度洋，向西可达非洲东海岸乃至地中海，作为必经之地的中东地区与非洲东海岸地区，许多上述地区内国家的政治形势并不稳定，而中国作为倡议国自然有责任为丝路的重要基础设施（如海港等）提供安全保障。鉴于这种情况，中国在“追求自身绝对安全”与“不干涉他国内政”间将如何处理？又比如在南海地区，有许多与中国存在岛礁主权和海洋权益纠纷的国家，同样是“21世纪海上丝绸之路”倡议的重要支撑点，那么中国在“坚决维护主权和领土完整”与“寻求合作共赢”间又将如何平衡？类似的挑战还有许多。笔者写作本文的目的，是探究在“21世纪海上丝绸之路”背景下，面对全新的挑战，中国的海洋安全战略将作出怎样的抉择。

---

① 马跃堃，男，国际关系学院国际关系专业研究生。

② 国家海洋局海洋发展战略研究所著：《中国海洋发展报告（2007）》，海洋出版社，2007年版，第291页。

一、应对海上丝路的安全挑战：追求有限度的安全

如果说，途径中亚地区的“陆上丝绸之路”面临的主要威胁来自恐怖主义，那么对安全挑战更为严峻的“21 世纪海上丝绸之路”而言，为商船提供护航与打击海盗，只是其对中国的基本安全需求。笔者认为上述二则公共产品只是“海上丝路”基本安全需求的原因，可以通过图 1 来理解：

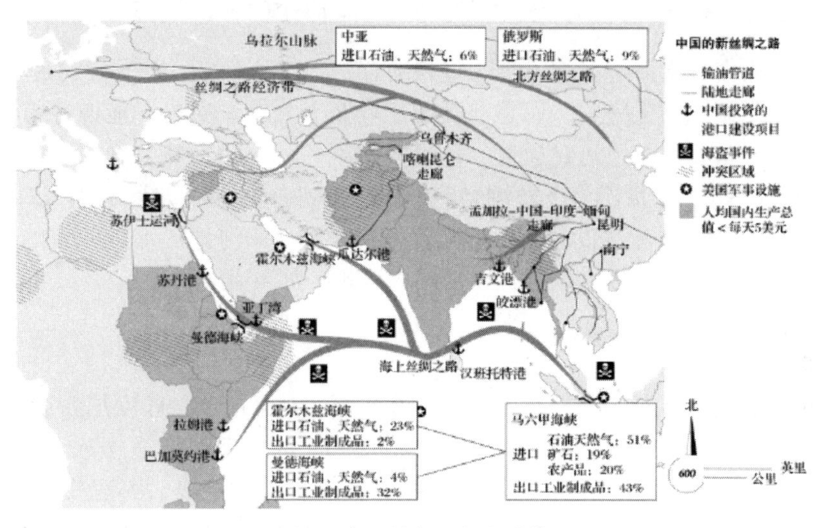

图 1　中国的新丝绸之路①

在图 1 中考察“21 世纪海上丝绸之路”经过的海域与相关地区，可以有如下发现：其一，在“21 世纪海上丝绸之路”沿线遍布海盗事件多发区域；其二，许多重要的港口或正在建设中的港口，处在贫困地区乃至冲突地区；其三，沿线有众多的美军基地，而这些基地长期以来存在的目的，就在于将亚洲乃至世界经济的重要动脉牢牢控制在自己手中。因此，笔者认为，为商船提供护航与打击海盗，这只是“21 世纪海上丝绸之路”最基本的安全需求，实际上其安全需求要远远超过此二者。伊核问题、伊拉克政治转型、伊斯兰国扩张、巴以冲突、叙利亚危机、南北苏丹对立、索马里维和等等，这些沿线的重大国际政治难题，中国显然无法回避——因为涉及上述重大国际问题的国家，都或多或少是“21 世纪海上丝绸之路”的实际建设（例如港口、仓库等）的重要依托，而这意味着中国在这些国家存在海外利益，并且需要安全保障。

理论上，中国可以将维护“21 世纪海上丝绸之路”沿线安全视为抓手，从而介入到上述的众多国际问题中，进一步通过施加自身的政治意愿与利益诉求，来追求中国自身在沿线利益的绝对安全。但在追求自身利益绝对安全与不干涉他国内政原则之间，中国选择了追求有限度的安全，来作为应对上述挑战的应对之策。以亚丁湾护航为例，中国虽然在亚丁湾部署了海军力量，但从未将反海盗视为仅靠一己之力即可完成的工作，

① ［比利时］乔纳森·霍尔斯拉格著，李亚丽译：《确保新丝绸之路的安全》，《国际安全研究》2015 年第 1 期，第 34 页。

而是积极与其他国家展开合作；对于叙利亚危机，中国明确表态要承担更多的责任，但方式却不是单边主义，而是寻求在联合国的框架中解决，即不干涉他国内政……凡此种种，都体现着在应对海上丝路的安全挑战时中国海洋安全策略，即追求有限度的安全：在不干涉沿线国家内政的前提下，尽力为“21世纪海上丝绸之路”提供安全保障，同时寻求与其他国家的合作。

二、应对南海地区的安全挑战：有限反制，极大克制

对于中国而言，南海地区有着极为重要的意义。这种意义，并非仅仅是岛礁与领海所象征的国家主权和领土完整，而是涉及国家安全、外交、军事、能源等等许多方面。南海地区是世界重要的海上运输通道，是很多国家的海上生命线，中国即是其中之一。而且，南海地区是“21世纪海上丝绸之路”倡议的必经之地，如果希望“21世纪海上丝绸之路”倡议进入实际建设环节，中国首先就需要在南海地区形成一定的区域共识。然而，目前的南海形势却不容乐观，矛盾集中表现为如下几点。

（一）南海问题有升级趋势

在传统意义上，南海问题是指由越南、菲律宾、马来西亚、印度尼西亚、文莱等东南亚国家侵占我国岛屿、分割我海域、掠夺我资源而引起的海上主权和海洋权益争端。[①]近年来，涉及南海问题的某些国家一面与中国大打法律战、舆论战，一面继续侵占我国南沙群岛中的岛礁，中国在南沙群岛争端中处于实际不利地位。南沙群岛有着极为重要的地理位置，该群岛南北长约500海里，东西宽约400海里，地处沟通印度洋和太平洋，联系亚洲和澳洲的交通要冲，是控制亚欧航路的战略要地，控制南沙群岛，就可增加防御纵深，并取得能够遏制对手的有利地位。[②]某些南海周边国家觊觎中国南沙群岛不仅仅是为了争夺战略要地，还有争夺资源的考虑。按照《联合国海洋法公约》，一个能住人的小岛，以12海里领海计算，可以获得1500平方千米面积的领海区，再以200海里的专属经济区计算，可获得43万平方千米的专属经济区，这就是某些国家非法占据某些岛礁的内在原因。

南沙群岛的现状是多方占领，相关国家岛礁实际控制数如表1所示。

表1　南沙群岛岛礁被相关国家实际控制情况[③]

国家	岛礁实际控制数（个）
中国	9
越南	28
菲律宾	7

① 王玮著：《地缘政治与中国国家安全》，军事谊文出版社，2009年版，第157页。

② 同上。

③ 《各国对南沙群岛实际控制情况》，凤凰网，http://ucwap.ifeng.com/news/zhuanti/nhzd/zl/news? ch = 0&aid = 16899237&mid = 4Sr68X&_ gp = &p = 1。

续表

国家	岛礁实际控制数（个）
马来西亚	3
印度尼西亚	2
文莱	1

由上表的比较可以看出，中国实际控制的岛礁数量明显较少，而南海问题中涉及的其他国家，它们实际控制的岛屿数量之和远远多于中国。

某些国家除了在岛礁控制数量上占优外，还在已经非法侵占的岛屿上进行永久性设施与军事设施建设。例如，越南在其非法侵占的南威岛上修建了雷达站、碉堡群等军用设施，同时也以建设民用港口、机场的名义，对多个岛礁进行扩建并修建军民两用军港、机场；与之类似的还有菲律宾非法侵占的中业岛，菲律宾在岛上修建了军用机场。①某些国家，对于在非法侵占的岛礁上建立永久设施有着极大的“热情”。例如，2013年5月，菲律宾出动3艘军舰，打桩加固自1999年起就“坐滩”仁爱礁，对该礁形成实际占领的破旧登陆舰，阻止其下沉，并伺机扩大在仁爱礁的军事存在，此举被中国海军发现，中国海军严密监视菲方军舰的一举一动。② 2014年3月9日，菲律宾又企图向仁爱礁偷运钢筋、水泥等建筑材料，菲方船只再次被中方发现，中方派遣公务船驱离了菲方施工船只。③这些行为，背后的动机都是利用中国不会轻易动用武力收复被占领岛礁这一客观条件，尽可能地造成既成事实以占得先机和攫取利益。在这样的形势之下，中国在岛礁争端中处于实际不利地位。南沙群岛的争端，可谓是南海问题升级的缩影。

（二）南海争端法律化已成为现实

2013年1月，菲律宾单方面将南海争端提交给了按照《联合国海洋法公约》附件七设立的仲裁法庭，要求进行强制仲裁。2013年2月19日，中国发表声明不接受菲律宾所提仲裁，退回了菲律宾照会及所附通知。2013年6月24日，由5人组成的仲裁庭组建，当时定于2014年3月30日，由菲律宾进行提交书面陈述的日期。而实际在菲方的实际陈述中，试图以不符合《联合国海洋法公约》为由来否定“九段线”的合法性，但菲方主要观点及诉求与事实显然不符，并违反《联合国海洋法公约》有关强制裁判程序前提的条款。④而在2014年12月7日，中国正式授权发布了《中华人民共和国政府关于菲律宾共和国所提南海仲裁案管辖权问题的立场文件》，一改过往对于菲律宾推

---

① 《越、菲、马：占我岛礁疯狂扩建》，《新晨报》，2014年6月23日，第4版。

② 《中国海军严密监视 力阻菲律宾赖在仁爱礁》，环球网，http：//world. huanqiu. com/exclusive/2013 - 05/3961234. html

③ 《菲律宾船只赴仁爱礁施工 在中国海警船对其喊话后离开》，凤凰网，http：//news. ifeng. com/mainland/special/nanhailingtuzhengduan/content - 3/detail_ 2014_ 03/10/34622115_ 0. shtml

④ 曹群：《为何仲裁法庭对“菲律宾诉中国案”不具管辖权》，《东方早报》，2014年3月31日，第12版。

进南海争端法律化行径不予理会的态度。

菲律宾的种种行径，只是在偷换概念，其所提起的仲裁案实际涉及众多南海岛礁主权和海洋划界问题，但是却被菲方偷换为一般性的法律问题，其目的无非就是希望借国际社会的力量向中国施压同时攫取利益。《人民日报海外版》曾刊文指出，菲方的根本目的有两条：一是幻想通过国际仲裁，否定中国对南海有关岛屿的主权和有关海域的海洋权益，永久霸占中国的岛礁并开采油气资源；二是期待在国际上造成中国拒绝接受国际规则的假象，骗取国际声援，对中国形成国际压力。①尽管菲律宾的相关行径很难实现其目的，但确实造成了南海争端法律化的现实。更为棘手的是菲方的所作所为，可能会形成示范效应，即其余相关国家纷纷效仿其行为，例如越南在未来极有可能会选择跟进菲律宾，继续推动南海争端的法律化。争端的法律化必然会进一步带来争端的国际化，将会给南海的安全形势带来不利的影响。

（三）海洋资源争夺愈发激烈

南海有含油气构造200多个，油气田180个。按照最为乐观的估计，南海地区潜在石油总藏量约为550亿吨，天然气20万亿立方米，绝对堪称“第二个波斯湾”。②除了丰富的油气资源，南海地区还有巨大的海产品捕捞量。南海地巨大的资源潜力对于发展经济有着巨大意义，近年来，南海地区资源争夺愈发激烈。

仍以菲律宾为例。菲方在仲裁要求中就明确提出，要求联合国迫使中国尊重菲方在其专属经济区和大陆架内勘探、开采自然资源的专有权，实际上是在变相要求获取对礼乐滩油气资源的开采权。油田服务提供商威德福国际有限公司曾在2012年4月估计，礼乐滩或蕴藏有8.8万亿立方英尺③天然气，以及总量约相当于2.2亿桶的原油；而根据美国能源情报署在2013年发布的一项报告预测，中国南海或蕴藏大约相当于110亿桶的原油以及190万亿立方英尺天然气。④目前，中国与菲律宾都宣称对礼乐滩拥有主权。

而中菲围绕礼乐滩的争议只是南海资源争端的一个缩影，中国资源遭掠夺的情况实际十分严重。部分争议国家以国内立法或政府声明的形式，将中国南海海域划为其领海、专属经济区和大陆架，加紧掠夺南海的油气资源和渔业资源，还与美日俄等国家的80多家油气公司签订了在这些争议海区的油气勘探合同，更有甚者，在南沙的渔业年捕捞量超过1 000万吨，约相当于中国全年的近海海产总量。⑤越南干扰中国“981”钻井平台作业的行为，可以说是近些年来，南海地区最大规模的因资源争端而起的冲突。2014年5月2日，中国企业所属“981”钻井平台在中国西沙群岛毗连区内开展钻探活

---

① 贾秀东：《菲律宾“8点事实”都是啥货色》，《人民日报海外版》，2013年7月17日，第1版。

② 《南海油气储量堪称第二个波斯湾 日本背后参与争夺》，凤凰网，http：//finance. ifeng. com/news/industry/20110808/4364443. shtml

③ 立方英尺为非法定计量单位，1立方英尺≈0.0283立方米。

④ 《菲拟向礼乐滩派调查船 美媒：或成中菲矛盾导火索》，环球网，http：//mil. huanqiu. com/observation/2014－10/5184778. html

⑤ 王玮著：《地缘政治与中国国家安全》，军事谊文出版社，2009年版，第158页。

动，旨在勘探油气资源。前后作业海域距离中国西沙群岛中建岛和西沙群岛领海基线均17海里，距离越南大陆海岸约133～156海里。中方作业开始后，越南方面即出动包括武装船只在内的大批船只，非法强力干扰中方作业，冲撞在现场执行护航安全保卫任务的中国政府公务船，还向该海域派出“蛙人”等水下特工，大量布放渔网、漂浮物等障碍物。截至6月7日17时，越方现场船只最多时达63艘，冲闯中方警戒区及冲撞中方公务船累计达1416艘次。[①]最终中国在勘探任务结束后，撤走了钻探平台。此次事件带了一定的不利影响，其一是在越中国公民的生命财产遭受重大损失。在海上对中方企业正常作业进行非法强力干扰的同时，越方还纵容其国内反华游行示威。5月中旬，数千越南不法分子对包括中国在内的多国在越企业进行打砸抢烧，残酷杀害4名并打伤300多名中国在越公民，并造成重大财产损失。[②]其二，是中国原本坚持西沙群岛不存在争议，但此次事件却容易给国际社会造成一种印象，即西沙群岛是中越争议的领域。此外，其他与中国存在争议的南海周边国家借此机会“抱团取暖”，在南海问题上一直强硬对抗中国。在未来，类似因资源争端而起的冲突，还可能会一再发生。

（四）域外国家介入更加频繁广泛

美国一直以发展军事同盟关系这种形式介入到亚洲的安全事务中来，并且近年来大力推行“重返亚太”、“亚太再平衡”等战略，强化在亚洲的军事存在，南海地区作为重要航道，自然是重中之重；得益于越南“将水搅浑”的南海策略，俄罗斯借与越南的海上石油开采合同也重新进入到南海地区；澳大利亚、日本正在借美日澳军事同盟关系，更加积极地介入到南海全事务中来。如此多的域外势力都带着自己的利益诉求卷入到南海安全事务之中，自然使得南海地区安全局势更加复杂，原有的矛盾进一步激化。

总之，目前南海地区正处在矛盾多发阶段，其中若干热点问题都涉及我国的国家权益。在南海地区，中国并不缺少捍卫自身主权与领土完整的军事实力，更不缺少反制某些域内国家的能力。但是，正如“21世纪海上丝绸之路”所体现出的精神，中国倡导的是和平发展道路，单纯强力反制甚至随意动用军事力量，这与“21世纪海上丝绸之路”的精神相悖，更不符合中国对于促进世界和平的承诺。如何在“坚决维护主权和领土完整”与“寻求合作共赢”间寻求平衡，可以概括为中国海洋安全战略面临的又一大挑战。而通过笔者的观察，中国做出的抉择可以概括为：有限反制，极大克制。

尽管南海问题有逐渐升级的趋势，但中国始终保持了极大的忍让与克制。当然，中国也采取了有效且有限的反制措施。例如，虽然中国南海岛礁主权问题不会在短期内解决，但菲律宾等国推动的法律化也不会有实际效果，原因有二：首先，中国不会轻易动用武力去收复已经被南海周边国家实际控制的岛屿，而谈判更不可能解决问题；其次，对于南海问题国际法庭的仲裁，中国有权不接受仲裁庭的裁决。在这样看似僵持不下的局面背后，实际中国已经开始了有限的反制行动——更确切的说法是补救措施——台湾

---

① 《“981”钻井平台作业：越南的挑衅和中国的立场》，中国外交部网站，http：//www. fmprc. gov. cn/mfa_chn/zyxw_ 602251/t1163255. shtml

② 同上。

媒体就曾报道，中国大陆在南海多个岛礁开始采取大规模填海造岛行动。[①]近期美国政府与美国海军多次就中国在南海地区填海造岛的行为向中国施加舆论压力，实际反映出的是中国在南海问题上握有越来越多的主动权。很显然，在南海问题上中国的反制是有限度的，因为中国完全有实力强行收回被非法占领的岛礁的主权，但中国采取了一种留给对方一定余地的反制方式，从而尽量避免地区军事冲突。

有限反制与极大克制，中国在南海地区的海洋安全策略，是契合我国“亲诚惠容”周边外交理念的选择。“亲诚惠容”的周边外交理念，并不是一句堆砌优美辞藻的空话，对于南海的领海主权与岛屿争端，中国始终保持了极大的克制，同时积极寻求合作共赢。不管是在“一带一路”倡议（尤其是“21 世纪海上丝绸之路”倡议），还是在亚洲基础设施投资建设银行筹备中，中国并没有因上述争议而将部分相关国家排斥在外，例如印度尼西亚就是“21 世纪海上丝绸之路”建设中的重要国家，越南则以创始国身份加入了亚投行，甚至菲律宾在亚投行中也有一席之地。足见中国切实践行了“亲诚惠容”的周边外交承诺。

结 语

客观而言，自近代以来，中国制定在海洋安全战略（晚清时期的同义词是海防）都或多或少，要做出艰难的类似“二选一”的抉择。例如晚清时期围绕“塞防”与“海防”的大争论，实际反映出的是中国作为海陆复合型国家面临的先天性挑战。但即便是基本消除了来自陆地的威胁的今日中国，海洋安全战略却仍要面对新的“二选一”困境，尤其是在“21 世纪海上丝绸之路倡议”提出之后——中国海军作为维护我国海洋权益安全与海外利益安全的中坚力量，除了需要在太平洋海域发挥维护国家安全的作用外，也要肩负起在印度洋海域保护重要海上运输通道安全的重任，而这对目前的中国海军而言显然又是个巨大的挑战。因此，在“21 世纪海上丝绸之路”背景之下，当前中国的海洋安全战略在面对众多新挑战时作出的任何抉择，都将是关系到中华民族伟大复兴的重要决定。仅就笔者的个人观察而言，目前中国在应对海上丝路造成的众多新安全挑战时，并没有直接“二选其一”，而是尽力在寻求一种平衡。这显然是一种稳健的处理方式。相信随着中国综合国力与海军实力的进一步发展，目前“21 世纪海上丝绸之路”面临的诸多困难都将迎刃而解。

---

① 《大陆南海 7 岛填海造陆 台担心严重冲击太平岛防务》，环球网，http://taiwan.huanqiu.com/article/2014-10/5173607.html。

“海上丝绸之路”背景下东北亚地区的安全合作

——基于地区安全公共产品的考察

马文龙[①]

（中国社会科学院研究生院，北京 102488）

内容摘要：第二次世界大战后，东北亚地区逐渐形成了以美国双边军事联盟体系为基础，以东盟多边安全合作机制为补充的安全架构。近年来，伴随着东北亚地区权力结构的调整和地区主义的发展以及非传统安全问题的不断涌现，区内原有的安全架构和安全产品供给模式面临新的调整。在中国实力和地区影响力迅速提升的大背景下，“海上丝绸之路”的实施为中国在本地区新的安全产品供给和安全架构的建设中发挥建设性的作用提供了重要平台。按照公共产品供给理论，中国应该从地区安全机制建设与培养集体认同两个渠道，加强东北亚地区安全机制的建设和安全产品的供给，引导地区安全合作的进程。

关键词：“海上丝绸之路”；东北亚地区安全；安全合作；公共产品

一、引言

2013 年 10 月 3 日，中国国家主席习近平在印度尼西亚国会发表演讲，正式提出中国愿与东盟国家共同建设 21 世纪“海上丝绸之路”。作为“一带一路”战略的重要组成部分，“海上丝绸之路”的在实施过程中必将遇到许多传统安全与非传统安全方面的挑战。东北亚国家因其独特的地理位置，加之与中国深厚的历史渊源和广泛的现实利益，在中国“海上丝绸之路”战略的实施过程中处于极其重要的位置。同时，这一地区也存在着激烈的主权领土争端，区外大国的介入更加剧了本地区的安全困境。

“一带一路”作为一个整体平台，在这一平台上的诸多跨国活动具有区域性或区域间公共产品属性。“海上丝绸之路”战略在实施过程中有着巨大的安全保障与合作的需求。这一战略的实施必将加剧地区安全公共产品供求矛盾。在现有机制无法有效应对这一矛盾的情况下，作为正在崛起的大国，中国有实力也有意愿在地区治理机制中发挥建设性作用。尤其是在地区安全建设方面，中国应该提供更多的安全性公共产品。2015 年 3 月 23 日，外交部部长王毅指出：“‘一带一路’构想是中国向世界提供的公共产

---

① 马文龙，1990 年 5 月 19 日生，中国社会科学院研究生院，2013 级硕士研究生。

品，欢迎各国、国际组织、跨国公司、金融机构和非政府组织都能参与到具体的合作中来”。

那么中国在“一带一路”战略背景下，在东北亚地区新的安全机制建设方面应该发挥怎样的作用？如何发挥作用？本文尝试着从地区公共产品的视角对这些问题做有益的探讨。

二、公共产品与地区安全公共产品

（一）公共产品与国际公共产品

公共产品（public goods）作为经济学的重要概念，强调利益的不可分割性和共享性。正如萨缪尔森（Paul A. Samuelson）在《公共支出的纯理论》中所说的那样，“每个人对某一物品的消费不会减少任何他人对该物品的消费”。按照公共产品理论的理解，公共产品具有“非竞争性”（non - rivalry）和“非排他性”（non - excludability）两大特征。曼瑟尔·奥尔森和布鲁斯·拉塞特等将“国际公共产品”的概念应用于对国际合作和国际组织的集体行动的研究当中。20 世纪 80 年代，罗伯特·吉尔平（Robert Gilpin）、查尔斯·金德尔伯格（Charles Kindleberger）等学者又将公共产品理论引入国际政治，并将国际公共产品纳入“霸权稳定论”的分析中，他们认为国际社会也存在公共产品的供给与消费，即“国际公共产品”（international public goods）。

考尔（Inge Kaul）和桑德勒（Todd Sandler）等对国际公共产品做出了相对完整的界定，“一般来说，国际公共产品是指成本和收益超越一国范围、在某些情况下甚至超越世代的公共产品，它包含三个条件：成本分担和受益对象主要以国家或国家集团划分；受益空间超越一国界限乃至覆盖全球；受益时间包括当代和后代，或者至少是在不损害后代需要的基础上满足当代人的需要”。国际公共安全产品按其特点一般可以分为三类：第一类是纯公共物品，即同时具有非排他性和非竞争性；第二类是俱乐部物品，特点是消费上具有非竞争性，但是可以轻易地做到排他；第三类是共同资源物品，特点是在消费上具有竞争性，却无法有效地排他。区域安全公共产品因供应者、供应方式以及供应模式的不同，就形成了不同性质的安全公共产品。

（二）地区性安全公共产品及其属性

公共产品根据受益范围的不同又可以划分为集体、地方、国家、区域和全球等不同的层次。地区性公共产品（regional public goods）作为全球公共产品在地区的延伸，一般是指“其利益惠及一个确定区域的公共产品。从外溢范围来说，区域性公共产品是指界于国内公共产品和全球公共产品之间的那类产品。”托德·桑德勒（Todd Sandler）根据产品溢出效应范围的不同来划分全球公共产品，认为当溢出效应是全球性的，那么相关产品就是全球公共产品（GPG）；而当溢出效应的受益者限定某个确定区域的两个或者更多国家时，那么此物品就是区域公共产品（RPG），区域公共产品的溢出效果比全球公共产品将受到更多的限制。

虽然学术界从公共产品的内容角度出发对国际和地区公共产品做了不同类型的划分，但基本上都将安全纳入到国际公共产品的范畴。作为一种公共产品，安全同样具有非竞争性和非排他性的公共产品属性。“由于国际安全态势在本质上具有内在关联性，任何一个国家的安全都不是完全独立的，单个国家的安全必然在一定层次上相互依赖。”安全公共产品的供给通常表现协议承诺、责任共担、利益共享的相互默契，具体体现为国家政府之间的一种机制化和制度性安排，既有公共实物表征，又有制度化载体的双重特性。

区域公共安全产品主要来源于两个方面，一是国家行为体，主要是霸权国和在全球或地区层面具有重大影响力的大国；二是国际机制，包括正式的全球或地区性的组织以及国家间建立的非正式的安全对话机制。“区域安全公共产品的供应需要一个核心，而这个核心是单个国家还是组织，则取决于本地区的具体情况，例如地区权力结构、地区文化以及已有的地区机制成熟度等”。在全球范围内，由于公共产品自身所具有的非排他性和非竞争性特性，以及巨大的交易成本和行为体的理性选择偏好，国际安全公共产品的供给过程中的“搭便车”和“供求矛盾”问题难以得到有效解决。与全球安全相比，地区安全公共产品的外溢范围更小，更具有成本上的优势，也更易于管控。以地区为基础的安全合作机制为地区安全公共产品的供给模式提供了一个新的路径。

三、“海上丝绸之路”在东北亚地区面临的安全问题

“海上丝绸之路”建设在东北亚面临着复杂的安全挑战。不仅要面对大国间的地缘政治博弈，区域内国家因历史遗留问题和现实主权纷争而引发的激烈对抗等传统安全方面的威胁。同时，也要应对日益突出的诸如环境污染、自然灾害、传染性疾病、非法移民、跨国犯罪等非传统安全方面的挑战。

（一）传统安全

地区内大国是区域安全产品的主要供给主体，而大国间地缘政治的竞争和冲突不仅加剧了亚太地区的动荡，给地区的和平与安全增添了新的变数及不确定性，同时，还影响着地区安全公共产品的供给。如何有效应对与治理东北亚地区冲突是中国正在实施的“海上丝绸之路”必须面对的问题。

东北亚地区的安全困境首先表现在地区国家间的地缘政治斗争上，东北亚地区既有中美、中日因权力转移而日益加剧的战略猜疑，又有俄美之间一直存在的地缘战略争夺。近年来随着中国实力的快速增长，东北亚地区的权力结构发生了有利于中国的转变，美国在相对实力衰落的情况下加紧实施“亚太再平衡战略”，试图通过强化美日、美韩间传统的双边军事同盟围堵和遏制中国的快速崛起。这进一步加深了中美、中日之间的战略猜疑和相互认知的困境，增加了战略误判的可能性。同时，美俄在东欧地区的争夺也倒逼俄罗斯通过强化在东北亚地区的存在缓解在西部的困局，使东北亚地区的安全局势进一步复杂化。

其次，由于历史和现实等多方面的原因，东北亚地区国家之间存在着广泛的领土和

海权权益之争，并曾一度激化。日俄围绕北方四岛（俄罗斯称南千岛群岛）的领土争议、韩日独岛之争（日本称“竹岛”）、中日钓鱼岛之争、中韩、朝韩之间对朝鲜半岛西部海域的分界线一直存在争议。如果上述有关国家之间因领土争端而产生冲突甚至武力相向，就不仅会破坏彼此关系的正常化发展，而且会恶化东北亚地区的安全环境。在未来长期内，地区领土争端如果不能得到妥善解决，必然会对“海上丝绸之路”的实施带来许多不利的影响和挑战。

此外，历史遗留问题也是影响东北亚地区安全的重要因素。主要表现在朝鲜半岛问题和日本对侵略历史的认知两个方面。朝鲜半岛地区不仅存在着朝韩双方的军事对抗，朝鲜核问题更加剧了半岛安全形势的恶化。同时在“六方会谈”框架下朝鲜核问题虽得到了一定控制，但各方分歧严重，未来走向仍充满变数。日本对第二次世界大战中的侵略历史一直没有进行深刻的反思，随着右翼势力的壮大不断在强征慰安妇和修改历史教科书问题上进行歪曲历史的解读，企图篡改历史，因其周边国家的强烈反感和警觉。这些问题都影响着东亚地区的安全与稳定。

（二）非传统安全

由于非传统安全所具有的超越国家安全范畴的跨国性和地区性，任何一个国家都无法独善其身，域内传统的军事同盟也无法有效应对。“目前，非传统安全问题已经成为能否顺利推进‘一带一路’战略的重要安全因素。”

在东北亚地区也存在广泛的非传统安全问题，涵盖金融安全、能源安全、跨国犯罪、海上救援、环境安全等多个领域。1997 年亚洲金融危机和 2008 年国际金融危机凸显了东北亚地区金融安全机制的缺失，地区金融安全机制建设还有很长的路要走。东亚地区对外能源依赖程度高，海上通道的安全不仅关系到海上人员、船舶的安全，更关系到能源和经济的安全。此外，海上搜救和海洋污染治理也需要引起“海上丝绸之路”沿线国家的重视。2014 年，韩国“岁月”号沉船事故以及马航“MH370”航班失联事件暴露出本地区在海上联合搜救和海洋垃圾治理方面存在巨大问题，这给“海上丝绸之路”沿线国家敲响了警钟。

四、东北亚地区现有安全架构和合作机制

地区安全公共产品既可以由国际或地区主导国提供，也可以通过地区国家合作建立多边安全机制的方式实现。美国在亚太地区的以双边军事同盟体系为核心，以多边安全机制为补充的“管制”型安全模式主导了亚太地区的安全架构。同时，随着地区内国家国力的不断发展，相互依赖的加深，东北亚国家也在尝试着建立“六方会谈”等多边平台的多边安全合作机制。这些努力都给亚洲地区提供了丰富的安全公共产品，为保障地区和平，维护稳定发展的大局发挥了积极作用。

（一）以美国为核心的东北亚双边安全联盟体系

按照“霸权稳定论”的观点，霸权国家“国力足够强大，能够维持管理国家间关

系的基本规则，而且它还愿意这样去做”。霸权国依靠自身强大的实力，维持世界体系的稳定，霸权国所起到的就是一种“稳定器”的作用，作为“稳定器”的国家有责任向国际社会提供公共产品。

第二次世界大战后美国出于维护霸权和与苏联争夺势力范围的需要，凭借强大的经济、军事实力承担起亚洲地区公共产品供给者的角色。在安全领域，美国以建立双边同盟体系以及广泛参与地区多边安全合作的方式向东北亚地区提供安全公共产品，从而进一步构筑了美国主导的东北亚地区安全架构。虽然20世纪90年代后期，随着地区局势的缓和，安全威胁的降低，包括美国传统盟友对美国的安全需求都有所下降，“自主”和“离心”趋势日益明显。但是，出于经济或政治上的需要美国传统盟友在安全防务的自主化上并没有走太远，在安全事务上继续搭美国的“便车”。

霸权国家作为国际公共产品的重要提供者，其目的是获取区域政治安全领导权和支配权的合法化，并得到其他国家的身份认同与支持。只有为其他国家提供足够的安全公共产品，才能够保证美国在东亚地区安全中的主导权。美国在东亚创建或参与的地区多边安全机制在很大程度上成为了美国维持地区主导权的工具，或者说已经“私物化(privatization)”了，体现了美国的政策选择和利益偏好，成为美国谋取地区主宰的手段和方式。同时，在美国主导的“轴辐”式双边军事联盟体系中，由于力量差距悬殊，美国与盟友建立的联盟关系更多的是一种非对称性的关系，具有明显的等级性。此外，美国主导的东亚地区安全架构并非“纯公共产品”，而是具有俱乐部性质的安全公共产品，具有一定的排外性。美国只为亚太地区的部分盟国提供安全产品，大部分国家被排除在美国安全架构之外，有些甚至是美国打击、围堵以及封锁的对象。

（二）以“六方会谈”为形式的东北亚多边安全对话机制

吉尔平曾指出，“国际公共物品虽以一个霸权国为主导，但可以依靠国际协调共同提供，即在国际组织的协调下，由各国达成集体行动，制定约束相互行动的准则，一起承担提供公共物品的责任”。地区公共产品的供给主体除了参与该进程的地区或全球性的大国外，地区组织自身也在发挥着重要的作用。作为公共产品的重要供给者，地区组织通过自律机制、便于联系和监控行为的机制、团体明确定义、便于增强自我约束和积极合作的机制等形式来提供地区公共产品，将地区内的各成员在地区合作的结构中紧密联系在一起，使地区合作得以进行。

冷战后东北亚地区的多边安全合作是以“六方会谈”为主轴而展开的。作为一个由东北亚地区的中、美、俄、朝、韩、日六国组成的旨在解决朝鲜半岛核问题的多边对话协商机制，六方会谈成立于2003年，到2007年共举行过六轮会谈，2009年朝鲜宣布退出之后，至今没有恢复。作为一个由具体问题领域推动的地区安全对话合作机制，“六方会谈”在有效管控分歧、化解安全冲突、增进彼此互信、维护地区和平方面做出了积极贡献。但是，由于地区各国战略目标差异巨大，战略互信严重缺失以及这一机制本身的问题导向属性，都决定了“六方会谈”在制度上的非强制性、组织形式上的松散性、会议议程的协商一致性，这也就决定了该机制在处理地区安全合作问题上作用有限，很难迅速有所作为。

（三）东北亚安全公共产品的供应模式面临调整和转型

权力结构的变迁、外部力量的冲击和区域公共产品需求关系的变化是影响地区安全公共产品供给的重要因素。近年来，地区权力结构发生巨大的转变，推动着国际和地区权力格局向更加平衡的方向发展。反映在地区安全层次上，就是美国霸权体系主导下的东亚安全公共产品结构开始被打破，美国履行单一公共产品供给的角色职能难以为继。亚太地区的安全架构和安全公共产品的供应模式面临新的调整和转型。

首先，第二次世界大战后以美国为核心的地区双边安全合作机制因其越来越明显的“私物化”和排外性，以及美国相对实力的衰弱而无法继续主导地区的安全合作，美国为东北亚地区提供安全公共产品的能力和意愿开始下降。其次，近年来随着融入国际社会程度的加深和国力的上升，中国国家利益和安全边界进一步扩展，对国际和地区公共安全产品的需求不断提高，提供公共产品的意愿和能力也不断上升。而美国“亚太再平衡”政策的实施和周边局势的恶化在一定程度上强化了中国对自身安全环境恶化的认知，加剧了中国对地区安全产品的需求。此外，近年来因历史问题，主权领土争端，以及恐怖主义、金融危机、跨国犯罪等非传统安全挑战日益严峻，成为东亚国家面临的共同威胁。这些因素共同加剧了东北亚地区的安全公共产品的供求矛盾，地区内原有相对平衡的供需状况开始被打破。新的更加合理的安全合作机制的建立迫在眉睫。

五、地区安全合作机制建设的中国方案

按照公共产品供给理论，中国应该从区域安全机制建设与培育地区集体认同两个渠道为东北亚地区提供安全公共产品。而“海上丝绸之路”的实施为中国在本地区新的安全产品供给和安全架构的建设中发挥建设性的作用提供了重要平台。

（一）基本理念和指导原则

- **观念先行，以新安全观为指导**

不同于美国主导的双边安全同盟，中国在东北亚地区倡导和供应的安全产品应是不具有竞争性和排他性的纯公共安全产品。这些安全产品不仅要满足中国自身的安全利益需求，也要照顾和反映东北亚各国的共同诉求，努力实现各国安全利益的最大化。要实现这一目标，中国首先应该继续倡导和坚持“新安全观”和“亚洲安全观”。

中国从20世纪末期就开始倡导平等、互利、互信、协作的新安全观，主张在互利、互信的基础上，摒弃“零和对抗”的冷战思维，建立超越意识形态和社会制度的合作关系，以合作的方式谋求共同利益和解决冲突。2014年5月21日，在中国上海举行的亚洲相互协作与信任措施会议第四次峰会上，中国又提出共同、综合、合作、可持续的亚洲安全观，进一步丰富中国安全观的内涵。在“海上丝绸之路”建设中，东北亚地区需要打破传统安全思维，以新安全观和亚洲安全观为指导，加强安全合作，妥善处理安全问题，共同建设有亚洲特设的地区安全架构，保障“海上丝绸之路”的顺利实施。

• 先易后难、以非传统安全领域合作为突破

功能性合作本身具有“低政治”、“去政治”甚至“非政治”的色彩。相比宏大的政策宣言，具体的合作积累更能凝聚相互信赖关系，展示区域合作的收益，也更有可能向尚未参与合作的国家或地区展示区域合作的利害，提高区域合作的向心力。非传统安全威胁往往具有跨区域，牵涉多的特点，涉及地区各国人民的基本福祉，以非传统安全领域为突破口，促进功能领域的合作，是中国在“海上丝绸之路”实施过程中为地区提供安全公共产品，促进地区安全合作的优先方向。

东北亚地区由于战略互信缺失，应先从较容易合作的非传统安全议题入手，以扩大国家间的共识与共同利益，在各方互信积累到一定程度时，可扩大到传统安全领域问题。这不仅可以为地区人民创造实实在在的福利，赢得民心，增进相互认同。也可以建设和提高我地区治理能力，为我运筹更核心领域或更大平台上的地区和国际治理准备条件。此外，还可以通过相对敏感度不高的非传统安全合作，探索大国合作进行地区治理的路径，培育地区安全合作架构。

（二）完善机制，提供制度保障

区域制度建设是国际公共产品供应的核心条件，地区秩序本身也是国家间制度分配的结果。国际机制或制度是增信释疑的重要手段和载体，对规范、指引国家行为具有重要作用。在“海上丝绸之路”实施过程中，中国主导建立的安全机制既不能是类似俱乐部的亚洲同盟体系，也不能是一个类似东盟地区论坛的仅停留在对话层面上的缺乏约束力的松散机制。具有约束力的集体安全机制就成为维护地区安全的有效模式，是东北亚国家在安全领域加深依赖和合作发展的必然要求。国际制度既包括正式的国际组织，又包括正式或非正式的国际合作和对话机制，这就要求中国既要完善双边安全合作机制，又要创新多边安全合作方式。

• 大国协调机制——构建新型大国关系

在地区安全合作机制框架中，大国应承担东北亚安全公共产品提供者的角色，维护地区的政治稳定和经济繁荣。中国在提供地区安全公共产品方面应坚持开放合作的原则，妥善处理与周边以及域外国际组织和大国的关系，尤其是要处理好与俄罗斯和美国关系。因此，有必要以相互尊重、合作、共赢基础上的新型大国关系，对东北亚地区安全机制进行新的建构，这有利于开创东北亚安全领域公共产品供给的新平台。在“海上丝绸之路”建设过程中，必然伴随着地区安全格局和安全产品供求关系的深度调整。地区大国在加深相互依赖的基础上，加深互信，形成以“共同问题”为导向，以“新型大国关系”为基本框架的新的安全协作机制。共同承担大国责任，合作为地区提供更多地安全性公共产品，保障地区和平稳定。

• 冲突解决机制——以双轨制处理与周边国家矛盾

朝鲜半岛地区是东北亚地区“海上丝绸之路”重点建设的地区，也是近年来地区内主权领土争端最激烈的地区。“海上丝绸之路”为中国与东北亚国家加快地区冲突化解机制建设的提供了重要契机。

中国最近倡导以“双轨思路”处理南海问题，这一思路也可以作为处理东北亚地区领土纠纷的可行性路径。所谓“双轨思路”就是有关争议由直接当事国通过友好协商谈判寻求和平解决，而南海的和平与稳定则由中国与东盟国家共同维护。“双轨思路”展示了诚意，是中国主动调整与南海有争议国家关系，积极推进南海争端解决的最新努力。这一政策呼应了地区国家的普遍要求，有效管控了分歧，防止冲突的扩大化，从而危及地区和平稳定的大局。中国与东北亚国家应抓住建设21世纪“海上丝绸之路”的契机，积极开展多层次务实合作，管控分歧、增进政治互信，为妥善处理争议创造良好氛围，共同努力和平解决争端，使东海成为和平合作之海。

- **多边合作机制——以现有多边安全合作机制为平台**

冷战结束后，亚洲特别是东亚地区多边合作发展迅速。其中的一个重要表现是许多重要的合作组织和合作机制的建立和发展。这一地区原有的多边安全机制已成为中国安全外交的重要舞台，也是中国“海上丝绸之路”背景下地区安全公共产品合作的重要平台。

由于当前，东北亚地区现有的多边安全机制中成员国战略目标差异巨大、彼此猜疑、互信水平低，再加上现有机制的约束力较弱、发展后劲不足等缺陷，现有机制只能朝着松散的磋商协调方向努力。但是，以“六方会谈”为中心的多边安全对话仍是中国平衡各方关切，在地区安全建设中发挥建设性作用的现实可行性路径。中国需要促进地区多边安全机制的建设与完善，进一步提高安全制度的约束力，提高违约成本，通过与其他国家的安全合作促进本地区的整体安全。东北亚安全机制应该分阶段循序渐进的建成，目前首先是“六方会谈”的固定化与长期化，然后是在此基础上成立定期化的东北亚地区安全论坛，最后建立具有强约束力的东北亚安全正式机制。

（三）加强观念建设，培育地区共识

区域和区域间集体认同建构是区域性或区域间国际公共产品供给的辅助性渠道，为国际公共产品的供给提供了一种持续性国际平台。地区安全秩序的形成有赖于地区国家共同安全观念的构建。“海上丝绸之路”的建设过程也培育安全共识，化解分歧，建设亚洲命运共同体的过程。

- **培养安全共识，减少与消除疑虑**

由于历史和现实原因，并非所有的东北亚国家都认同中国倡导的多边安全合作机制及安全观念。部分国家仍对中国充满疑虑场。如何与东北亚国家达成战略互信以增强其对中国实力和安全产品合法性的认同，成为决定中国能否在“海上丝绸之路”建设中成为地区安全产品供应者的重要因素。

在“海上丝绸之路”的推进中，首先，中国既要明确表达自己的安全诉求，也要照顾东北亚国家的关切。中国应该和地区其他国家一道督促日本正确认识历史，给周边国家和世界一个交代，同时也要努力克制地区国家日益高涨的民族主义情绪。为了地区安全的长远发展和更大的区域相互依存，必要时中国要对自己的主权利益诉求和维权行动有所克制。其次，应该注重相关措施的公开性和透明性，主动采取措施消除周边国家的不安与焦虑。例如，进一步增加军事透明度、开展安全对话，加强中国与东北亚国家的战略互信，消除疑虑本身就为多边安全合作奠定了基础，并增加中国提供安全产品的

合法性。

- **以命运共同体理念参与地区安全治理**

近年来中国积极倡导并践行亲、诚、惠、容的外交理念和共同、综合、合作、可持续的亚洲新安全观，打造“亚洲命运共同体”。东北亚地区各国人民命运与共、唇齿相依。在当前地区安全形势恶化，安全公共产品供求矛盾激化的背景下，没有一个国家能实现脱离地区安全的自身安全，也没有建立在其他国家不安全基础上的安全。

在“海上丝绸之路”推进过程中，各种传统、非传统安全问题都需要区内国家共同携手应对。这就需要在在“共同安全”和“合作安全”的基础之上建立新的安全合作机制，创新安全治理理念，以命运共同体意识，参与到地区安全治理进程中。多管齐下、综合施策，协调推进地区安全治理，统筹维护传统和非传统领域安全。要通过对话合作促进各国和本地区安全，坚持以和平方式解决争端，反对动辄使用武力或以武力相威胁。要坚持发展和安全并重，以可持续发展促进可持续安全。同时，加强同其他地区国家和有关组织合作，欢迎各方为亚洲发展和安全治理发挥积极和建设性作用。

六 、结语

近年来，随着东北亚地区权力结构的调整和地区主义的发展，以及非传统安全问题的不断涌现，东亚国家地区安全产品的供求矛盾不断激化，地区内原有的安全架构和安全产品供给模式难以为继。中国作为日益崛起的大国，随着实力和国际影响力的不断提升，理应承担起地区安全产品供给的重任，弥补现有模式的不足。“海上丝绸之路”的建设和推进，为东北亚地区的和平与稳定带来新的曙光，也中国给地区提供安全公共产品，发挥负责任大国提供了重要平台。中国应该在新安全观和亚洲安全观的指导下，以地区现有安全框架为基础，以非传统安全领域为突破口积极主导地区集体安全机制的建设。既要加强安全合作机制建设，又要努力培育地区安全的共有观念；既要协调好与地区大国关系，又要缓解周边小国的担忧，与地区国家一道维护地区的和平稳定，携手推动“海上丝绸之路”的顺利实施。

“21 世纪海上丝绸之路” 战略下南海海上公共服务体系构建①

于莹[1,2]，刘大海[2,3]，马雪健[3,2]，李晓璇[3,2]，李彦平[2,3]②

（1. 中国地质大学 北京 100083；2. 国家海洋局第一海洋研究所 山东 青岛 266061；
3. 中国海洋大学 山东 青岛 266100）

内容摘要：南海自古以来便是世界航运交流的主要通道，其战略地位十分重要。但出于南海复杂的国际环境、频繁的极端天气和恶劣的岛礁条件等原因，目前南海上的海上公共服务十分缺乏，不利于发挥其战略通道作用。随着我国“21 世纪海上丝绸之路”战略的提出，加强南海海上公共服务建设，联合周边国家共同打造南海安全、通畅、及时、绿色的海上环境，是我国作为海上大国应尽的义务。本文就南海现存的海上公共服务情况及不足进行总结整理，并结合我国实际情况，为我国未来加强南海海上公共服务建设提出建议。

关键词：南海；海上公共服务；21 世纪海上丝绸之路

南海地处西太平洋和印度洋之间的航运要冲，东邻菲律宾，西近越南，南接马来西亚、文莱和印度尼西亚，北靠我国大陆，是我国远洋运输航线的必经通道，是南海周边国家外贸的交通要途，更是承载全世界诸多国家和地区航运兴衰的一条生命线。因此，南海周边各国对该区域的民事、军事投入居高不下。随着我国 21 世纪海上丝绸之路战略的开展，南海至印度洋周边各国贸易交流将迅速增加，南海常驻人口、海上作业船只等数量将急速增加，海上公共服务需求量也将迅速增长。尽管目前南海周边国家均提供了一定的公共服务，但很多服务项目存在盲点或盲区。为更好地服务 21 世纪海上丝绸

---

① 基金项目：国家海洋局项目“权益海岛管理调研与政策研究”（2200204）；国家海洋局专项“第二次全国海岛资源综合调查”。

② **作者简介：**于莹，女；出生于 1990 年 9 月；海洋地质专业，中国地质大学（北京）硕士研究生，北京市海淀区学院路 29 号，100083，15806533581，15806533581@163. com。

刘大海，男，出生于 1983 年 11 月，海洋经济学专业，助理研究员，博士，国家海洋局第一海洋研究所，海洋政策研究中心副主任，山东省青岛市崂山区仙霞岭路 6 号，266061，0532－88967126，liudahai@fio. org. cn。

马雪健，女；出生于 1992 年 1 月；生物工程专业，中国海洋大学硕士研究生，青岛市市南区鱼山路 5 号，266003，18766216009，madilda@163. com。

李晓璇，女，出生于 1994 年 9 月，环境评价与规划专业，国家海洋局第一海洋研究所硕士研究生，山东省青岛市崂山区仙霞岭路 6 号，266061，18354225297，lixiaoxuan0207@163. com 。

李彦平，男，出生于 1989 年 5 月，港口、海岸及近海工程专业，研究实习员，硕士，国家海洋局第一海洋研究所，山东省青岛市崂山区仙霞岭路 6 号，266061，0532－88961195，yanping_ouc@163. com。

之路战略，履行我海洋大国责任，保障南海周边通道安全，推动南海周边国家务实合作，我国应在安全救援、通讯导航、观测预报、生态环保等方面增加南海公共服务力度，在履行国际条约的基础上完善海上公共服务体系，为南海周边国家提供安全、及时、绿色、有保障的海上公共服务。

一、海上公共服务特点及类型

随着海洋事业的蓬勃发展，海洋在政治、社会、经济、军事等多方面的重要性日益突出。而21世纪海上丝绸之路战略的提出，则在政策法规、管理体制、基础建设等方面对我国海洋事业提出了更高的要求。完善海上公共服务是“21世纪海上丝绸之路”战略下的海洋管理与发展理念的新定位，也是海洋事业开发与管理过程中的必然选择。推进海上公共服务建设，履行身为海洋大国的责任，在经济合作之外，通过海上公共服务引领南海周边国家走向安全、稳定、绿色的全面合作发展。

海上公共服务指建立在一定国际社会共识基础上，能满足南海海上基本需求，应该普遍享有的公平可及的服务，属于国际公共产品。[①] 因海上公共服务所针对的地域、群体、建设等条件均与普通意义上的公共服务相差甚远，所以与陆地公共服务相比，海上公共服务具有极大的特殊性。在服务项目上，海上公共服务具有项目针对性强，突发情况不可预测性强，应急处置风险高、难度大等特点；在服务地区上，具有远离陆地，服务建设地点分散，覆盖面易产生空缺等特点；在服务对象上，具有服务对象流动性强、不拘国别，人口居住地点分散，人数季节性变化大等特点。海上公共服务的最大特点在于，公共服务项目不仅面向我国船只渔民，凡在服务覆盖的南海海域作业的船只渔民等均可接受我国提供的海上公共服务。这对海上公共服务建设提出了更高要求，并且更迫切地需要南海周边国家协作联合，以确保服务顺利进行。此外，多数公共服务需要依托岛礁建设。

鉴于海上公共服务的诸多特点与特殊性，本文主要针对海上作业影响最大的四大类公共服务进行分析与讨论：安全救援服务，通讯导航服务，观测预报服务以及生态环保服务。安全救援服务主要包括应对海上突发天气的避风补给与救援服务以及应对海上恐怖主义等非传统安全威胁的安全保障服务。通讯导航服务主要包括海上卫星通讯、无线电通讯、灯塔航标导航等海上通讯服务。观测预报服务主要包括海洋气象、海况、潮流等观测预报以及海洋灾害观测、灾害预警网络等服务。生态环保服务主要包括打击海上非法捕捞，海上溢油应急处置，珍惜生物资源增殖、救助与养护以及南海珊瑚礁的保护与修复等服务。

---

① 曾红颖：“我国基本公共服务均等化标准体系及转移支付效果评价”，《经济研究》，2012年第06期，第20页。

二、南海现有海上公共服务

南海周边国家众多，航运业、捕捞业、石油开采业等较发达[①②]，因此，南海周边国家基于此类开发活动提供的海上公共服务种类较为完备。但各国提供的公共服务重点略有不同。我国近几年在南海也开展了一些海上公共服务建设，并通过南海岛礁建设使服务惠及范围得到扩展，服务成效显著。

（一）安全救援服务

海上安全救援服务是目前各南海周边国家最重视的海上公共服务，主要原因在于南海不仅受到频繁的极端天气恶劣影响，同时也面临海上恐怖主义、海盗等非传统安全的威胁。[③] 南海周边各国在此方面进行了大量的基础建设和投入，我国也在不断提升服务水平，三沙市的成立就使南海安全救援能力大幅增加。

南海岛礁众多，很多岛礁上建设有临时避风码头，部分潟湖也是天然的避风港池，紧急时避风港口向所有船只开放，为海上作业船只提供应急避风服务。但由于南海大部分海岛基础地质条件差，且岛上物资补充困难，因此，极难建成能容纳大型船只的综合避风补给港口，更多的是简易的码头和栈桥。针对马六甲海峡等重要通道的安全威胁，目前新加坡、马来西亚和印度尼西亚三国共同组建了巡航马六甲海域的船只队伍，保障海上安全。[④] 在打击海盗和海上恐怖主义等非传统安全威胁方面，马来西亚的吉隆坡设有海盗报告中心，免费为所有船旗国提供服务。[⑤] 在海上搜救方面，南海周边国家各自拥有本国海上搜救机构，但南海联合应急救援服务仍很匮乏，并且复杂的国土纠纷使得实际救援中限制颇多。目前仅有新加坡成立了一个较大的海上安全和海岸监视组织，自称是亚太地区唯一的专用救援组织，船只需缴纳费用才可加入。新加坡、马来西亚、菲律宾、美国、印度尼西亚、越南、台湾、韩国等多个国家和地区的海事部门和民间组织均参与其中，共同为南海和印度洋部分海域进行搜救援助。

我国近年来在南海海上安全救援方面进行了大量的投入和集中建设。目前，我国南海将建造一些大型综合深水码头，为大型船只停泊维护、避风补给提供条件。西沙群岛的驻人岛礁上均有海水淡化设备，并且目前已有船只定期运送淡水、蔬菜、肉类等物资，在补充驻岛人员生活物资的同时，也为紧急时的船只避风补给做准备。我国海事单位承担着海上巡航安保工作，海南海事局定期对西沙、中沙、南沙海域编队巡航，并对

---

① 陈超：《南海渔业资源开发与保护国际协调机制研究》，广东海洋大学硕士论文，2013 年，第 58 页。

② 李小波：《越南海洋经济的发展及其对南海政策的影响》，暨南大学硕士论文，2014 年，第 26 页。

③ 史春林："当前影响南海航行安全主要因素分析"，《新东方》，2012 年第 02 期，第 7 页。

④ 张杰："冷战后印度尼西亚和马来西亚的马六甲海峡安全模式选择"，《东南亚南亚研究》，2009 年第 03 期，第 1 页。

⑤ 郑慧媛："国际社会对海盗行为的规制"，北京法院网，2011 年 2 月 24 日，http：//bjgy. chinacourt. org/article/detail/2011/02/id/880440. shtml。

南海海域主要航路的通航环境、作业情况等进行巡视检查。[①] 三沙市的成立使得海上巡航更添力量，海南海事局与三沙市政府于2014年签订战略合作框架协议，双方保障航行安全等方面加强海上执法合作，并在三沙市配备5 000吨级海事巡逻船，逐步建立三沙定期巡航制度，共同打造安全、畅通、高效、和谐的海洋环境，联手为打造海上丝绸之路重要战略支点做出贡献。[②] 近几年中国在南海的搜救能力迅速提升，成立于1989年的中国海上搜救中心在南海成功进行了大量的搜救工作。据统计，2010年至2014年五年间，海南省海上搜救中心共组织了海上搜救行动634次，协调搜救飞机181架次，有效救助遇险人员4 325人，遇险船舶349艘，其中包含外籍人员和船只。[③] 我国在南海一直积极主动开展联合搜救行动，建立了中国－东盟国家海上紧急救助热线，并在“2 +7合作框架”中将海上救援合作作为其中一项重要领域。[④] 我国与东南亚多个国家开展了海上搜救合作，如广西防城港市与越南广宁省建立的搜救合作机制在北部湾共同开展联合搜救行动十多次，并在2012年8月成功举行首次海上搜救应急通信联合演习。大量的搜救经验体现出我国海上突发事件应急处置工作的快速、有序、高效，为打造更完善的联合搜救机制打下了基础。同时，我国着重加强西沙海域的基础装备设施和站点建设，兼顾应急反应、搜救等工作，并在西沙岛礁上建设航标维护和补给基地、西沙无线电收发信台等，以加强南海水域内的监管和搜救覆盖。

（二）观测预报服务

南海易发生台风、海啸等极端天气，气象数据表明，平均每年约有10个台风影响南海。[⑤] 因此，海洋气象观测预报服务是保障海上船只安全航行的基础，也是海上公共服务项目的重中之重。但鉴于观测预报服务需要投入大量高新技术设施如气象卫星、海洋观测站等，目前南海周边国家在此方面投入较少，且由于美国、日本等海洋大国提供免费实时的预报服务，多数船只在实际作业中不会使用其他的预测预报服务。目前南海周边国家更多关注危害更大、突发性更强的极端天气海况预测预报服务。

针对热带海洋易发生的海啸等极端天气，南海地区各国均设立了预警机构。2005年马来西亚成立了国家海啸预警中心，负责提供印度洋、太平洋及南海的地震和海啸警报信息，并在不断提高预警能力。同时，马来西亚建设了15座新的潮汐测量站，并安装14台高分辨率照相机和10个警报器，以增加海上观测预报覆盖面，提高预测精准

---

① 范南虹：“让航行更安全 让三沙更洁净——海南海事局有关负责人谈三沙海事管理”，海南日报，2012年7月7日，http：//hnrb. hinews. cn/html/2012－07/07/content_ 495689. htm。

② 彭青林：“三沙市与海南海事局联手构建高效海上安全体系”，中国海洋报，2014年1月21日，http：//epaper. oceanol. com/shtml/zghyb/20140121/37257. shtml。

③ 王玉洁：“南海海上救援再添成功案例”，海南日报，2015年4月27日，http：//hnrb. hinews. cn/html/2015－04/27/content_ 2_ 8. htm。

④ 余显伦：“落实《南海各方行为宣言》第八次高官会在泰举行”，中国新闻网，2014年10月29日，http：//www. chinanews. com/gj/2014/10－29/6729163. shtml。

⑤ 王乔乔：《南海近海台风近地层风场特性研究》，中国海洋大学硕士论文，2013年，第7页。

度。[1] 部分国家组建了海啸联合预警机构，但运行并不理想，如印度尼西亚、澳大利亚及印度共同成立的印度洋海啸警报系统（IOTWS），旨在为28个印度洋国家提供海啸警报，但因为管理不当等问题，该系统在一些国家形同虚设。[2] 印度尼西亚与德国合作成立的德国印度尼西亚海啸警报系统（GITEWS），曾被视为当前全球最先进预警系统之一，但原本装置九个测试海啸的浮标如今只剩下一个，其他的都遭渔民破坏或失踪，而唯一的浮标也不能操作，并不能投入实际运行。[3]

我国从20世纪50年代开始就逐步在南海区域建立了气象观测探测、天气雷达探测等多种观测业务，并且积极参与世界海洋气候观测业务。我国南沙永暑礁的海洋观测站成为联合国教科文组织政府间海洋学委员会（IOC）成立的全球海平面联测中第74号站，此前在西沙永兴岛、南沙永暑礁的气象站也已承担了世界气象组织的全球气象数据交换任务。[4] 近年来，我国西沙和南沙部分岛屿上新建有数十套自动气象站、雷电监测站，并更新了原建站点的气象设施，以提供更加完整、质量更高的气象观测资料。在海洋灾害预警系统方面，目前我国正积极推动南中国海的海啸预警工作，并呼吁南海沿岸国家密切沟通合作共同建立海啸预警与减灾系统，共建地区海啸灾害监测与预警和应急减灾行动平台。

在2013年政府间海洋学委员会太平洋海啸预警与减灾系统政府间协调组第25届大会上，我国提出的南中国海海啸预警与减灾系统建设框架方案得到批准。该系统以我国为主导，联合周边国家共同关注南中国海的大气水文等数据，同时对南海相关数据进行跟踪监测和海啸预测研究。目前该方案已得到南海周边国家的积极支持和参与，如我国与泰国、印度尼西亚、马来西亚等国开展了气象观测、海气相互作用、海洋生物技术等合作，并实施了海洋灾害对气候变化的影响等区域项目。[5]

（三）通讯导航服务

通讯导航是海上作业的基础保障。南海浅滩、潟湖、暗礁等发育众多，海况复杂多变，因此各国均建设有航标、灯塔等导航装置。目前国际上有专用海上求救和通信的无线电信号系统：全球海上遇险与安全系统。该系统由国际海事卫星组织统一推行，主要由美国、俄罗斯、加拿大等发达国家的通讯卫星、海事卫星等构成，其余国家并入其网络中。目前，南海周边国家还无法提供本国的卫星通讯导航，海上卫星通讯主要依靠的还是美国等发达国家的海事卫星。

---

① 李雯：“马来西亚开始建设海啸预警系统二期工程”，新华网，2008年4月9日，http：//news. xinhuanet. com/newscenter/2008－04/09/content_ 7942626. htm。

② 王忠会：“海啸预警系统仍有不足 若再来袭恐仅一成人存活”，中国新闻网，2014年12月26日，http：//www. chinanews. com/gj/2014/12－26/6913699. shtml。

③ 孔庆玲：“海啸十周年的警钟：应认真对待海啸预警及疏散工作”，中国新闻网，2014年12月24日，http：//www. chinanews. com/gj/2014/12－24/6905665. shtml。

④ 刘毅：“南海区域气象设施建设提升防灾减灾能力”，人民日报，2015年06月21日，http：//politics. people. com. cn/n/2015/0621/c1001－27186756. html。

⑤ 董冠洋：“中国正牵头建设南中国海区域海啸预警与减灾系统”，中国新闻网，2012年12月27日，http://www. chinanews. com/gn/2012/12－27/4443717. shtml。

我国海上通讯导航卫星系统研究起步较发达国家晚，但近年来自主创新研究成果显著，北斗系统目前已投入运行，并得到了一致好评。2014 年 11 月，联合国国际海事组织海上安全委员正式将中国的北斗系统纳入全球无线电导航系统。这意味着北斗系统已获得国际海事组织的认可，也表明继美国的 GPS 和俄罗斯的 GLONASS 后，中国导航系统已成为第三个被联合国认可的海上卫星导航系统。[①] 北斗系统的建设目标是在全世界接受的基础上不断完善，并与美国 GPS 系统相媲美。但美国 GPS 系统目前占据全世界卫星导航市场主导位置，其公认性、可靠性、精确度和廉价的终端成本等，让“GPS”成为卫星导航的代名词。因此，若北斗系统要与之抗衡，还有很长一段路要走。

（四）生态环保服务

位处西太平洋和印度洋之间的南海四周大多为半岛和岛屿，其有限的面积中承载着周边国家丰富的人口活动。随着海洋经济的发展，海洋产业在传统的捕捞、养殖、航运等的基础上，发展出了海洋化工、海洋生物医药、海洋新能源等新兴产业。但是，各国对海洋资源的需求不断增加，由此带来的海洋生态环境保护问题也日益突出。

目前南海已经显现出部分海洋资源枯竭、海水污染加剧、珊瑚白化、鱼类资源过度捕捞等问题。但南海周边国家尚未组建海洋生态环境保护机构，更多的只是针对本国已出现的环境问题进行补救。以带来多重污染的废弃船只拆除业为例，南亚拥有世界最多拆船厂，却没有足够的污染处理设备或安全措施。仅孟加拉在 2009 年对拆船业进行了规范，要求未获得环保部许可的拆船厂关闭，并规定拆船厂必须取得环保许可证。但针对海上易发生的污染如溢油等，目前南海还没有联合处置机构。

为保护南海生态环境，我国海事部门针对三沙船舶垃圾及污染物处理、游艇监管等开展了一系列研究。[②] 目前对溢油处置、压舱水排放处理等环境整治问题也有大量前沿研究，但大部分仍停留在研究实验阶段，实际投入使用的仅占少数。

三、南海地区海上公共服务仍显不足

南海自古就是连接中国与东南亚的海上交通要道，也是世界航运的重要交通站。随着地区合作、人文交流的日益密切，无论在海上还是空中，南海在军事、政治、经济、航运等方面的重要性更加突出。随着我国 21 世纪海上丝绸之路战略建设的积极部署，加强海上公共服务建设，建设更安全、更通畅、更绿色的海上合作机制，成为战略建设的重要途径之一。目前，南海周边各国开展了一系列的海上公共服务建设，但其实际效果却并不理想，很多项目实施中遇到困难。我国相关建设也有待进一步的完善和发展。

尽管越南、菲律宾等国近年来进行了大量的海上救助建设，但南海区域整体海上救

---

① Feng Bruce，“A Step Forward for Beidou，China’ s Satellite Navigation System”，The New York Times，December 4，2014.

② 史莎：“三沙市启动海事管理工作 或将建立日常巡航制度”，南海网，2012 年 7 月 19 日，http：//www.hinews. cn/news/system/2012/07/20/014665541. shtml。

援与搜救力量尚较薄弱，联合搜救机制同样进展缓慢。海上安全救援服务包含避风补给、应急救助、安保巡航等多方面，很大一部分服务项目需依托海岛进行基础建设，以扩大服务覆盖范围，如港口、码头、机场等，因此，南海海岛基础条件成为制约其发展的首要因素。南海海岛数量虽多，面积却普遍较小，岛上基础资源稀缺，所有建设物资均需通过船只运送到岛上，因此，建设较大规模的基础设施十分困难。此外，安全救援能力对国家航海、航空、医疗等方面的反应速度、运转实力、财力物力等均提出了较高要求，也成为制约服务发展的一大因素。南海海上联合搜救机制方面，领土争端成为阻碍其运行的一大因素。如2007年马六甲海峡沿岸国达成的马六甲海峡合作机制中，搜救机制虽作为其中一项重要合作，在实际运行中却存在较大缺失。我国与东南亚国家的海上搜救合作在机制的形成和落实上一直没有实质性进展，双方合作仅停留在意愿表达和信息交流阶段，缺乏切实的协调与协作。① 由此导致近年来几次大型救援事件中，南海海上救援力量的不足逐渐凸显。因此，进一步加强海上搜救等功能性合作，带动全面的双多边合作机制建设，维护南海和平稳定是未来海上合作的一大重点。此外，针对非传统安全威胁如海盗、恐怖主义威胁等，目前南海周边国家成立有联合巡航机制，如马六甲巡航组织，但出于各国自身利益的考虑，合作更多是出于抵制美国的介入，协作效果并不理想。

南海岛礁众多但面积小，多数为珊瑚礁碎屑岛，抗破坏能力极低，台风、海啸、风暴潮等对其的破坏是毁灭性的。因此，观测预报服务在南海事关重要。南海地区目前仍缺少全方位的，针对风暴潮、地震海啸、海岸侵蚀、台风、赤潮生物灾害等多种海洋灾害袭击的南海联合海洋灾害观测网络和预警系统。在常规气象、海流监测预测之外，台风、海啸等大型灾害预警在南海地区十分缺乏。南海是台风常发海域，台风具有突发性强、游走时间短、强度较弱等特点，因此，较难定位和预报。南海海啸预警系统一直处于空白状态，目前由美国的太平洋海啸预警中心和日本的西北太平洋海啸预警中心提供临时服务。尽管南海地区各国已经着手建立海啸预警部门，但仅有的几个机构目前仍然不能提供精确的预报服务，甚至无法正常运行。如印度洋沿岸28个国家装置的海啸预警系统，基础建设落后、官僚作风、管理不善等问题导致该系统难以高效运转。② 部分国家，如新加坡也在呼吁设立完善的印度洋海啸预警系统，相关观测预报服务的完善也处于巨大需求中。

全球海上通讯导航服务多年来一直由美国、俄罗斯等发达国家掌控，如“GPS”导航系统，海事卫星通信系统、极轨道卫星搜救系统等。其他国家自主研发导航系统难度较大，技术水平、精细程度、成本价格等均与现有系统存在较大差距。目前南海通讯导航大多信赖和依靠、国际通用的海上通讯、搜救系统和发达国家提供的导航系统，其余的近地面无线通讯和广播电台等则多依靠南海海岛中转站完成，而在海岛分布、基础建设等条件的限制下，其覆盖面仍旧有限。我国自主研发的北斗系统已投入应用，但在实

① 唐奇芳：“马航搜救凸显南海功能性合作势在必行”，《瞭望》，2014年第12期，第38页。

② 王忠会：“印度洋大海啸受灾国预警系统管理不当形同虚设”，中国新闻网，2014年12月22日，http://www.chinanews.com/gj/2014/12-22/6898355.shtml。

际使用中仍然存在覆盖面不全、精细程度不够等问题，仍需进一步补充和完善。

海上生态环保服务方面，南海地区国家仍缺少对海洋生态环境保护的公共服务。南海海域处于的东南亚区域的心脏地带，人口密集、工厂繁多的东南亚国家对南海海域的索求是无止境的，这给自然生态环境带来的损毁与破坏是十分迅速且难以恢复的。联合国会议环境报告中指出，南海海域10年内已流失了16%的珊瑚礁及沿海红树林，另有30%的海草也已消失，严重影响幼鱼繁育的栖息环境，从而影响该海域整个生态系统的稳定性。而目前并没有多少针对南海海域生态环境退化的防治措施，南海周边国家环境治理合作机制仅体现在文字阶段，实际有效运行的环境整治措施近乎空白。在污染防治方面，溢油污染等常见事故的防治措施不完善，相关方面的联合合作目前在南海仍然没有。并且，海道淤积也将成为未来威胁南海安全航行的一大问题，马六甲海峡生态承受能力下降，流沙、淤泥、沉船、搁浅等都能限制航道的通航能力，对海峡公共基础设施也提出了更高的要求。目前该领域的公共服务和研究领域尚未建立，可能制约未来马六甲海峡的发展。

整体而言，尽管南海周边国家近年来加大了南海海上公共服务的建设力度，但出于硬件设施、科技手段、经济发展、国际争端等诸多原因，仍然有很多服务项目无法达到需求。而在南海周边各国联合机制方面，复杂的领土争端和国家利益冲突则成为影响机制顺利开展的重要因素。南海无论在航运、捕捞、养殖、能源等方面均是东南亚核心地带，近年来随着周边各国的随着军事、民事力量不断投入，南海已成为全球瞩目的重要海域。在此环境下，尽快构建一个完善的海上公共服务体系，为所有船只、渔民提供更加安全便利的海上作业环境愈加重要。作为南海周边海洋大国之一，我国有责任也有义务在南海建立更全完善的海上公共服务体系，进一步加强与南海及印度洋、太平洋周边国家的交流与合作，同时加强与国际和区域组织的合作，积极负责任的履行相关义务。

四、我国南海海上公共服务建设对策建议

21世纪海上丝绸之路战略涉及国家多、范围广，各国资发展水平、政治体制差别巨大，这意味着相关建设将面临极复杂的外部竞争环境。南海是实施21世纪海上丝绸之路战略的必经海域，也是我国南出国门的第一个战略平台。作为负责任的海洋大国，我国更应在已有基础上开展覆盖整个南海海域的公共服务建设，构建安全、通畅、及时、绿色的海上公共服务体系，全面保障21世纪海上丝绸之路战略的顺利开展。

（一）完善安全救援服务

我国应大力完善海上搜救机制，建设体系健全、结构合理、功能完善的海上搜救机制。以岛礁为基点，建立海上搜救站点，强化海上搜救基础设施建设，提高搜救灵活度，加快搜救速度，同时强化海上搜救力量，建立健全通信监控指挥救援平台，加强救援工具的配备，如救援直升机、水上飞机、救助船只等。人员上建立专业化救助队伍和海空搜救合作机制，在构建空中指挥平台、水面快速反应、水下潜水打捞三位一体的救捞网络的同时，发展搜救志愿者队伍。另外，加强海上救助的国际交流与合作，提高沟

通协作能力，加强信息交换和情报共享，以全方位提升我国海上搜救的专业技能，并通过海上沟通协调等方式，与周边国家联合建立南海海上救助机制，发生紧急情况时对别国海难进行救援。

（二）拓展观测预报服务

大力开展南海海域的全方位综合环境观测预报系统构建，借助岛礁建设海洋观测站、浮标、工作站等，对气象、水文等多方面进行监测，加强常规气象预报精确度，并及时向公众发布信息，便于海上作业。针对南海易发生的极端天气，如台风、风暴潮等，联合周边国家共同构建海洋灾害观测网络和预警系统，积极开展海洋灾害监测预报研究，不断强化技术支撑能力和服务保障水平，联动安全救援、应急保障部门，共同保障渔民的生命安全。同时借力南海岛礁基础建设，在适宜岛礁上布局海洋观测预报与灾害预警网络，包括观测站、数据处理中心和预警中心等，依靠有利位置对南海灾害进行第一手跟踪预警。

（三）构建通讯导航服务

我国应着力发展海上通讯导航服务，凭借北斗系统的良好基础不断完善，扩展覆盖面，提升精细度，扩大服务惠及人群，将其打造成媲美“GPS”导航系统的全球定位导航通讯系统。依托南中国海岛礁基础建设，以完全覆盖南海海域为目标，建设航空站、灯塔、卫星接收站点等，完善空中、地面、卫星信息通道，打破国外在南海地区的通讯导航垄断。为我国和南海周边国家渔业生产、海上商贸、巡航保障等海上作业提供多元优质、成本低廉的通讯和导航服务，鼓励南海周边地区渔民和船员并入我通讯网络，以更实时、更便捷地对南海海域进行无盲点通讯。

（四）开拓生态环保服务

针对南海资源开发的具体情况，积极开展南海生态恢复研究，加强以珊瑚礁为主体的生态系统修复工作，建立南海珍稀动物自然保护区，针对偷采珊瑚礁、毒鱼、炸鱼等非法偷猎行为，在完善执法队伍的基础上，呼吁全社会人员自动监督、积极举报，并督促执法机关严肃处理。针对海上溢油、压舱水排放等海上作业易出现的污染，开展布局溢油监测预警网络建设，并借助南海岛礁有利位置建设溢油应急处置中心，做到快速反应，措施有效。针对南海海岛居民，逐渐淘汰污染较大的工业设备，兴建新能源利用装置，并妥善处理生活垃圾和生活污水，最大限度地减少环境污染，并通过教育活动、志愿者行动等，提高环保意识。

从两岸合作到“21世纪海上丝绸之路”共赢还有多远

刘晶晶[①]

（1. 青岛大学，山东 青岛 266071）

内容摘要：“21世纪海上丝绸之路”的提出引起了各界的广泛关注。两岸之间有着不可阻断的血脉联系，两岸之间的合作也势在必行。然而影响两岸关系的因素众多，这其中面临的问题仍有待解决。面对两岸关系“政冷经热”的现实和台湾“大选”尚未尘埃落定的局面，从合作走向共建“21世纪海上丝绸之路”到底有多远，还有待时间给予我们答案。

关键词：两岸关系；九二共识；21世纪海上丝绸之路

“海权即凭借海洋或者通过海洋能够使一个民族成为伟大民族的一切东西”，马汉的这一论述或许夸大了海洋对于一个国家的重要性，但同时也说明，海洋对于临海国家的意义不容忽视。我国海岸线总长度为3.2万千米，作为一个临海国家，海洋的重要性不言自明。

2013年10月，中国国家主席习近平在印度尼西亚国会发表演讲，表示中国愿同东盟国家发展好海洋合作伙伴关系，共同建设“21世纪海上丝绸之路”。自此，“21世纪海上丝绸之路”的战略构想被正式提出，也可以说，我国的海洋战略达到了一个新的高度。这一构想既是继承，也是创新：这不仅延续了古代中国通过海路与其他国家进行经济文化交流的传统，也使得我国在错综复杂的国际形势变换中得以不断增强自身实力，同时加强与沿线各国的互联互通，谋求互利共赢。其中，互联互通可以说是海上丝绸之路建设的重要内容，而创造互联互通的条件和环境是促进陆海丝绸之路建设的关键之举。[②] 当前，世界经济增长中心正逐渐转向亚洲。台湾作为亚洲地区的一员，扼守着西太平洋航道的中心，地理位置优越。两岸之间的合作不仅能够促进台湾地区的发展，也将更好地推进“21世纪海上丝绸之路”战略的实施。

一、两岸合作的现状

党的十八届三中全会及其审议通过的《中共中央关于全面深化改革若干重大问题

---

① **作者简介**：女，生于1988年11月17日，青岛大学国际关系专业硕士研究生，通讯地址：青岛市市南区宁夏路308号法学院2013级国际关系266071，电话：15092082720，E-mail：821231326@qq.com。

② 新华网：http：//news.xinhuanet.com/fortune/2014-03/24/c_119920473.htm。

的决定》在政治、经济、文化和人员往来方面对两岸关系的推动起到了较为积极的作用。在2014年的第六届海峡论坛大会上，国台办承诺大陆将继续从经济、旅游、基层交流和人员往来四个方面推动两岸的交流与合作。[①] 两岸就增加个人游试点城市达成共识，很多城市也新开通了赴台航线，为两岸交流提供了更加便利的条件。而日前召开的两岸两会也将为两岸的经往来贸注入新的活力。

从经济的角度来说，台湾是大陆第七大贸易伙伴和第六大进口来源地。2015年上半年，大陆与台湾贸易额为908.2亿美元，其中，大陆对台湾出口为217.5亿美元，自台湾进口为690.7亿美元。截至2015年6月底，大陆累计批准台资项目93 516个，实际使用台资620.7亿美元。按实际使用外资统计，台资占大陆累计实际吸收境外投资总额的3.9%。[②]

从旅游的人数上看，2015年上半年，大陆居民赴台旅游人数170万人次，同比增长6.3%，台湾同胞赴大陆旅游人数264万人次，同比增长3.8%，全年两岸双向旅游交流人数有望创历史新高。[③] 自2015年7月1日起，大陆实施对台免签证。而台湾方面也拟将配额人数由每天的4000人调增至5000人，这一计划如能在第三季度内顺利实施，将对两岸的经济交流产生更为直接的影响。

自2008年两岸“三通”基本实现至今，人员往来不断扩大，两岸交流不断增多。文化交流日趋频繁，此外，两岸的卫生体育、民族宗教、教育科技、法律交流等方面也都迈上了一个新的台阶。这无疑是两岸和平的红利，有助于推动两岸关系的发展。

从政治的角度来看，坚持“九二共识”是确保两岸关系和平稳定发展的根本所在。当前的台湾政局发生了重大变化，两岸关系正处于重要的节点，且面临很多考验：民进党阻挠破坏两岸关系和平发展，国民党不愿深化两岸关系和平发展，“惧统”的社情民意使深化两岸关系和平发展的阻力增大动力不足。[④] 蔡英文在“中国事务委员会第二次会议”中表示，处理两岸关系的基本原则是“维持两岸现状”，即维系台海和平及持续两岸关系稳定发展的现状。[⑤] 而李登辉在日本《voice》月刊中诠释蔡英文的“维持现状”即维持台湾是台湾、中国是中华人民共和国，表示台湾与中国大陆为“个别”存在的言论，[⑥] 无疑给两岸的合作带来了负面影响。国民党虽然坚持“九二共识”，但仍然希望维持“不统、不独、不武”的现状。一方面积极开展与大陆的经济合作，另一方面对于大陆仍怀有高度的警惕。从台湾民众的角度来看，与大陆的交流固然推动了台湾的经济发展，但是对于大陆的认同度并不高，“我是台湾人”的概念根深蒂固，从“太阳花学运”、反服贸集会活动、“反课纲”等运动中也不难看出，台湾青年对于大陆仍然存在一些负面的认知。这给两岸的合作带来了阻力。

“冰冻三尺非一日之寒”，两岸关系仍然存在许多问题，政冷经热的局面一段时间

① 人民网：http://cpc.people.com.cn/n/2014/0616/c64138-25154983.html。

② 中华人民共和国商务部台港澳司 http://tga.mofcom.gov.cn/article/d/201507/20150701062328.shtml。

③ 中华人民共和国国家旅游局 http://www.cnta.gov.cn/xxfb/jdxwnew2/201507/t20150730_743643.shtml。

④ 新华网：http://www.huaxia.com/thpl/mtlj/2015/08/4529965.html。

⑤ 中新网：http://www.chinanews.com/tw/2015/04-09/7196646.shtml。

⑥ 新华网：http://news.xinhuanet.com/tw/2015-08/21/c_128152371.htm。

内仍将持续，而21世纪海上丝绸之路战略的实施无疑是两岸关系进一步发展的契机。

二、两岸合作的必要性

在经济全球化的大背景下，任何一个故步自封的政策都足以带来巨大的负面影响，而两岸之间的合作无疑是明智之举，无论是对于台湾还是对于大陆，合则两利，斗则两伤。而两岸之间的合作主要得益于以下几点。

（1）地缘因素

中国古代海上丝绸之路可追溯至汉代，普遍被认为有三条线：东洋航线由中国沿海至朝鲜、日本；西洋航线由中国沿海至南亚、阿拉伯和东非沿海各国；南洋航线由中国沿海至东南亚各国。从地理位置上来说，无论丝绸之路是西向还是南向，台湾所处的地理位置都十分重要。2015年3月国家发展改革委、外交部、商务部联合发布的《推动共建丝绸之路经济带 和“21世纪海上丝绸之路”的愿景与行动》中指出，“21世纪海上丝绸之路”重点方向是从中国沿海港口过南海到印度洋，延伸至欧洲；从中国沿海港口过南海到南太平洋。而台湾东临太平洋，东北为琉球群岛，西接台湾海峡，南界巴士海峡，是沟通东西南北的交通要道。台湾的加入有利于推动海上丝绸之路的建设，同时也让台湾能够获得更多的发展机会。

（2）历史因素

大陆与台湾有着共同的文化传承。台湾本是中国领土的一部分，与大陆同根同源、同文同种，其最直接的体现表现为“国语”，这成为两岸感情交流的重要纽带，传递着两岸之间的情谊，除了“国语”，闽南话和客家话也是台湾与大陆之间情感交流的见证。时至今日，台铁广播里的乡音仍一如从前那般亲切。虽然1895年至1945年期间被日本占领，但两岸之间的血脉联系仍不可阻断。1949年国民党退守台湾，至此，两岸之间的关系微妙而充满不确定性。但不能否认的是，中华文化早已根植于每一个华夏儿女的身体里，无论两岸关系未来如何发展，都无法割裂这种一脉相承的联系。

（3）经济因素

台湾虽然有“亚洲四小龙”之称，但由于全球经济复苏缓慢、经济结构不合理等多种因素导致了如今的台湾经济发展并不景气，台湾自身消费能力有限，仅仅依靠本土的力量并不能满足其发展需求，而大陆经济迅速发展，且有着较为广阔的市场，资金力量雄厚，台湾经济增长一定程度上需要依靠对大陆的贸易。大陆加强与台湾的合作的同时，也能够拓宽与其他国家的合作路径和渠道，这不仅加强了双边合作，也强化了多边合作机制的作用，促进区域合作蓬勃发展，进一步推动全球经济的融合。

（4）政治因素

“21世纪海上丝绸之路”的提出本身是一个有利于自身发展的战略，也是一个对外交往的战略。对于如何构建丝绸之路，习近平总书记提出了加强政策沟通、道路联通、贸易畅通、货币流通、民心相通的“五通”举措。在实现中华民族伟大复兴的道路中，台湾不可或缺。台湾为避免自身被边缘化，继续推行“南向政策”，并积极争取加入东盟。而推进现有双多边合作机制，促进区域合作蓬勃发展正是“一带一路”所倡导的合作机制。台湾可以将加入“21世纪海上丝绸之路”作为契机，加强同大陆和东盟的合作，促进地区经济发展，同时寻求更多的发展机会。

三、两岸合作中存在的问题

两岸之间的合作必不可少。然而在两岸的交流在不断扩大，合作也在不断加深的情况下，仍然有许多问题无法避免，其中主要问题如下。

（1）台湾与大陆缺乏互信

两岸分离已逾百年，重拾互信并非易事。然而互信是合作的基础，互信的确立直接影响合作的力度、广度和深度。两岸合作进入深水区，两岸对于合作上的主观差异让陆资赴台趋冷。而此前两岸服贸协议迟迟未能签署也是因为两岸在根本上缺乏互信，对于台湾而言，大陆是台湾对外贸易的最主要对象，但经济上对于大陆的过度依赖让台湾感到不安；而大陆的担心则在于台湾扩大与其他国家的经贸联系，会造成两个中国的事实。台湾陆委会主委夏立言在华盛顿出席两岸关系研讨会时表示，大陆近期推出的《国家安全法》涉台条文等动作，引发了台湾内部的质疑，两岸仍然无法建立真正的互信，是造成两岸隔阂、猜忌与心理对立的根本原因。① 种种迹象说明，互信的缺乏给两岸的合作带来了巨大的阻力。

（2）台独问题影响两岸关系发展

陈水扁在任时期大搞“台独”，使得两岸关系陷入低谷。“台独”分子担心香港的“一国两制”持续下去会使支持两岸和平统一的呼声更高，于是赴港训练反对派“占中”，这也对两岸关系产生了一定的负面影响。而李登辉近来发表一系列谄媚日本的言论，也包藏着“台独”的祸心，这一“去中国化”的方式被“台独”分子吸收，加之日本文化在台盛行，为“台独”理念披上了一层有魅力的外衣。台湾民众举旗表示要求台湾独立的游行仍时有发生。然而“台独”并非为台湾官方所认同，蔡英文虽然力挺李登辉，但在台湾政局仍未尘埃落定之时，这一举动是否会助其顺利达成政治目标尚未可知。而对于台湾来说，无论哪一方掌权，对于大陆保持克制的态度才是可行之举。

（3）外部因素影响两岸关系发展

自国民党退守台湾以后，美国的目光就未曾离开过台湾。1950年，美国第七舰队驶入台湾海峡，推行“台海中立化”，时下正值朝鲜战争爆发，台湾问题就此搁置，成为中美关系中最敏感的问题。1954年，美台签订了《美台共同防御条约》，1979年中美建交时失效，后以《台湾关系法》取而代之。在美国看来，“通过外交和经济手段，不让共产党统治台湾，使台湾留在对美国友好的政府手中，是符合美国的利益的”，为此，“最实际的办法就是把台湾与中国大陆分离开来”。② 时至今日，这一观点对美国来说仍然适用，虽然美方表示，“美国认识到在台湾海峡两边的所有中国人都认为只有一

---

① 参考消息：http：//www.cankaoxiaoxi.com/tw/20150714/850320.shtml。

② 2001年7月6日《环球日报》第六版。

个中国，台湾是中国的一部分。美国政府对这一立场不提出异议。”① 奥巴马上台以后，也多次表示美国支持两岸和平交流、避免关系紧张的态度。而美国在经济、文化和军事上都对台湾有着深重的影响，美国的态度无疑会影响台湾的“大选”。美国对台军售仍然持续，美台军事蜜月也无疑成为美国的亚太再平衡战略中制衡中国大陆在南海的动作一步棋。此前台媒曝出美国曾阻止台湾加入亚投行，给两岸之间的进一步合作带来了阻力。美国的干预增加了两岸关系的复杂性，也使得台湾问题更加棘手。

四、两岸合作问题的应对

两岸之间需要合作，但也存在问题，面对这一现实状况，以下建议或许可行。

（1）坚持“九二共识”，增加两岸互信

习近平在参加联组会时指出，我们始终把坚持“九二共识”作为同台湾当局和各政党开展交往的基础和条件，核心是认同大陆、台湾同属一个中国，只要做到这一点，台湾任何政党和团体同大陆交往都不存在障碍，讲话表明了坚定不移推动两岸关系和平发展的决心和信心。从这段话中不难看出，九二共识是两岸合作的前提，承认一个中国是合作的关键所在。中国国民党主席朱立伦在第十届两岸经贸文化论坛上也表示，希望两岸的交流，不但能够在九二共识的基础之上持续的发展，也能够让台湾在国际活动、国际空间中能够有更积极的作为。② 要保持两岸关系和平发展的势头，关键是巩固反对“台独”、坚持“九二共识”的政治基础。如果这个基础遭到破坏，两岸互信将不复存在。③

（2）提高自身综合实力

虽然当前中国大陆的迅猛发展引起了世界范围内的广泛关注，但总体实力仍然有待提高。无论是“中国梦”的实现，还是“21世纪海上丝绸之路”的实施，抑或是台湾问题的解决，离开综合实力，一切都将成为空话。台湾问题是内政，绝不容许他国插手，提升自身综合实力是从根本上解决问题的有效途径。不仅要有硬实力、软实力，更要运用巧实力。在现今复杂多变的国际形势下，巧实力的运用显得尤为重要。而巧实力的运用则需要强大的实力来支撑。只有不断提升自身综合实力，提高自身的国际地位，争取更多的话语权，才能有的放矢，甚至可能会达到“不战而屈人之兵”的效果。

（3）加强同美国的沟通与合作

中国的迅速发展令美国感到不安，其战略布局对中国形成了“C”型包围之势。“21世纪海上丝绸之路”提出的当天，美日举行了日美安保磋商委员会（2+2）会晤，此次会晤作为“向国内外展示强有力的日美同盟中长期方向的良机”④，加强了美国在亚洲地区的军事存在。美国不断增强与亚洲同盟国的关系，频繁进行军演，都不难窥见

---

① 1972年2月28日《上海公报》。

② 环球网：http：//taiwan. huanqiu. com/article/2015－05/6334121. html。

③ 新华网：http：//news. xinhuanet. com/tw/2015－04/29/c_ 1115130722. htm。

④ 新华网：http：//news. xinhuanet. com/mil/2013－10/03/c_ 117591961. htm。

出美国“亚太再平衡”战略中对于中国的遏制。“一带一路”愿景与行动文件中明确提出要加强多边合作，强化多边合作机制的作用。而“21世纪海上丝绸之路”本身是一个开放性的平台，美国的许多盟友也已加入其中，这将为各国提供一个有效的合作平台，如能将美国纳入其中，不仅有利于中美之间的进一步合作，也有利于两岸关系向着和平稳定的方向发展。

五、台湾加入“21世纪海上丝绸之路”建设的可行性分析

台湾所处的地理位置十分重要，把台湾纳入到“21世纪海上丝绸之路”建设中来，有利于拓宽海上丝绸之路的渠道，从而加强与其他国家的沟通，推动区域一体化经济发展。“互联互通”作为“一带一路”的重要内容，从两岸的政策沟通，到为两岸交通增添便利，推动两岸经贸合作，加强两岸货币便捷流通，建设两岸命运共同体，都需要大陆与台湾人民的共同努力。对于台湾来说，加入“21世纪海上丝绸之路”能够依托大陆获得更多的发展机会，随着台湾对东盟的投资不断增多，而中国与东盟国家建立的区域全面经济伙伴关系由东盟主导，台湾如不积极参与，则有被边缘化的可能。

台湾可以借助官方和非官方的平台，逐步融入到海上丝绸之路的建设中来。为“一带一路”保驾护航的丝路基金、金砖国家开发银行和亚洲基础设施投资银行涵盖了多个国家，若台湾加入，则会成为促进两岸合作的良好平台。习近平对于台湾加入亚投行表示欢迎，虽然此前台湾加入亚投行的举动未能成功，但台方表示，将争取以亚开行的身份加入，这无疑将会促进台湾加入海上丝绸之路建设中来。两岸两会是大陆与台湾沟通的重要渠道，其达成的多项协议都有效推动了两岸在各个领域的合作。两岸共同市场基金会创会董事长萧万长有着多年从政的经验，其经济政策的分析在一定程度上能够考虑到政治因素，其研究构建两岸共同市场的这一举动，为构建两岸经济统合，促进两岸经济发展定下了基调。

推动闽台经济整合。闽台之间地理位置相近，闽南人是台湾人口的重要组成部分，闽台文化也具有鲜明的区域文化特色，随着两岸关系的改善和交流的不断加深，闽台文创产业也迈向深度融合。不仅如此，两地的经济也具有较强的互补性：台湾的产业结构相对合理，技术水平相对较高；而福建是“21世纪海上丝绸之路”核心区，有着明显的区位优势，且劳动力资源丰富，依托大陆，有着较为广阔的市场，闽台经济的整合无疑有助于推动台湾更好地融入到21世纪海上丝绸之路建设中来。

大陆与台湾有着较为广阔的合作空间，就台湾方面来说，加入海上丝绸之路的建设利大于弊；对于大陆而言，台湾并非丝绸之路建设中的主要角色，但台湾的加入必将会为海上丝绸之路的建设锦上添花。台湾与大陆血脉相连，历史虽然将两岸分隔开来，但阻断不了两岸之间的交流，“21世纪海上丝绸之路”仅仅是为两岸的合作搭建了一个平台，“中国梦”的实现还需中国人来共同完成。缺少台湾的参与，“中国梦”的实现是不完整的。当前台湾的政治局面并不十分明朗，面对现实的两岸关系，台湾是否能够投入到海上丝绸之路建设中来，仍然有待时间去给出答案。

浅析共建21世纪海上丝绸之路的风险与对策

吴诚根[①]

2013年9月7日，国家主席习近平在哈萨克斯坦纳扎尔巴耶夫大学演讲时，提出共同建设"丝绸之路经济带"；10月3日，在印度尼西亚国会演讲时，提出共同建设"21世纪海上丝绸之路"（简称"一带一路"）。这一融通古今、连接中外的宏伟构想，顺应了和平、发展、合作、共赢的时代潮流，赋予古代丝绸之路以崭新的时代内涵，承载着沿途各国发展、繁荣的梦想。

一、古代海上丝绸之路的兴起与辉煌

中国是陆海兼具的文明古国，华夏民族是世界上最早经略海洋的民族之一。考古成果证实：早在7000多年前的新石器晚期，我国先民们就以原始的舟筏浮具、原始的导航知识，开始了海上航行。"刳木为舟，剡木为楫，舟楫之利，以济不通，致远以利天下。"（《易经·系辞下》）。春秋时期，齐国上卿管仲提出"唯官山海为可耳"的政策主张；战国时期，思想家韩非子提出"历心山海而国家富"的治国思路。

古代丝绸之路是中国与西方政治、经济、文化往来的通道，其历史可追溯到汉武帝派遣张骞出使西域之前。张骞到达中亚，发现那里已大量使用中国的竹制品、纺织品。除了张骞开通的西北丝绸之路、北向蒙古再西行天山北麓进入中亚的草原丝绸之路、从长安到成都再到印度的西南丝绸之路，还有从广州、泉州、杭州、扬州等沿海城市出发，经南洋到阿拉伯海、远达非洲东海岸的海上丝绸之路。

海上丝绸之路是古代中国通过海洋与各国进行贸易往来的重要通道，兴起于西汉时期（公元前140年至公元前87年），发展于三国至南朝时期（220年至589年），鼎盛于唐宋时期（618年至1279年），衰落于明清时期（1368年至1840年）。海上丝绸之路的主线是从沿海城市启航、向西航行的南海航线，另有向东至朝鲜半岛、日本列岛的东海航线。

1877年，六次到过中国的德国地理学家李希霍芬在出版的《中国》一书中，首次将通往西域的道路称之为"绢之道"；1910年，德国历史学家赫尔曼在出版《中国和叙利亚的古代丝路》一书中，根据新发现的考古文物确定丝路内涵为：中国古代经过中亚通往南亚、西亚以及欧洲、北非的陆上贸易交往的通道，并把丝绸之路延伸至地中海

---

① **作者简介**：吴诚根，1946年7月生；浙江省建德市水利水产局，高级工程师。

的西岸和小亚细亚。

公元54年至公元92年间，东汉学者班固撰写的《汉书·地理志》，详细记载了汉武帝派遣的使者与应募的商人、出海贸易的航程：自日南（今越南中部）或徐闻（今属广东）、合浦（今属广西）乘船出海，顺中南半岛东岸南行，经5个月抵达湄公河三角洲都元（今越南南部迪石）；复沿中南半岛西岸北行，经4个月航抵湄南河口邑卢（今泰国佛统）；自此南下，沿马来半岛东岸经二十余日驶抵湛离（今泰国巴蜀）；在此弃船登岸、横越地峡，步行十余日抵达夫首都卢（今缅甸丹那沙林）；再登船向西航行于印度洋，经两个多月到达黄支国（今印度东南海岸康契普腊姆）。回国时，由黄支南下至已不程国（今斯里兰卡），后向东直航，经8个月驶抵马六甲海峡，泊于皮宗（今新加坡皮散岛），再航行两个多月，由皮宗驶达日南郡的象林县境（治所在今越南维川县茶荞）。

隋朝以前，海上丝绸之路仅仅作为陆上丝绸之路的一个补充。中唐时期战乱频繁，陆上丝绸之路“无数铃声遥过碛，应驮白练到安西”的盛况不再。唐宋以后，随着造船、航海技术的发展，东南亚、马六甲海峡、印度洋、红海直至非洲大陆航路的开通与延伸，海上丝绸之路便成为中国对外交往的主要通道。宋代的广州港“万国衣冠、络绎不绝”，元代的泉州港是世界最著名的海外贸易港；海上丝绸之路续写了“连天浪静长鲸息，映日帆多宝舶来”的辉煌。

元代至顺元年（1330年），民间航海家汪大渊从福建泉州出发；前后两次、历时七年行踪遍及南海、印度洋以及阿拉伯半岛、东非沿海地区。至正九年（1349年）印行的《岛夷志略》一书中，记述的国名、地名达96处。

明代永乐三年（1405年）至宣德八年（1433年），朝廷使者郑和率领240余艘海船、27 000余名船员从南京龙江港启航、经太仓刘家港出海，前后七下西洋（明初以婆罗至文莱为界，界西称为西洋）。每到一地代表皇帝拜会国王或酋长，赠送礼品表示友好通商诚意；同沿线各国发展朝贡贸易、官方贸易和民间贸易，成为陆上丝绸之路向海上丝绸之路的重大转折。

从沙漠到草原、从陆地到海洋，陆地与海上丝绸之路将世界连在一起，开启了亚欧经济一体化的历史先河，书写了一段利益互惠、人文交融、民族团结、友好往来的佳话，成为经济交流、文明互鉴的象征。

二、共建21世纪海上丝绸之路的机遇与风险

2008年下半年以来，起源于美国的金融危机逐渐演化成经济危机、并向全球主要经济体蔓延，世界经济陷入“大萧条”以来最大的困境。世界性经济危机对各国经济的发展既是挑战、也是机遇，处在丝绸之路沿线的国家大都面临着类似的发展问题，有着共同的利益诉求，对于合作的期盼高于利益的分歧。

随着世界经济全球化不断深入、区域经济一体化加快推进，处于经济转型升级关键阶段的亚欧国家，需要进一步激发域内发展活力与合作潜力。

我国提出“一带一路”的战略构想，是实现中华民族伟大复兴、中国和世界在新

时期互动的一种创新模式，是用和平手段改变世界政治经济版图的一次伟大尝试，也是中国从一个上升大国发展到成熟大国、再到世界强国的一种国家责任。这个构想的提出，将打破长期以来陆权和海权分立的格局，推动欧亚大陆与太平洋、印度洋和大西洋的陆海一体化，形成陆海统筹的经济循环和地缘空间格局，为沿线国家优势互补、开放发展开启了机遇之窗。

在如何一个事件的发展过程中，均会出现多种不同的结果，其中某些结果可能会对事件的主体产生损失；这种对事件主体产生损失的可能性称之为风险。犹如一对孪生兄弟，机遇与风险同时出现，此消彼长、无休无止。

共建21世纪海上丝绸之路，在经济、政治、安全、观念、法律等方面存在诸多风险。

在经济方面，作为一个经济行为，其本身就存在包括汇率、国际贸易动荡等金融风险，尤其是作为长远投资的大型项目，有着许多不确定性因素；还要避免在海外盲目投资、盲目扩张的行为，以减少经济风险。

在政治方面，美国强化“再平衡”战略，致使中美关系麻烦不断；安倍奉行对华对抗、遏制、孤立政策，致使中日关系严重恶化；由于大国的干涉，致使海洋领土争端日益复杂、问题棘手；一些地区热点、敏感难点问题频发，削弱了中国周边环境的稳定性。

在安全方面，不仅存在军事冲突、颜色革命、领导人更迭等传统风险，中亚水资源安全、中东能源冲突、气候变化等非传统风险，长期以来中亚地区宗教极端势力、民族分裂势力、暴力恐怖势力肆虐，中国与周边国家的矛盾、摩擦乃至冲突也有进一步激化的可能。

在观念方面，尽管向世界宣告中国崛起不以损害别国利益为代价，但亚太地区、尤其是周边地区存在明显的曲解与误判：担心中国日益强大、重新建立朝贡体系，届时将再受中央大国的控制与支配。必须对抗道德风险，不被“中国威胁论”、“朝贡体系”、“中国版马歇尔计划”等言论所绑架。

在法律方面，建设“一带一路”面对地区法律、国家法律、欧盟法律以及国际法，尤其是有关海洋的法律。海洋法是传统国际法中的重要组成部分，确定各海域的法律地位，调整各国在利用海洋各领域关系中的原则、规则、规章、制度。《联合国海洋法公约》已有159个国家和实体签字。只有“四法”全通，才能进行投资建设。

三、共建21世纪海上丝路的对策与建议

16世纪以后，受民族矛盾、宗教纷争、文化冲突、社会制度差异等因素的影响，古代丝绸之路时盛时衰，欧亚国家错失了联合自强、发展振兴的历史机遇；进入21世纪，欧亚国家抓住世界多极化、经济全球化的重大机遇，励精图治，快速崛起，深刻改变着世界政治经济的格局。

新丝绸之路的构想以经济合作为先导与基石、以政治合作为前提与手段、以促进文化交流与化解安全风险为重要目标，是具有前瞻性的综合战略规划。我国提出这一构

想，既是水到渠成的结果，也体现了大国外交的自信；这种自信源于对国际局势的判断，源于对自身实力与战略目标的认知，也源于驾驭各种复杂局面的勇气与能力。

“世界大势变迁，国力之盛衰强弱，常在海而不在陆，其海上权力优胜者，其国力常占优势。”（孙中山语）纵观世界经济发展的历史，明显的轨迹是由内陆走向海洋，由海洋走向世界、走向强盛。

（一）提高国民海洋意识　切实维护海洋权益

按照《联合国海洋法公约》的规定和我国的主张，中国拥有宽度12海里的领海、24海里的毗连区及200海里的专属经济区和大陆架，管辖海域面积300万平方千米，相当于陆地领土的1/3。1994年11月《联合国海洋法公约》生效后，海洋问题成为世界关注的热点和焦点。在世界性的海洋争夺战中，我国海洋形势严峻，海洋权益受到严重侵害：岛屿被侵占、海域被分割、资源遭掠夺。一些周边国家先后单方面宣布海洋专属经济区的大陆架，造成中国管辖海域中的120万至150万平方千米海域成为争议区，相当于陆地争议面积的8至9倍。

海洋观念是人类通过经济、政治、军事等实践活动所获得的对海洋本质属性的认识。海陆两大地理单元自然属性差异巨大，我国封建社会经济、政治、文化等因素综合积淀的“重海轻陆”、“重农抑商”传统影响深远，表现为边缘从属性、有限开放性与守土防御性：“以农立国”的文化大传统始终占据中心与主导地位，海洋观的开放趋向始终限制在一定的范围之内，以“禁海”为基本手段的防御成为明清两朝的思维定式。

在推进海陆一体化进程中，必须高度重视海洋问题，下大力气提高国民海洋意识，切实维护海洋权益，这是共建21世纪海上丝绸之路的前提。

（二）准确把握战略内涵　积极稳步有序推进

美国异常重视中亚地区的地缘政治价值，早在1999年美国国会就通过了带有较强意识形态色彩的《丝绸之路战略法案》，与中俄两国展开地缘政治争夺的态势明显。俄罗斯是丝路上利益攸关的传统国家，视中亚地区如自家后院，不太愿意接纳他国在此扩大影响力。中亚国家之间屡有龃龉，处理不好极有可能诱发政治对立、甚至军事冲突。

我国提出共建“一路一带”是在新的技术条件下，对古老的交通通道的复兴与拓展；就本质而言，不是经济战略、而是政治战略：目的是重构与我国密切相关的特定区域的国际秩序，改善国家安全的大环境，打开和平崛起的新局面。

必须准确把握“一路一带”战略的内涵，通过政府发动、企业主导、市场推动、国际合作，积极、稳步、有序地共建21世纪海上丝绸之路。中央相关部门建立工作领导机制、出台落实规划实施意见、启动专项规划编制工作；对于具体路线的选择与确定，需要充分考虑地理环境、经济效益与政治协调。省、区、市找准自身定位，制订参与建设的有关实施方案。

风险管理是各经济社会单位在对生产生活中的风险进行识别、估测、评价的基础上，优化组合各种风险管理技术、有效控制风险、妥善处理其所致结果、以最小成本达到最大安全保障的过程；援外投资必须遵循国际通行规则，严格进行可行性论证，既要考虑需要、也要考虑承受能力，谨防出现后续项目“无底洞”局面。

以国有企业为主、以道路港口等基础建设为主的经济行为，是目前我国对“一路一带”沿线国家经济进入的主要方式；在很多时候挣钱基本上是国家贷款，即使能够盈利，回本过程也很漫长。商业运作必须与政府行为结合：用市场自动调节机制弥补政府失灵，用政府公共管理弥补市场失灵。

（三）弘扬丝绸之路精神　构建海洋伦理体系

两千多年前开启的海陆丝绸之路，凝聚着不畏艰险、勇于探索的伟大精神，世界上不同民族、不同种族、不同信仰、不同文化，通过这座东西方互相认知的桥梁交汇融合。在海上丝绸之路这座世界人文社会交往的平台上，不同的价值观相互碰撞、积淀，形成团结互信、平等互利、包容互鉴、合作共赢的当代丝绸之路精神，这是现代国际社会交往最基本的原则之一，也是塑造国际政治经济新秩序的必然要求。

秉持和平合作、开放包容、互学互鉴、互利共赢理念，传承与弘扬丝绸之路精神，对于建设“一带一路”、促进不同国家与地区人民的心灵交融意义重大。弘扬丝绸之路精神，筑牢政治互信基础，激发合作共赢动力，坚守和平发展信念，强化人文交流纽带；通过政策沟通、设施联通、贸易畅通、资金融通、民心相通，全方位推进务实合作，打造政治互信、经济融合、文化包容的利益共同体、责任共同体和命运共同体。

现代新制度经济学认为：所谓制度是指人们承认、接受、愿意遵守的一套合法的规范与行为，制度的有效构建一是需要得到价值、伦理等社会认可的非正式约束，二是需要政策、法规等国家规定的正式约束，三是需要得到具体实施机制的保障。

海洋开发亟需一种有效的约束机制，不管建立何种机制，海洋伦理是约束机制的基础和必不可少的组成部分。非正式约束是建立制度的基础，离开伦理规范不仅无法构建制度，即使已构建的也会因无法执行而形同虚设。统一、有效、获得国际认可的海洋伦理的形成，不仅本身是对海洋开发者的内在约束机制，而且将促使国际社会按照它建立正式的约束机制及实施机制。构建海洋伦理体系，是共建21世纪海上丝绸之路的保障。

民国时期中国海防思想的发展与海防建设实践[①]

郭　锐[②]

（吉林大学，吉林 长春 130012）

内容摘要：民国时期中国海防思想有了新发展，其对海权的理解更加深刻，对海防与海洋经济的辩证关系有了明确认识，但始终没有形成完整理论体系。这种变化得益于对马汉“海权论”的引进与传播、中国海防压力增大和资本主义经济的进一步发展。不过，由于中国缺少发展海权的经济基础、传统陆权思想的根深蒂固，加之连年国内战争、经济实力有限等因素，使国民政府的海防战略一直是摇摆不定，并最终回归本土防御的窠臼。这一时期，民国政府收回了海道测量权、海图绘制出版权及西沙群岛、南沙群岛的部分岛礁。抗日战争期间，民国海军做出了应有贡献，但舰艇损失殆尽。总体而论，民国时期的海权思想始终无法摆脱陆权思想的桎梏，海军建设服从服务于陆地防御。究其根源，近代中国海防的发展始终是局限于对外来入侵的本能式反应，而不是出于国家发展的必然需要。

关键词：海防思想；海权；海军建设；“陆主海从”

晚清时期，列强从海上的频繁入侵，催生了中国海防意识的觉醒。经过两次海防大讨论后，中国的海防意识从初期的“保土防御思想”缓慢转变为海权意识的萌发。1911 年的辛亥革命推翻了清政府的封建统治，新成立的国民政府继承清王朝的海军遗产，在思想层面对海权的认识有了新的提高。部分有识之士提出了超越时代的海军发展观念。北洋政府与南京国民政府均提出“兴海防、争海权”的口号，并收回了海关权，收复了西沙、南沙诸岛。但是，整个民国时期中国海军发展和海防建设实践是举步维艰，并没有显著进展。除受国力制约外，思想层面的制约因素不容忽视。

---

① **基金项目**：本文系作者主持的教育部留学回国人员科研启动基金项目“东亚地缘格局变迁与中国的地缘战略选择”（第 48 批）及吉林大学繁荣发展哲学社会科学行动计划（2011—2020）青年学术骨干支持计划项目“东亚安全风险管理与中国的区域安全战略”（2012FRGG15）的阶段性研究成果。

② **作者简介**：郭锐（1978 年—），男，吉林长春人，吉林大学行政学院国际政治系教授、博士生导师、法学博士，北京大学、复旦大学、吉林大学、中山大学国家治理协同创新中心研究员，日本立命馆大学国际地域研究所客座研究员，主要研究方向：东亚安全与军备控制、国际关系理论与方法论、跨境公共危机治理。

一、民国时期中国海防思想与海防建设的文献分析

民国时期是中国由君主专制走向民主共和的过渡阶段。这一时期，国家海防面临严峻局面，海防思想因此有了新的发展。目前，学术界对民国时期海防思想的论述，集中在孙中山、蒋介石、陈绍宽这三人身上。

孙中山认为："国力的盛衰强弱，常在海而不在陆，其海上权力优胜者，其国力常占优胜"。[①] 可见，孙中山对海权与国家兴衰的关系，有着清醒的认识。在就任中华民国临时大总统后，孙中山提出"兴船政以扩海军，使民国海军与列强齐驱并驾，在世界称为一等强国"[②] 的誓言，设立海军部，拟定《国防计划大纲》，确定相关政策，以求改变海军落后的窘况。孙中山的海权观念和海军建设思想不是单纯的抵御外侮，还要面向海洋求得国家的生存和发展。由此，他提出了中国近代海洋经济及全面开发海洋的设想，力求通过发展海军来控制海洋，进而大力开发和利用海洋，不断增强中国国力。[③]

学术界对蒋介石的海防思想及海防建设的评价存在分歧。有学者认为，蒋介石"背叛了孙中山的海防思想"，面对外来侵略是一味地妥协退让，"却把大量人力、物力、财力投入镇压人民革命和进攻其他军阀的内战战场"。[④] 这是"空议海防，装潢门面"，实践起来则是"陆空代海"，国防建设"陆主海从"、以陆军和空军为中心。[⑤] 也有学者认为，蒋介石在早期继承了孙中山建设海军一等强国的理想，对加强海军建设，恢复中国海权是支持的，但随着"攘外必先安内"政策的确定及国防经费的现实制约，其建设海防的愿望终成泡影。[⑥] 还有学者认为，蒋介石虽然有建立强大海防的愿望，但他"对海军以及海防建设的认识始终存在矛盾"，"一方面表示发展海权和建设海军，另一方面在思想和实际行动中对海军存有偏见，认为发展强大海军受制于各种因素而难以在短期内实现，并受'攘外必先安内'政策和外部势力影响而更加重视陆军和空军"。[⑦]

关于陈绍宽的海防思想，学术界的认识比较一致。作为国民政府海军部部长和海军总司令，"他的海防思想，代表了民国海防思想发展的较高水平，内容十分丰富"。[⑧] 有学者认为，陈绍宽"继承了孙中山的海权思想，并在其担任南京政府海军部长期间，部分付诸施行"。[⑨] 陈绍宽认为国家的强弱"全看领海权"，"只有海权伸张"，国家才

---

① 《孙中山全集》（第2卷），中华书局，1982年版，第564页。

② 《孙中山全集》（第2卷），中华书局，1982年版，第344页。

③ 杨国宇著：《近代中国海军》，海潮出版社，1994年版，第894页。

④ 高晓星："评蒋介石的海防言论和行动"，《军事历史研究》，1995年第4期，第142页。

⑤ 高晓星："评蒋介石的海防言论和行动"，《军事历史研究》，1995年第4期，第143－第146页；王传友著：《海防安全论》，海洋出版社，2007年版，第51页。

⑥ 杨国宇著：《近代中国海军》，海潮出版社，1994年版，第911－915页

⑦ 刘中民著：《中国近代海防思想史论》，中国海洋大学出版社，2006年版，第164页。

⑧ 潘前之："陈绍宽海防思想论析"，《军事历史研究》，2007年第4期，第155页。

⑨ 刘中民著：《中国近代海防思想史论》，中国海洋大学出版社，2006年版，第156页。

能日臻富强。而“海权完整与否，全看海军”。海军的使命和任务“就是执行制海权”。[①] 作为海军将领，陈绍宽提出了明确的海权思想、一整套海军建设方案和海军战略战术原则，这对民国时期中国海军的建设和作战，起到了重要的指导作用。[②]

比较孙中山、蒋介石、陈绍宽三人的海防思想，孙中山作为革命领袖，其海防思想具有明显的革命导向性质；而蒋介石关于海防的认识则是出于统筹内外政策的现实需要，没有专门研究和特别重视；陈绍宽作为职业海军将领，其海防思想更具专业性和翔实性，并有一定的超前性。孙中山具有“争太平洋之海权，即争中国之门户权耳”[③] 的战略眼光，但没有真正领导国民政府进行国家建设，其海防思想没有得到实践。蒋介石集民国的党、政、军大权于一身，其对海防的考虑势必综合国内外因素，服从内外政策的重心，因此在国防建设中更加重视陆军和空军。这与中国根深蒂固的“陆主海从”观念有着很大关联。陈绍宽认识到当时世界先进的海权观念，提出“海权伸张决定国家富强”、“海防是国防第一道防线”、“海军应进行进攻性防御”等先进理念，并率先提出包括建造航空母舰在内的庞大造舰计划。但是，陈绍宽在国民政府不属实权派人物，其有关海军及海防建设的主张，难以得到海军体系外的全力支持。

此外，民国时期的学术界就海权理论、海军战略与战术、海军制度等理论问题，进行了广泛的探讨。这一时期，学术界系统、完整地介绍了马汉的海权理论，相关学者纷纷就此发表见解，并出现中国第一部海权论专著——林子贞的《海上权力论》。总体来看，这一时期的学术界“跟踪当时世界海军学术的新发展，并联系中国海军的实际问题，进行了有益探讨”，[④] 在海防建设基础理论方面取得一些成就。中国海军的战略理论研究“经历了一个由引进，到初步自创体系，然后又逐步完善的发展过程”，海军战术方面也有了明显进步。[⑤]

从学术界对民国时期中国海军建设的研究来看，中国海军在1912年—1928年几乎没有发展，1928年—1937年的建设成就有限并在抗战爆发初期损失殆尽。1912年—1928年，民国海军主要分为沪系、东北系、青岛系、闽系等派系，分别依附于沿海各军阀势力，海军舰艇总吨位从3.3783万吨略增到3.4261万吨，但“在总的方面，尤其在机构体制，规章制度等方面，并没有显著的变化”。[⑥] 1928年—1937年，统一国内政局的国民政府使海军总吨位增长到5.9034万吨，[⑦] 远未完成10年内建成60万吨的海军军备规划。有学者将这一时期海军发展缓慢的原因，归结于海防意识淡薄、国家财力有限、国民党“攘外必先安内”等方面。[⑧] 抗战胜利后，国民政府从日、英、美等国家接

① 史滇生：“中国近代海防思想论纲”，《军事历史研究》，1996年第2期，第106页。

② 曹敏华：“陈绍宽海防思想简论”，《福建论坛》（人文社会科学版），2003年第5期，第96－第97页；潘前之：“陈绍宽海防思想论析”，《军事历史研究》，2007年第4期，第157－第158页。

③ 《孙中山全集》（第5卷），中华书局，1985年版，第119页。

④ 皮明勇：“抗日战争前后中国海军学术述论”，《军事历史研究》，1994年第3期，第100页。

⑤ 皮明勇：“民国初年中国海军战略战术理论述论”，《军事历史研究》，1994年第2期，第103、106页。

⑥ 陈长河、丁思泽：“民国初年的中国海军”，《安徽史学》，1986年第2期，第26页。

⑦ 陈书麟、陈贞寿著：《中华民国海军通史》，海潮出版社，1993年版，第383页。

⑧ 参见仲华：“1931－1937年间国民政府海军建设述论”，《南京政治学院学报》，2004年第5期，第56－第58页；祝中侠：“论抗战前中国海军的缓慢发展”，《池州师专学报》，1998年第2期，第79－第82页。

收相当数量的舰艇，总吨位达到19.34万吨。[1] 民国海军在规模和质量方面，达到诞生以来的最高点。

总体而言，学术界对民国时期代表性人物的海防思想，已有比较翔实的史料分析。不难看出，民国时期的海防思想较之晚清时期而言，具有鲜明的海权意识。现有文献对这一转向的过程、原因及特点，尚没有充分论述。更为重要的是，这些崭露头角的海权意识，不能代表当时中国政府对海权的整体观念，民国海防发展举步维艰也有着更深层次的原因。

二、民国时期中国海防思想向海权意识的演进及原因

海权的概念在西方由来已久。在公元前1100年到公元前500年的地中海地区，迈锡尼人、腓尼基人、迦太基人先后建立海上霸权。古代雅典出于保护海上贸易与城邦安全的考虑，也建立了强大的海上力量，其在公元前5世纪到公元前4世纪一度成为地中海地区的海上强国。修昔底德曾提出希腊语中“海权”的概念，认为是“海洋的权力”（Power of the Sea），即海洋赐给人以权力，其条件则为人必须知道如何征服和运用海洋。[2] 公元2世纪，罗马帝国获得地中海地区的海上霸权，从而使地中海成为罗马帝国的“内湖”。古罗马学者西塞罗提出“谁能控制海洋，谁就能控制世界”的观点。进入近代后，葡萄牙、西班牙、荷兰、英国相继成为海上霸权国。不过，作为一种理论的产生，海权论是在19世纪末由美国海军将领马汉首次提出。

马汉创造性地提出和使用“海权”（sea power）一词，他认为“海权”包括构成要素与实际运作两个部分。海权的构成要素包括地理位置、形态构成（天然生产力及气候）、领土范围、人口数量、民众特征、政府特征（国家机构）；海权的实际运作包括海洋控制与海洋利用两个部分，海洋控制方面包括海军力量、攻势战略、海外扩张、制海权，而海洋利用则包括商业、航运业、殖民地、海外市场、海外基地等。[3] 在马汉的语境中，“海权”一词“涉及了使一个民族依靠海洋或利用海洋强大起来的所有事情”。[4] 从这个意义出发，判断是否拥有海权思想的标准应为“是否拥有利用海洋使国家（民族）强大起来的意识”，它包括发展海军、争夺制海权、发展海外贸易并开拓海外市场等意识。

晚清时期，由于中国频遭海上入侵，海防危机日趋加重。近代中国的海防思想在抗御列强海上入侵的斗争中发展起来，其开始就是被动性和以防御为主。以鸦片战争为起点，为防御西方列强坚船利炮的入侵，清政府开始筹建海防。在海防观念上，其核心是

---

① “海军之过去与现在”，国民政府海军总司令部新闻处编：《中国海军现状》，第36页。转引自杨国宇著：《近代中国海军》，海潮出版社，1994年版，第1041页。

② ［美］赫伯特·罗辛斯基著，钮先钟译：《海军思想的发展》，黎明文化事业公司，1977年版，第34页。

③ ［美］马汉著，萧伟中、梅然译：《海权论》，中国言实出版社1997年版，第25－第29页；钮先钟著：《西方战略思想史》，广西师范大学出版社，2003年版，第394页。

④ ［美］马汉著，安常荣、成忠勤译：《海权对历史的影响（1660－1783）》，解放军出版社，1998年版，序，第1页。

“以守为战”[①] 的防御思想，认为“盖该夷之所长在船炮，至舍舟登陆，则一无所能，正不妨偃旗息鼓，诱之登陆，督率弃兵，奋进痛剿，使聚而歼之，乃为上策。”[②] 魏源虽然提出“内守既固，乃御外攻”[③] 的攻守结合式的海防观，但依然是以“守”为本。19世纪60年代至甲午战争爆发期间，由于第二次鸦片战争、日本侵台、中法战争等因素，促使清廷先后启动两次海防筹议。此间，洋务运动的兴起，给晚清海防思想带来了新的认识。清政府海防意识显著增强，筹建海防的决心十分坚定，认为“御外之道，莫重于海防；海防之要，莫重于水师”。[④] 在李鸿章等人的主张下，清政府逐渐形成“三洋布局，海口防御”的海防思想。不过，这本质上仍是消极保守的海防思想，只不过将陆地防御向前迈了一小步。甲午战争后，随着西方译著的大量传播和中西交流的频繁，“二十世纪初年后，中国海防思想的一个重大发展就是注入了海权内容，并将海权论运用研究中国海军的建设和作战。”[⑤] 此时，中国才真正出现“不能长驱远海，即无能控扼近洋”[⑥] 的海权思想。

在晚清海权萌芽的基础上，民国时期海防思想的最大进步是明确了争夺制海权的重要性。孙中山提出“国力的盛衰强弱，常在海而不在陆，其海上权力优胜者，其国力常占优胜。”[⑦] 他认为，“海权之竞争，由地中海而移于大西洋，今后则由大西洋移于太平洋矣……盖太平洋之重心，即中国也；争太平洋之海权，即争中国之门户权耳。”[⑧] 而“海军实为富强之基，彼英美人常谓，制海者，可制世界贸易，制世界贸易者，可制世界富源，制世界富源者，可制世界，即此故也。”[⑨] 1928年南京国民政府成立后，力主申张海权的海军将领陈绍宽先后担任海军署署长、海军部部长、海军总司令等要职。在陈绍宽主持海军政务期间，国民政府的海军作战方针体现出争夺制海权的思想，提出日本是中国海军作战的主要对象，中国海军应“在防御的攻势下”，在中国海域与日本海军相对抗，“以谋获得中国之制海权”。[⑩]

民国时期的海防思想除体现在军事上争取制海权外，对利用海洋的重要性认识也明显提高，对海防与海洋经济的辩证关系有了更加深刻的认知。孙中山认为，建设港口、发展造船业、经营航运、与外国通商、发展海外贸易、推进渔业及其他一切与海洋有关的事业，全面开发利用海洋，是国力迅速增长的重要途径，也是建设强大海防和海军的根基所在。[⑪] 而陈绍宽指出，海军的任务在战时要把握住制海权，保护海上交通，使商

---

① 《林则徐集·奏稿》，中华书局，1963年版，第762页。

② 《筹办夷务始末（道光朝）》（卷十三），中华书局，1964年版，第412页。

③ 《魏源集》（下册），中华书局，1983年版，第865页。

④ 中国史学会主编：《洋务运动丛刊》（第一册），上海人民出版社，1961年版，第102页。

⑤ 史滇生：“中国近代海防思想论纲”，《军事历史研究》，1996年第2期，第104页，

⑥ ［清］姚锡光编：《筹海刍议·序·清末海军史料》，海洋出版社，1982，第798页。

⑦ 《孙中山全集》（第2卷），中华书局，1982年版，第564页。

⑧ 《孙中山全集》（第5卷），中华书局，1985年版，第119页。

⑨ “中山先生之海军观”，《海军》，第7卷，第2期，第89页。转载自刘中民著：《中国近代海防思想史论》，中国海洋大学出版社，2006年版，第150页。

⑩ 史滇生：“中国近代海防思想论纲”，《军事历史研究》，1996年第2期，第104页。

⑪ 刘中民著：《中国近代海防思想史论》，中国海洋大学出版社，2006年版，第152页。

业工业发达，资源不至阻滞；在平时则须维护河海治安、保渔护航、宣慰侨民、保护侨民。[①] 如马汉指出的海权发达与海上贸易之间的关系一般，拱卫海防与国家富强紧密联系，这正是海权理论的深刻内涵所在，二者均是“一个民族依靠海洋或利用海洋强大起来的所有事情”。这较之仅把海权视为巨舰大炮和舰队决战的纯军事观点，无疑有着明显进步。

虽然与晚清时期相比，民国时期的海防思想有了明显进步，对海权的理解更加的深刻，但始终没有形成完整理论体系。尽管马汉的海权论得到进一步的引入，一些学者和军人纷纷发表议论，还出现首部海权论专著《海上权力论》，但均以评介性作品居多，没有形成完整严密的理论体系。陈绍宽在《海战》一文提出海军作战战略与战术的八项原则，并以实战案例进行详细解释，已经具备大战略理论的雏形，遗憾的是没有形成系统完整的理论专著。王师复对马汉的海权论进行了深刻分析，并对海军制度理论进行深入探讨，也没有专著问世。总体来看，这些海防思想散见于电文、演说、报告及论文中，没有出现系统性和权威性的理论著作。

海权思想之所以能够在民国时期得到明显发展，首先是得益于马汉“海权论”的引进与传播。1900 年 3 月，日本乙未会在上海出版发行的中文月刊《亚东时报》开始连载《海上权力要素论》，但只连载两期、翻译到该书的第一章第一节即止。1910 年前后，中国留日海军学生创办的《海军》杂志，刊登齐熙从日文转译的《海权对历史的影响（1660—1783）》一书的第一章第一节、第二节，并改名为《海上权力之要素》。[②] 到 1927 年，国内的《海军期刊》分期刊登唐宝镐翻译的《海上权力之要素》，将马汉的《海权对历史的影响（1660—1783）》的核心部分，第一次完整地介绍给中国人。更多的中国人开始学习和研究马汉的海权论，据此来观察、分析和省思中国的海防和海军建设问题。1940 年的《海军整建》杂志再次刊登载淳、于质彬翻译的《海上权力之要素》。这两篇译文的水平比较高，内容完整，对马汉“海权论”的传播起到很好的推动作用。1944 年，蔡鸿干完整翻译马汉集大成的一部海权理论著作——《海军战略》。至此，马汉的海权论比较完整、成体系地被引入国内。[③]

其次，世界强国对海军的空前重视，海军军备竞赛的日趋激烈，中国海防压力的加大且面对日本的入侵威胁，促使中国各界愈加重视海权。如前所述，以孙中山为代表的有识之士认识到“海军实为富强之基，彼英美人常谓，制海者，可制世界贸易，制世界贸易者，可制世界富源，制世界富源者，可制世界，即此故也”。[④] 1928 年，陈绍宽撰文指出，“英国的海军有一百五十万吨，日本也有一百万吨，其次各国也有七八十万吨的，也有三四十万吨的。单独我们中国海岸线又长，海军军舰又少，差不多连陈旧

---

① 高晓星编：《陈绍宽文集》，海潮出版社，1994 年版，第 326 – 327 页。

② 参见史春林：“清末海权意识的初步觉醒”，《航海》，1998 年第 1 期，第 40 – 第 41 页；周益锋：“‘海权论’东渐及其影响”，《史学月刊》，2006 年第 4 期，第 39 页。

③ 参见皮明勇：“抗日战争前后中国海军学术述论”，《军事历史研究》，1994 年第 3 期，第 102 页。

④ “中山先生之海军观”，《海事》，第 7 卷，第 2 期，第 89 页。转引自杨国宇著：《近代中国海军》，海潮出版社，1994 年版，第 890 页。

的、不能作战的、各国视同废舰的统统算起来，总数还不上十万吨”。[①] 其时，日本海军总吨位已居世界第3位，达110多万吨，是甲午战争前的10倍以上，对中国是虎视眈眈。可以说，强国的理想、现实的积弱、外来的威胁，是助推中国海防思想发展的重要动因。

最后，海权思想的发展得益于民国时期资本主义经济的发展。近代海军是资本主义大工业生产的必然产物，它是资本主义经济发展的客观结果，其产生和发展需要一定的社会经济环境及条件。中国在19世纪60年代开始兴起洋务运动，逐渐引进大机器工业，采用新的科学技术，培养近代海军必备的专门人才，工业、科技、教育的发展加快中国近代化步伐。更为重要的是，它促使中国明朝末年以来生长缓慢的资本主义萌芽得到较快发展。特别是20世纪二三十年代，中国的资本主义经济得到明显发展，初步形成官僚资产阶级和民族资产阶级，从而促发生产关系的部分改变。这客观上催生近代中国海军的产生，也是中国海权思想发展的必要条件。

三、民国时期海防建设落后的主要症结

尽管民国时期的海防思想得以向前发展，海权观念得到进一步的伸张，但海防建设依然是举步维艰。北洋政府期间，北京政府海军部认为中国海岸线漫长，如果“独注重陆军，而于海军忽焉不备，备焉而又力不厚，势将无以自存”，提出中国海军发展规模应与日本相当。但是，鉴于“目前财力、人力之两难”，决定采取守势战略，据此制订10年发展计划，拟将海军舰艇扩充到323艘、约40余万吨。[②] 此后，北京政府参谋本部提出《民国三年至十年第一次造舰计划案并理由书》。该计划案以日本为假想敌，并根据日本海军实力，提出中国海军的“理想扩张案”。即在1920年前，购造各种军舰162艘、约100余万吨。该“理想扩张案”只是“理想”而已，当时中国根本无力实现，参谋本部后来将原方案压缩为购造军舰96艘、约30万吨。[③] 在连年的军阀混战中，这些造舰计划自然是一纸空谈。

南京政府时期，1928年通过的《整理军事案》提出“十年之中要扩充海军军舰达到六十万吨之地位”的目标。1929年，国民政府海军部制订一个目标低得多的“海军6年建设计划”，希望以6年时间，将海军主力作战舰艇吨位增加到10.5万吨，将海军后勤辅助舰船吨位增至5万吨，采购60架飞机。[④] 1932年“一·二八事变”后，海军部制订的《海军建设计划草案》指出：“吾国海军欲求其与日本在海上作战，至少须有其海军之七成……对于日本作战首所争者，中国海（辽海、黄海、东海及南海）海上

---

① 高晓星编：《陈绍宽文集》，海潮出版社，1994年版，第5－第6页。

② “海军部呈第一次置舰计划”（1913年3月21日），《海军门·总务类》，北京图书馆藏。转引自苏小东：“中国海军抗战评述”，《军事历史研究》，1996年第2期，第132页。

③ “民国三年至十年第一次造舰计划案并理由书”（1913年4月5日），《海军门·总务类》，北京图书馆藏。转引自苏小东：“中国海军抗战评述”，《军事历史研究》，1996年第2期，第132页。

④ 《训政时期海军部工作年表》，国民政府海军部《海军公报》第4期，1929年10月出版，第187－第192页。转引自杨国宇：《近代中国海军》，海潮出版社1994年版，第906页。

制权……唯有先建设日本海军之四成兵力，以保持中国海近海之自由以濡滞日本海军及其陆军之行动”。[①] 然而，到1937年日本全面侵华时，中国海军舰艇总吨位也不过6.8万吨。

中国海防建设始终跟不上海防思想发展的原因是多方面的，其客观原因是中国缺少发展海权的经济基础，海防战略只是较低层面的军事防御对策，而非主动性的国家发展战略。主观原因是传统的陆权思想依然主导当时中国的政界、军界。国民政府虽然意识到海防的重要性，但掌权者依然认为陆地防御是中国抵抗侵略的重点，在国防建设上对海军建设是漠不关心。加之连年国内战争、经济实力有限等因素，使国民政府的海防战略是摇摆不定，最终复归本土防御的窠臼。

经济因素是海权发展的根基所在和持久动力，民国时期的经济发展与海军发展难以形成辅成关系。马汉认为，商业对海上强国至关重要，一个海洋国家“必须稳定地立足于广泛的海上贸易的根基之上”，[②]“一支海军的必要与否，从狭隘的词义来看，来源于一支和平运输船队的存在，并随之消失而消失。”[③] 他指出，当时的美国因没有侵略意图，且商业服务不复存在，武装舰队的缩小和对此缺乏兴趣就成为逻辑上的必然结果。根据马汉的理论，海权与海上贸易相辅相成，海上贸易涉及三个方面：“生产，具有交换产品的必需性；航运，借此交换才得以进行；殖民地，方便并扩大了航运行动，并通过大量建立安全区，对此进行保护。”[④] 就民国时期中国的经济总体实力而言，“史学家们基本同意，1912—1949年间，中国的总产出增加得非常缓慢，人均收入几乎没有增长。”[⑤] 到20世纪30年代，“按照生产资料工业和消费资料工业产值的比值，中国近代工业化还徘徊在起步阶段。投资总量、行业结构和工业产值都反映出当时工业整体水平的落后”。[⑥] 1912年—1936年，中国进口以直接消费资料为主，出口以农产品原料及手工制品、半制品为主的国情，反映出中国殖民地性质的进出口贸易格局依然存在。[⑦] 1937年前，中国的航运业发展比较显著，但以内河航运为主，且外国航运势力庞大，所占份额最大时甚至超过80%。[⑧] 因此，当时中国各方面的经济状况不足以促使和支撑中国海权的扩展。不过，有学者尖锐指出“海军没有贸易的基础，是不会永久地保持其位置。纵使因领土问题而迫于建立海军，但一到紧张期间过去，海军也要消沉了”，这“是我们（中国）海军薄弱的致命原因”。[⑨]

---

① 中国第二历史档案馆藏件，第七八七全宗，第2080卷。转引自杨国宇：《近代中国海军》，海潮出版社1994年版，第908页。

② ［美］马汉著，萧伟中、梅然译：《海权论》，中国言实出版社，1997年版，第54页。

③ ［美］马汉著，萧伟中、梅然译：《海权论》，中国言实出版社，1997年版，第26页。

④ ［美］马汉著，萧伟中、梅然译：《海权论》，中国言实出版社，1997年版，第28页。

⑤ 杨小凯：“民国经济史”，《开放时代》2001年第9期，第64页。

⑥ 陆兴龙：“20世纪30年代全国和上海工业发展水平分析”，张东刚等著：《世界经济体制下的民国时期经济》，中国财政经济出版社，2005年版，第121－第137页。

⑦ 陈争平：“1912—1936年中国进出口商品结构变化考略”，张东刚等著：《世界经济体制下的民国时期经济》，中国财政经济出版社，2005年版，第1－第9页。

⑧ 参见朱荫贵：“1927—1937年的中国轮船航运业”，《中国经济史研究》，2000年第1期，第37－第54页。

⑨ 道宏：“海权与中国”，《海军杂志》，第14卷，第5期，此文实为王师复所撰。转引自皮明勇：“抗日战争前后中国海军学术述论”，《军事历史研究》，1994年第3期，第102页。

另外，国民政府高层本土防御的陆权思想是根深蒂固，对海防建设持消极态度。中国虽然濒海，但是传统的陆地国家。就国民性格而言，是保守而缺乏冒险精神。马汉曾比较法国与西班牙/葡萄牙的国民性格，认为它们对财富的追逐方式是截然不同。“当西班牙与葡萄牙当年通过挖掘地表之上的金银而追逐财富之时，法兰西民众的脾性却在促使他们通过精打细算、节俭与积蓄的方式来达到这一目标。”[①] 马汉指出，“储蓄与节俭的趋势，进行谨小慎微与范围狭窄的投入，可以导致财富在一个类似的较小规模方面的一般性分布，然而却不会产生探险与对外贸易及航运业的发展。”[②] 在中国，同样存在这种状况。从普通国民到政界、军界要员，他们对海洋的态度总体是保守性的。经过多次海上入侵而中国海军屡败后，中国社会由轻视海上入侵者转为轻视本国海军力量。“轻海重陆”和传统国防观念虽然受到冲击，但在新的环境以新的形式出现，即以“海不能防”的思想取代“海不必防”的观点。[③] 在陆军学校学习的蒋介石对海军的认识本质上是保守的，他指出：“即使英国帝国主义真与我们开赴战来，我们据大陆与他相持，他未必能离开海岸线制胜我们，因为英国海洋国所恃而无恐的武器只有强大兵舰与大炮。如果离了海岸一百里的地方作战，他兵舰就失其效能”。[④] 这与第一次鸦片战争时期清政府的海防思想是毫无二致。1929 年国民政府拟订的《中华民国国防计划纲领及国防政策实施意见书》写明：“国军以陆军为主，……因现无海外属地，今后亦无向海外再求地之必要与可能，……我国防以自卫为方针，不图侵略，不事海外远征，并不参加世界战争，一故此时海军之建设及作战任务须按我国国情，而不拘泥于外国军备外形之成例”。[⑤]

在国防建设中，根据蒋介石的主张，国民政府实际上采取“‘陆主海从’而以空军为中心的原则’。[⑥] 1931 年 11 月，国民党第四次全国代表大会军事组向大会提交的《中华民国国军整理建设计划案》指出：“在此五年内，特以整备充实陆军为重点”，“中国目前若欲建设强大之海军，则为国家财力所弗许”，只能“采取小舰自造自修主义”。[⑦] 1937 年 2 月，军政部长何应钦在国民党五届三中全会作军事报告表示，海军只能待“将来国家财政充裕，方能进行较大之建设，以与世界海军国家抗衡也”。[⑧] 在国防支出中，海军经费一直居三军之末。如 1931 年，海军部领取的海军军费“一年总算，至多

---

① ［美］马汉著，萧伟中、梅然译：《海权论》，中国言实出版社，1997 年版，第 54 页。

② ［美］马汉著，萧伟中、梅然译：《海权论》，中国言实出版社，1997 年版，第 54 页。

③ 高晓星：“评蒋介石的海防言论和行动”，《军事历史研究》，1995 年第 4 期，第 145 页。

④ 周康燮编：《蒋总统言论汇编》，大东图书公司，1978 年版，第 104－105 页。

⑤ 第二历史档案馆藏件，转引自高晓星：“评蒋介石的海防言论和行动”，《军事历史研究》，1995 年第 4 期，第 143－144 页。

⑥ “国防与建军方针及其精神”（1943 年 2 月 26 日），转引自秦孝仪编：《先总统蒋公思想言论总集》（第 20 卷），中国国民党中央党史会，1984 年版，第 49 页；张其昀编：《先总统蒋公全集》，中国文化大学出版部，1984 年版。

⑦ 《国民党第四次全国代表大会第五次议事纪录》，中国社会科学院中国近代史研究所藏，杨国宇著：《近代中国海军》，海潮出版社，1994 年版，916 页。

⑧ 《中华民国重要史料初编——对日抗战时期（续编）》（三），中国国民党中央委员会党史委员会编印，1981 年版，第 380 页。

本部只领到三分之二，不足三分之一”。[①] 1937 年国防建设预算，陆军为 1.19 亿元、空军为 7000 万元、海军仅有 228.9 万元[②]。对此，海军部部长陈绍宽甚为不满，批驳道：“厚陆薄海，既失之偏，舍海言空，尤其之妄”。[③] 抗战初期，作过陈绍宽秘书的翁仁元撰书指出，“最近十年来，政府方面，多不明晾海军在临海国的军事价值……不是认为中国经济无法建设海军，便是认为现在空军之增强，势已迫成海军为可有可无的奢侈品。”[④]

最后，内战频繁、派系纷争、经济落后，是影响海防建设的重要因素。北洋政府统治时期，国内军阀混战不断，海防建设是无从谈起。1928 年南京国民政府成立后，将“攘外必先安内”作为既定政策并成为国防战略重点，军事资源用于镇压国内革命力量。这些战争主要在中国腹地进行，根本无须海军介入，自然在海军建设上缺乏动力。而且，国民政府虽然形式上统一全国，但派系之争没有停止，蒋介石通过各种手段来削弱非嫡系军队。民国海军大致分为闽系、粤系和东北系，其中闽系称为中央海军，以正统自居，其专业化、正规化最高，杨树庄、陈绍宽、陈季良等国民政府海军高官均为闽系。蒋介石虽然承认闽系海军的中央海军地位，但有意保留东北系、粤系与闽系相对立，以便分而治之。这三系海军自成系统、互不统领，甚至连海军学校也各属，至于规章制度、薪俸等级、铨叙规则等相差甚大。[⑤] 蒋介石在海军之外不断培养嫡系海军“电雷系”，在经费、人员上不受海军部节制，这进一步加剧海军的分裂。在这种情况下，加之当时中国落后的工业能力和有限的海军经费，海军建设和发展变得更加艰难。

四、民国时期中国海防实践的成败及启示

民国时期的海防建设虽然成就有限，在抗战中海军舰艇损失殆尽，但依然坚持抗战，做出应有贡献。在海军建设方面，抗日战争全面爆发前，中国海军“新建旧有余舰合计 66 艘，其中吨位最大者为 3 000 吨，小者 300 吨，连鱼雷快艇在内，排水量总数为 5.903 4 万吨”。[⑥] 这包括从清政府及北洋政府接收的 3 万多吨既有舰艇，不仅没完成 10 年内建成 60 万吨海军这样天方夜谭的规划，也距 6 年内建造主力舰 10.5 万吨[⑦]的造舰计划甚远。这时主要的假想敌日本海军的总吨位达到 115.3 万吨。[⑧] 而且，中国军舰多是陈旧不堪，平均单舰排水量为 50 余吨，相当于日本驻华第三舰队平均单舰排水量的 1/33，勉强出海一战的军舰仅“平海”（2 600 吨）、“宁海”（2 600 吨）、“应瑞”

---

① 高晓星著：《陈绍宽文集》，海潮出版社，1994 年版，第 88 – 89 页。

② 王道平著：《中国杭日战争史》，解放军出版社，1991 年版，第 511 页。

③ 高晓星编：《陈绍宽文集》，海潮出版社，1994 年版，第 123 页。

④ 翁仁元著：《抗战中的海军问题》，黎明书局，1938 年版，第 2 页。

⑤ 韩真：“陈绍宽与国民政府海军部”，《漳州师范学院学报》（哲学社会科学版），2002 年第 4 期，第 70 页。

⑥ 陈书麟、陈贞寿著：《中华民国海军通史》，海潮出版社，1993 年版，第 383 页。

⑦ “训政时期海军部工作年表”，国民政府海军部编：《海军公报》第 4 期，1929 年 10 月，第 187 – 192 页。转引自杨国宇著：《近代中国海军》，海潮出版社，1994 年版，第 906 页。

⑧ 日本防卫厅防卫研修所战史室：《中国方面海军作战》（I），朝云新闻社，1974 年版，第 230 页。转引自苏小东：“中国海军抗战评述”，《军事历史研究》，1996 年第 2 期，第 134 页。

(2 300 吨)、“逸仙”(1 500 吨) 4 艘巡洋舰。[①] 因此，在海军作战方面，根据参谋本部的作战计划，海军作战要领“应避免与敌海军在沿海各地决战，保持我之实力，全力集中长江，协力陆空军之作战”。[②] 海军放弃出海作战，而奉命将占海军主力舰队总吨位一半以上的军舰自沉于长江各要隘，以阻滞日军沿江而上。此后，海军“用布雷封锁、沉船阻塞、炮台拦击、舰艇出击、水雷袭击等各种作战形式与日本海军周旋，取得一系列的战果”,[③] “它虽然没有能够阻止日军在中国沿海港口登陆和进入长江向中国腹地进犯，但对抗击日军，迟滞日军侵略速度，以致最后战胜日本帝国主义，却发挥了重要的作用。”[④] 抗战胜利后，中国海军仅在四川余存小型舰艇 15 艘，约 7249 吨，但接收日伪投降舰船 1. 9134 万吨,[⑤] 又从美英两国接收大批舰艇，到 1948 年时总吨位达到 19. 34 万吨。[⑥]

民国时期，中国政府收回了海道测量权及海图绘制出版权，海军组织军舰对沿海水道进行分段测量，出版中国自己的海图和航海指南。1926 年，中国在东沙群岛建立观象台，并把西沙群岛划作海军军事区域。1931 年 6 月，国民政府颁布领海范围 3 海里令，正式宣布中国采用 3 海里领海宽度制度，从而结束中国多年来没有规定领海宽度的历史。[⑦] 1932 年—1933 年，法国占领西沙群岛的永兴岛和南沙群岛的 9 个岛屿，海军部会同外交部进行强硬抗议，并派出海军人员加强对西沙群岛管理。1939 年，日本赶走法国，占领西沙群岛和南沙群岛。第二次世界大战后，面对法国再次企图占领中国岛屿的企图，国民政府派海军舰队在 1946 年收复西沙群岛和南沙群岛，捍卫国家主权和领土完整。1946 年，国民政府行政院颁布《外国军舰驶入我领海及港口暂行办法》，结束鸦片战争以来外国军舰任意航行和停泊中国领海港湾的局面。[⑧]

纵观民国海防思想与海军建设，先进的海权思想始终无法摆脱陆权思想的桎梏，海军建设不得不服从服务于陆地防御。这在根源上是因为近代中国海军的发展，始终是局限于对外来入侵的本能式反应，而不是出于国家发展的必然需要。包括晚清与民国，“中国发展海军的整个过程始终呈现一种海患紧则海军兴、海患缓则海军弛的被动、消极和短视现象”。[⑨] 民国时期，“因为政府过去对海军的忽视，足以防卫各海口的海军最低限度建设，迄未照海军计划办理”，以致海军弱不堪战。[⑩] 抗战爆发后，日军完全掌握制海权，不仅不用担心海上交通线被切断，还完全掌握选择进攻时间、进攻地点的主动权。

---

① 苏小东:“中国海军抗战评述”,《军事历史研究》，1996 年第 2 期，第 134 页。

② “国民党政府 1937 年度国防作战计划（甲案）”,《民国档案》，1987 年第 4 期，第 50 页。

③ 苏小东:“中国海军抗战评述”,《军事历史研究》，1996 年第 2 期，第 135 页。

④ 杨国宇著:《近代中国海军》，海潮出版社，1994 年版，第 989 页。

⑤ 杨国宇著:《近代中国海军》，海潮出版社，1994 年版，第 1024 – 第 1025 页。

⑥ “海军之过去与现在”，国民政府海军总司令部新闻处:《中国海军现状》，第 36 页。转引自杨国宇著:《近代中国海军》，海潮出版社，1994 年版，第 1041 页。

⑦ 立法院编译处:《中华民国法规汇编》（第 4 编），中华书局，1934 年版，第 715 页。

⑧ 为获美国对中国内战的支持，此办法针对美国军舰停泊进行了另外规定。

⑨ 许华:“海权与近代中国的历史命运”,《福建论坛》（文史哲版），1998 年第 5 期，第 27 页。

⑩ 高晓星编:《陈绍宽文集》，海潮出版社，1994 年版，第 316 页。

当前中国与其他大国相比，由于国家尚未实现统一，海洋国土屡受侵犯，制海权是中国维护领土和主权完整的必备要件。加之中国经济对海洋的依赖性达到前所未有的程度，海洋经济已成为国家经济社会可持续发展的必需部分。中国对海洋安全的认识也早已超越“海防”的概念，对海洋资源和海上航道的充分利用，使中国大力发展海防、建设现代化的海军，成为一种能动性的自觉。历史经验表明，拥有漫长海岸线的中国，只有在周边海域掌握具备优势的制海权，才能有效防止国家安全陷入被动的危险局面。世界近代史的经验提示，“率先获得制海权的国家，也就在相当程度上获得了历史的主动权”。[①] 当今世界，海权在保障海上航道安全、保护海外侨民、解决海外商业争端方面的巨大作用是无可替代。中国作为世界大国，只有具备相应的海权，才能保障自身享有与其他大国平等利用国际资源和世界市场的权利。

① 张文木著：《论中国海权》，海洋出版社，2009 年版，第 95 - 第 96 页。

中国海权战略与海上战略通道安全

董珊珊[①]

（西南科技大学，四川 绵阳 621010）

内容摘要：中国由传统陆权国家向陆海兼备区域性海洋强国的转型、中国海上战略安全通道的全方位构建和中国海疆权益的日益凸显使得中国全方位的海权战略呼之欲出。中国和美国、日本以及与中国在南海有岛礁主权争端的东南亚国家之间在西太平洋海域的海权竞争日益呈现出"零和博弈"的态势，美日舰机抵近侦察和跟踪骚扰使得中国突破第二岛链困难重重。台湾海峡和台湾周边海域、南海是中国在西太平洋实现战略突围的最佳突破点。中国的海洋战略是同时在西太平洋和印度洋实现战略存在的"两洋战略"。中国在印度洋建立战略支撑点和有效的战略缓冲带是中国由近海黄水海军迈向远洋蓝水海军的必经之途，对于保护海上战略通道安全，捍卫能源运输生命线，捍卫中国海外利益意义重大。在全球气候变化北极冰川加速融化背景下北极航运通道的开通将使中国现有东、西向两条远洋主干航线上增加两条更为便捷的到达欧洲和北美的航线，有助于分担现有海运通道的密度和风险。

关键词：战略通道；两洋战略；南海；西太平洋；印度洋；北极通道

一、中日在东海划界、钓鱼岛问题和历史问题上的政治困局，中国和东南亚南海岛屿声索国围绕岛礁主权、海域管辖权、航道控制和油气、渔业、旅游资源开发等议题的较量使南海地区局势持续升温

美国战略东移加大对南海地区航行自由和海上通道安全的战略关注和军事投放能力，日本加强与越南、菲律宾等南海岛屿声索国的海上防务合作，域外大国介入南海争议，在海上对中国形成战略合围。西太平洋方向的海权竞争日益呈现零和博弈的态势，如何在坚定捍卫我国海疆权益的同时维护南海局势的和平稳定考验着我国的战略智慧。

中日在东海划界、钓鱼岛问题和历史问题上的政治困局、中国和东南亚南海岛屿声索方围绕岛礁主权、海域管辖权、航道控制和油气、渔业、旅游资源开发等南海核心议题上的地缘战略较量使得南海争端国间的海上对峙和摩擦冲突频频发生，地区局势持续

---

① 董珊珊（1985—），女，宁夏回族自治区石嘴山市人，西南科技大学政治学院助教，南京大学政府管理学院国际政治专业毕业，主要研究方向：亚太安全、中国的海洋战略。

升温。美国战略东移加大对南海地区的航行自由和海上通道安全的战略关注和军事投身能力，日本加强与越南、菲律宾等南海岛屿声索国的海上防务合作，域外大国介入南海争议，通过拉拢、隔空喊话和恫吓加大在海上对中国的战略合围。西太平洋方向的海权竞争日益呈现出零和博弈的态势，如何在坚定捍卫我国海疆权益的同时维护南海局势的和平稳定考验着我国的战略智慧。美国实施亚太再平衡战略之际，美国海军六成兵力移师亚太，11 艘航母中的 6 艘部署在亚太地区，在新加坡部署滨海战斗群和先进的实战武器，对中国实施抵近战略侦察，与日、澳、印共建反导系统，在西太平洋前沿中国领海附近频繁举行大规模军演，加速构建“新月形”战略围堵态势。

美国的亚太战略从以下几个方面打造以中国为战略假想敌的遏制体系：第一，以中国为主要作战对象，以西太平洋为主要战场，以海空军力量为主要作战力量的“空海一体化”战役体系；第二，以日本和澳大利亚为南北两大战略支点的军事同盟体系，强化从日本到关岛再到澳大利亚一线对中国的海上围堵和封锁；第三，以西太平岛链为依托的军事基地，形成以第二岛链关岛为核心的岛链防御体系。

日本在将来很长时段内都是中国面临的最大外部挑战，中日间的海上矛盾争端处于不可调和甚至是交恶的态势。近期，日本政府通过《2015 年度防卫白皮书》(简称《白皮书》)，《白皮书》强烈警惕中国在东海、南海的动向，称中国的做法高压，并增加了日本抗议中国在东海开发油气田的内容，并声称“要求停止”。关于钓鱼岛，《白皮书》认为，在日本政府对钓鱼岛国有化后，中国公务船进入钓鱼岛 12 海里的行为已经常态化，日本相信中方已有明确的公务船活动计划。《白皮书》还举例，中国正在修建全球最大型 1 万吨位的巡逻船，还以图示说明如何在偏远岛屿应对敌方攻击。日本军方曾设想中日在东海爆发军事冲突的可能性之一是：一旦日本帝国石油公司在东海试行开采石油，中国舰艇很可能发炮警告，届时海上保安厅的巡防舰和海上自卫队的护卫舰将全部出动，以中国军舰频繁进入日本的“防空识别圈”为由修改航空自卫队的《交战规则》，使航空自卫队也参与到东海护航行动中，实现海空立体化护航。

在钓鱼岛问题上，日本把中国对钓鱼岛的控制权视为中国海军迈向太平洋的重要一环，借助与美军频繁在东海联合军演，强行拒绝承认中国在第一岛链的制海权。日本防卫厅甚至提出为封堵中国北海舰队进入太平洋，在日本“西南诸岛”中国军舰必经之路的海上要冲布雷，针对中国反潜能力弱的软肋，建造可以长期下潜的潜艇或是核动力潜艇。为攻击中国的移动式导弹，日本打算依靠美国的高分辨率侦察卫星、远程导弹、攻击性潜艇及隐形战略轰炸机。日本政府近期在《中期防卫力整备计划》中提出成立陆上自卫队“水陆机动团”，在承担离岛夺回任务的精锐主力部队之外，还分别为配备两栖战车和“鱼鹰”倾转旋翼运输机的部队提供支援。水陆机动连队将以驻扎在长崎县佐世保市的西部方面普通科连队为基础组成。日本的西部方面普通科连队是日本的夺岛特战队，日本部署在钓鱼岛一线的三大夺岛作战精锐力量之一，师从长于两栖作战的美国海军陆战队，实际上是一支披着特种部队外衣的准海军陆战队。据日本《产经新闻》披露，一旦日本确认中国“武力攻占”钓鱼岛，负责钓鱼岛一线防御方向的陆上自卫队西普连将从佐世保基地出发，搭乘快速机舰赶往钓鱼岛，实施夺岛作战，驱逐中国两栖部队和空降兵。西普连是中日关系的隐形风向标，其动向值得关注。

美日同盟方面，美国鼓励日本充当美国西太军力部署中的战略前锚，以美日同盟为基轴推动第二次世界大战后美国在亚太地区同盟向横跨印度洋—太平洋的网状同盟体系转型，目标是遏制中国、对朝施压、钳制俄罗斯、应对海上安全热点突发事件。日本方面，希望借助与美国战略东移的同步期“借船出海”，加速向海外派兵，夸大海洋战略通道安全威胁“倒逼”国内同意修改和平宪法，为解禁“集体自卫权”、把自卫队升格为国防军消除障碍。日本的防卫方向也由冷战时期东北部的北海道地区转向靠近中国大陆东南沿海和台湾的西南诸岛。7 月 16 日，日本众议院强行通过新的安保法案，包括将自卫队法和武力攻击事态法等 10 部法案修改后整合为《和平安全法制整备法案》，以及随时可以派遣自卫队对其他国家军队进行后方支援的《国际和平支援法》的两部法案，这是战后日本安全保障法律整备的重大转折点，而且从去年内阁决议解禁集体自卫权到现在议会通过安全法制修改仅一年的时间。安保政策的改革意味着日本在右倾化的道路上迈进了一大步，中国面临的挑战在于如何应对右倾化不断加速背景下的中日关系和中美关系。安倍晋三执政以来在安全政策上大刀阔斧地解禁了集体自卫权，建立国家安全委员会，放宽防卫装备转移三原则，解禁海外武器出口限制，制定特殊秘密保护法，网络安全基本法，修改开发援助大纲，在历史问题上出现反复的倒退言行，对中国来说，一个右倾化不断加速的日本给中日关系带来了更多的挑战和不确定性。按照 2015 年 4 月日美新的安全合作指针的精神来看，一个军事一体化程度更高的日美同盟积极干预南海和台湾问题的力度会加大，这将增加地区局势的不稳定性和紧张态势。

2014 年 4 月 1 日日本宣布放弃奉行了 47 年的“武器出口三原则”，转而实行打开武器出口大门的“防卫装备转移三原则”，允许对外销售武器和军事技术，还可与盟友如美国、英国等共同研发和生产兵器。日本军工企业的大鳄 - 寓军于民的三菱重工正着手和美国洛克希德. 马丁公司联合研制 F - 35 战斗机的关键部件，日本政府第一时间为 F - 35 战机设立了亚太地区的维修网点。日本突破武器出口限制后瞄准的潜在目标市场包括土耳其、印度、菲律宾、越南、印度尼西亚和以色列等国，澳大利亚对日本先进的潜艇技术也颇感兴趣。这些国家均位于由中东向日本运输石油的海上交通线上，同时面临着中国强化海洋战略的课题。日本自卫队每年花费比从海外军火市场高出几倍的价格从本土的军火采购商购买武器装备。日本政府每年不惜重金耐心地培养这些寓军于民、能文能武的军工企业研发武器装备的技术和经验，研制出的武器只供自卫队试验用，并不会批量生产，由于来自自卫队的武器需求有限，这些大企业常年开工不足，武器装备生产线甚至处于停产状态，可想而知，《防卫装备转移三原则》为日本先进的武器装备打开出口海外市场的大门，一旦军火市场完全放开，日本武器产量将会以几何数迅速增长，日本将在短时间内吃掉世界军火贸易市场的大量份额。

鉴于中日在东海划界、钓鱼岛和历史问题上的分歧和矛盾，近年来中日关系长期陷入难解的政治困局，对于中日关系的冷淡和恶化，中国指责日本不顾中国的善意和宽容，一再挑战中国的忍耐极限，挑战钓鱼岛、历史问题等中国的核心战略底线，而日本指责中国不够宽容，老是揪住历史问题不放，指责中国军事现代化和安全政策不透明。双方都把中日关系问题的症结归结于对方，要求对方先迈出改善两国关系的一步。然而实践证明，中国希望通过单方面的让步和妥协换取中日关系改善的愿望效果极为有限，况且从国内政治和国家利益考量，中国均已没有太多可退让的空间，对日新思维没有可操作性和可行性。而日本政府也没有可能在改善中日关系方面有大的举动。首先，日本对华政策的强硬立场来自其自身“大国化”进程中的战略选择，来自其国内政治变迁的现实需要，因而是难以逆转的。中日两国并起的结构性战略矛盾难以调和。其次，鉴于日本国内政治生态普遍保守化、右倾化加速的发展趋势，修改和平宪法第九条、解禁集体自卫权、加速海外派兵和海上自卫队海外基地的建设、将自卫队升格为国防军等一系列右倾化举动越来越不可逆转，只能是时间长短和步伐快慢的问题，未来的日本领导人也不可能在改善中日关系方面有太多实质性的向好举动。最后，中日关系存在着大量的现实利益冲突，日本视它们为自己的核心国家利益，绝不会轻易在这些问题上作出实质性让步。因此，中日政治上的对立和敌视将成为常态，尤其是伴随着中国海洋利益的拓展和海上力量的增强，日本加剧对中国的防范，大力渲染中国海权战略的增强对东亚海洋战略通道安全和海上航行自由的威胁。中国应该习惯中日政治上的冷淡和隐形的对抗，以自信理性的态度冷静处理中日间的各种政治纷争，既不要奢望很友好的中日关系，也要努力管控海上争端，防止危机恶化出现擦枪走火的危险态势，控制中日关系的持续恶化，避免走向公开对抗。策略上，我们应该在该强硬得地方更加强硬，必要的时候在钓鱼岛等问题上为日本设定具体的红线（比如日本政要不能登陆钓鱼岛或在该海域抓扣我国渔船）以防止形势持续恶化。如果日本继续在东海划界、钓鱼岛问题、台湾问题、历史问题上挑衅，我们就应该以强力手段维护国家利益。与此同时，对于中日两国在经济合作、文化交流和社会交往方面，我们应该采取更加开放、积极和自信的态度，通过切实有效的沟通往来和实际行动重建两国国民间的互信。通过多管齐下的强化对日民间交往既是为防止中日关系持续恶化增加一点安全系数，同时也是出于中国国家利益的需要。中日在亚太地区两强并起的战略现实终究无法回避，中日两国必须要经历一个相对漫长而痛苦的民族心理情绪的调试期，学习尝试着接受、适应对方国家崛起强大的现实，搭建中日两国休戚与共的非零和、平等共赢的良性发展通道、共同领导东亚周边国家命运共同体。两千多年来，无论中日关系如何跌宕起伏，中国都有维持与日本经济、社会和文化交往的需求，更重要的是，中国海权的发展壮大无论用何种方式都需要最终得到日本的认可，至少是默许和接受。日本的民间舆论和国民对中国的看法必将最终影响日本决策层的国家政策选择。当然，中国并非一定能争取到想争取的状况，但这不等于无需非常认真和细致地去尝试争取。[①]

中国海洋强国之路的战略目标是：第一层次是获得在东亚近海的战略优势。历史经验表明：只要中国近海为敌对国家控制，中国国家安全状况就会骤然紧张，敌对国家可以利用这片区域，在上万千米的海岸线上随时威胁中国大陆的安全。而且近海海洋资源是中国未来经济发展的支柱。中国在此片区域首先要维持黄海的局势稳定并借助陆权影响防止朝鲜半岛出现地敌对中国的政权[②]；其次取得台湾海峡及台湾周边海域的局部制

① 时殷弘：“中日基本形势解析和对日战略探讨”，载时殷弘著：《战略问题三十篇——中国对外战略思考》，中国人民大学出版社，2008 年版 ，第 285 页。

② 胡波著：《中国海权策：外交、海洋经济与海上力量》，新华出版社 2012 年版 ，第 102 页。

海权，台湾不仅是中国大陆进出西太平洋最重要的战略“门户”，也是扼守西太平洋南北航线的要冲。只有站在台湾的基隆港才能看到浩瀚无垠的太平洋。由于台湾临近钓鱼岛，台海局势的发展也深刻影响着中日东海划界、钓鱼岛问题的走向。此外，台湾当局至今控制着南沙群岛中最大的岛礁太平岛，该岛是南沙群岛中唯一一个有淡水资源的岛屿，在南沙诸岛礁中战略地位非同一般，面临着越南对太平岛的觊觎，两岸可以探索联手协防太平岛进而协防南海的合作空间。台湾寄托着中国打造真正意义上远洋海军的希望；最后是确保南海资源利益、谋求有限制海权、发展睦邻友好关系。

当前南海形势非常复杂严峻。一是南海有着堪称世界上最为复杂的岛屿主权和海域划界纠纷，已形成了“六国七方”对峙和角逐的局面。目前，除中国大陆控制的8个岛礁和中国台湾控制的太平岛外，其他南沙群岛露出水面的40余个岛礁分别被越南、菲律宾和马来西亚等过侵占。越南、菲律宾等国与中国在南海所主张的专属经济区及大陆架大面积重叠。二是南海问题国际化趋势日益严重，美、日、印等国近期纷纷高调介入。南海独特的战略位置和丰富的战略资源长期为区域外大国关注和重视。美国长期将南海的战略通道和航行自由作为其南海政策的核心，对于南海争端，美国从原来的没有立场渐渐转变为积极介入，以维护航行自由为名，不断对中国进行隔空喊话和恫吓，在海上联合盟友对中国实施战略合围。南海是日本通向中东石油生命线的必经之路，日本采取长期经营、逐渐渗透的方针，加强与越菲等国在武器出售、海军训练等高级领域的海上防务合作和经济援助，加强与南海问题相关方和东盟的战略磋商，并通过与越南、印度尼西亚等国家的联合海上搜救演习以及反海盗合作加紧介入南海争议。[①] 印度的海洋雄心早已延伸到了南海，高调将南海界定为其利益范围。近来，印度通过与越南等国的油气合作和东亚峰会等机制，日渐表现出对南海问题的强烈兴趣。三是越南、菲律宾等南海争端相关方情绪越来越亢奋，南海局势越来越紧张。越非等国一方面加紧军事斗争和法理斗争准备，另一方面加大在争议地区的油气开发力度，并与美、俄、印等国的石油公签署开发协议。近期，菲律宾、越南等争端国通过“以武谋海、军占民随、法理造势”等多种手段不断加大对南海油气、旅游等资源的开发力度，强化对所占岛礁和附近海域的实际管控，以期扩大在南海的实际存在，致使南海矛盾持续升级，冲突事件频发。越南在2014年5—7月，针对我国“981”钻井平台在西沙岛礁附近海域的正常钻探活动，不断以军民用船只恶意撞击及“蛙人”袭扰等多种方式冲闯我方警戒区并冲撞公务船只，非法干扰我国在西沙海域正常的油气勘探作业，试图以此阻止中国在南海的油气开发活动。[②]

中国必须在南海有所作为。南海是中国重要的国家安全屏障、战略出海口以及海上贸易和能源运输通道，也是我国未来重要的能源接续区和资源基地。南海是中国战略安全环境中至关重要的一环，又长期是中国周边安全环境中最为薄弱的环节，中国不仅面临着岛礁被侵占，海域被蚕食，还面临着域外大国在此日益增多的敌对活动。为维护现实海洋权益，中国将追求在南海的相对海权优势，但也应该充分考虑其他国家的利益，

---

① 刘复国、吴士存：《2012年南海地区形势评估报告》台北．海口 台湾政治大学国际关系研究中心、中国南海研究院 2014年1月。

② 吴士存：“当前南海形势及走向”，《中国井冈山干部学院学报》，2015年第1期。

比如日本的运输线安全、美国的海洋通道和周边国家的合法权益等。另外，在南海附近的东南亚地区，维持一个对华相对友好的政治氛围将对中国海权的发展大有裨益。如何在维护自身海疆权益的同时，继续推动与东盟的睦邻友好关系、缓解南海地区紧张局势、维护南海地区和平稳定考验着中国的战略智慧。东盟长期以来一直试图避免鼓励域外大国介入南海争端，和中国在南海有岛礁主权、海域管辖权和油气资源争端的越南、菲律宾则借美国强化亚太再平衡战略之际联合美国竭力将南海议题纳入东盟地区安全多边框架范围内。然而，东盟国家并非铁板一块，东盟其他成员国顾忌中国的反应，拒绝接受菲律宾的动议，没有提出成员国在南海问题上的统一立场。日本曾向印度尼西亚表示，如果由印度尼西亚牵头的一系列处理南海潜在冲突的非正式研讨会移至日本东京，日本愿意承担一切费用，印度尼西亚政府很清楚中国的立场，谢绝了日本的提议，东盟大部分成员明白中国愿意在南海问题上与东盟谈判的原因是担心域外大国介入。但是，东盟若积极拉拢域外大国则可能适得其反。一位马来西亚观察家指出：中国接受南海政治现状的前提是所有争议方都遵循某些游戏规则，第一条便是不要在这一问题上跟敌视中国的域外大国结盟。更为重要的是，东盟同中国的经济联系日益加深，需要同中国保持稳定的关系。近期，在马来西亚首都吉隆坡召开的商讨年底即将建成的东盟共同体的东盟外长会议上，菲律宾、越南等南海岛屿声索国希望联合美日等域外大国将南海议题纳入东盟多边框架中，而马来西亚总理纳吉布则呼吁放下南海争议，不在东盟的多边外交场合讨论南海议题，南海议题是中国与东盟内部个别国家之间的双边的岛屿领土争议，而不是中国与东盟之间的政治争端，不适合在东盟多边外交场合商讨，也不应引入域外大国参与多边讨论。东盟共同体建成后应该更加关注经济发展和社会民生议题，东盟应寻求与中国“一带一路”战略对接的机遇，与中国共建21世纪海上丝绸之路，成为海上丝绸之路的海洋中转站和连接中国与印度洋、南太平洋的海上战略枢纽。美国的亚太战略东移侧重点也应是参与、分享、提振全球最具增长潜力的亚太地区的经济发展，而非拼凑同盟体系在西太平洋和南海包围封锁围堵中国。中国和东盟各方同意尽早设立“中国—东盟海上搜救热线平台”和“中国—东盟应对紧急事态外交高管热线平台”达成一致，这对维护南海的和平稳定将产生直接和积极作用，有利于管控海上风险，防止海上事态恶化与失控影响到中国与东盟友好关系的大局。东南亚地区是中国“一带一路”战略沿途最重要的海上枢纽，维持与东盟大多数国家的友好关系对于中国海外利益的维护意义重大，所以，维护中国在南海的主权权益和维持与东南亚国家的友好关系大局之间的平衡考验着中国的战略智慧。

二、中国在印度洋地区建立战略支撑点和有效的战略缓冲带，对于保护海上战略通道安全，捍卫能源贸易运输生命线，保障中国的海外利益意义重大，在印度洋的环形水域保持有效的战略存在是中国由近海“黄水海军”迈向远洋“蓝水海军”的必经之途

印度洋是世界第三大洋，总面积为7617.4万平方千米，约占世界海洋面积的

21.1%，地球总面积的14.9%。[①] 印度洋地区分布着数十个国家和地区，海峡众多，资源丰富，航线密集。一位英国海军将领曾将多佛尔海峡、直布罗陀海峡、苏伊士运河、马六甲海峡和好望角形象地比喻为“锁住世界的五把钥匙”，印度洋就抓住了苏伊士运河、马六甲海峡和好望角三把钥匙。[②] 马汉曾言：“谁掌控了印度洋，谁就控制了亚洲。21世纪将在印度洋上决定世界的命运。”[③]

印度洋向来是各国争夺世界霸权的重要场所，制海权的竞争非常激烈。印度洋是世界海洋的枢纽，它连接四大洲、两大洋，贯通霍尔木兹海峡、曼德海峡、马六甲海峡、巽他海峡、龙目海峡，承载着北纬六度水道、北纬九度水道和好望角航线三大东西沟通的最重要航线。因此，印度洋是三百年来大国角逐世界霸权的关键地区，是任何霸权国家都必须控制的区域。[④]

冷战时期，该地区曾是美苏两国海军斗法的主要场所。冷战结束后，印度洋在世界海洋中的交通枢纽地位越来越受到各大国的重视，各国海军纷纷聚集印度洋，加强自己在该水域的存在。印度洋上随处游弋着世界各大海上强国的军舰，不仅美国、印度围绕制海权明争暗斗，日本、澳大利亚甚至英、法海军也加入到了这个行列。对任何拥有巨大海外利益的海洋国家而言，保证航道安全、防止咽喉被掐及全球化供应链“掉链子”是国家安全战略的重要使命。[⑤]

（一）印度洋对于中国海洋战略通道的重要性

印度洋是中国重要的能源安全通道和国际贸易通道。自1993年中国成为石油净进口国，截至2009年，中国已成为仅次于美国和日本的第三大石油进口国，进口量超过2亿吨，日均超过380万桶，已占整个石油需求量的60%，未来的需求量还会继续攀升，而国内产量到2020年将开始下降。据罗伯特·卡普兰估计，到2020年中国的石油需求量将达到日均730万桶。目前中国石油进口量的80%来自中东和非洲，经印度洋和马六甲海峡等通道运至中国。虽然中国也在积极争取石油进口多元化，但原油储量占世界60%、天然气储量占世界35%的印度洋地区仍是中国最可靠的石油进口地区，到2020年超过85%的石油进口量要走印度洋航线，印度洋和马六甲海峡地区的安全影响着这条事关中国经济命脉的“海上生命线”，因此，被称为中国的“马六甲困局”。马六甲海峡不仅狭窄、拥挤，限制大吨位船舶通过，而且海盗和恐怖分子时常出没，海运成本高，特殊时期更有更可遭遇“锁喉”——东南亚国家对华态度阴晴不定，美国海空军正加紧在这一航道周围部署军力，而印度在安达曼—尼科巴群岛上的军事存在如同悬在马六甲西大门外的一把“利剑”。“马六甲困局”让中国的能源战略通道异常被动

---

① 张世平著：《中国海权》，人民日报出版社，2009年版，第225页。

② 马振岗著：《全球化背景下的世界与中国》，世界知识出版社，2008年版，第250页。

③ A. J. 科特雷尔 R. M. 伯勒尔著：《印度洋——在政治、经济、军事上的重要性》，上海人民出版社，1976年版，第108页。

④ 张文木：“世界霸权与印度洋——关于大国世界地缘战略的历史分析”，《战略与管理》，2001年第4期。

⑤ 陆忠伟：“巍然海上作金城”，载中国现代国际关系研究院海上通道安全课题组著：《海上通道安全与国际合作》，时事出版社，2005年版，第4－第5页。

和脆弱。南下寻找通往印度洋的新战略通道对于捍卫海上能源运输生命线和海上战略通道安全，保障中国的海外利益意义重大。

由于中国奉行和平发展战略及限于自己的海军力量，在非和平时期，中国对保障这条“海上生命线”还存在很大的困难。据统计，中国现在的战略石油储备量不足30天，而国际能源署建议的储备标准是90天，美国和日本等国的储备量超过160天，其他发达大国也远超90天。一旦爆发危机，中国就有可能受制于人。同时，印度洋地区沿岸国家大都属于矿产资源丰富的欠发达国家，由于技术和资金短缺，这些矿产资源基本上属于未开发、半开发或开发水平不高的状态。随着中国国内资源的日益枯竭，印度洋地区的各种矿产资源，如铜、锂、铍、镍、钴及磷酸盐等都是中国现在或未来所需的，因此中国有必要与这些国家合作以保证印度洋航线的安全。

2014年马航“MH370”客机失联后，中国缺乏海外军事基地作为支撑点，严重限制了搜救能力，更是凸显了中国扩展海外军事存在的紧迫性。事实上，中国海军自2008年12月开始在亚丁湾和索马里海域执行护航任务，可视为我国运用军事手段维护海外利益所做的有益尝试，应该作为我国未来海外军事存在的主要方式，与此同时不断扩展沿线配套的战略支撑点。中国海军第一批护航编队在长达4个月的护航期间内，都没有在任何港口停靠，导致了补给和医疗受损情况的出现。即便后来的护航编队采取靠岸补给的办法部分地解决了这个问题，但由于补给点不固定等问题，且仅限于供应基本物资，仍然无法替代基地的作用。另一方面，由于护航行动只是防御性质的，且只能针对特定的区域行动，如果在该区域之外的重要水域出现紧急事件时无法迅速赶到现场，灵活性和覆盖面均不足。

因此，中国在印度洋地区建立有效的战略支撑点对于保护海上战略通道安全，捍卫能源贸易运输生命线，打击海盗维护地区安全意义重大。①

（二）中国在印度洋上的重要战略支撑点

中国的海洋战略必然是“两洋”战略，“两洋”战略的实施一定程度上也能缓解当下西太平洋海域的紧张。同海疆权益重叠、强国林立的西太平洋相比，印度洋面要平静舒缓的多。②由于海峡瓶颈难以突破，中国新的战略通道只能由陆及海，借助陆桥的方式走向印度洋。从面向印度洋的边疆省份云南和新疆出发，通过水、陆、空交通网络接

---

① Nathaniel Barber, “China in the Indian Ocean: Impacts, Prospect Opportunities”, Workshop in International Public Affairs, Spring 2011.

② Prem Mahadevan, “China in the Indian Ocean: Part of a Larger Plan”, CSS Analyses in Security Policy, No. 156, June 2014; “China's Navy Extends its Combat Reach to the Indian Ocean”, U. S. – China Economic and Security Review Commission Staff Report, March 14, 2014; Vijay Sakhuja, “Increasing Maritime Competition: IORA, IONS, Milan and the Indian Ocean Networks”; DS Rajan, “China in the Indian Ocean: Competition Priorities”; Teshu Singh, “China&Southeast Asia: The Strategy behind the Maritime Silk Road”; Vijay Akhuja, “China in the Indian Ocean: Deep Sea Forays”; Iranga Kahangama, “India, Sri Lanka and Maldives: Tripartite Maritime Security Agreement and Growing Chinese Influence”; Vijay Sakhuja, “India, Sri Lanka&Maldives: A Maritime Troika Leads the Way”; Shanta Maree Surendran, “Bypassing the Malacca Strait: China Circumnavigating ‘Risk – Prone’ Conduit to Secure Energy Contingencies”, Institute of Peace and Conflict Studies.

入中南半岛和靠近波斯湾霍尔木兹海峡的南亚国家，从而间接获得印度洋的“出海口”。从地缘政治以及港口自身条件来看，巴基斯坦的瓜达尔、孟加拉国的吉大港、斯里兰卡的汉班托特、缅甸的实兑港和仰光是中国南下印度洋的最佳出海口。通过缅甸和巴基斯坦的陆桥打通印度洋出海口对于打破“马六甲困局”的能源和战略意义重大。

从云南到印度洋可取道缅甸。缅甸南临印度洋，北与中国云南省接壤。借道缅甸，中国可获得通往印度洋的便捷通道。1989 年缅甸总理苏貌提出建设中缅陆水联运通道的构想，即依托公路和上游在中国、下游在缅甸的伊洛瓦底江，构筑一条中国云南昆明—瑞丽—缅甸八莫港—仰光港运输通道，中国货物将可以通过陆路、水路联运抵达仰光港进入印度洋；其次，中缅铁路通道利用泛亚铁路的西线方案，开通云南大理经瑞丽—腊戌或腾冲—密支那至缅甸中部重镇曼得勒的铁路，然后到达仰光，从而形成中国进入印度洋的陆上铁路通道；2013 年中缅油气管道开通，购自中东的原油经缅甸若开邦皎漂市马德岛港的储油罐输往中国云南瑞丽。中缅油气管道的开通有助于打破“马六甲海峡困局”，拓展多元化、网络化、可替代性的能源运输管线，完善中亚油气管道、中俄油气管道和海上油气管道的均衡布局，增强我国油气输入的抗风险性。上述由公路、铁路、水运及油气管道构成的中缅运输大通道开辟了中国通往印度洋的便捷通道。然而，缅甸近期处于政治活跃期，民主化改革提上议程，少数民族地区叛乱空前活跃，缅北局势影响微妙，全国大选后的政治走向、党派力量重组、大国平衡战略、东盟共同体提速，这些复杂的因素都为中缅关系的前景增加了变数和不确定性。

东南亚国家作为中国“21 世纪海上丝绸之路”沿途经过的重要战略枢纽，参与中国“一带一路”战略的热情普遍较高。鉴于此，中国有必要以大湄公河次区域合作为抓手，将中南半岛西岸建设成为中国面向印度洋的出海口，从而不必再经马六甲海峡就能直入印度洋。其中，泰国的战略支点作用异常突出，中泰两国的政治互信程度较高，有助于率先探索地区合作中的有效模式，为其他国家的合作跟进提供可靠路径。此外，中国在中南半岛直接发挥作用，易引起美日猜忌和戒备，而泰国与中美日三国都有密切关系，由泰国间接发挥作用，有助于增信释疑，避免美日两国对中国产生战略误判。中泰两国还在筹划修建穿越泰国版图最狭窄处克拉地峡的运河，克拉地峡东临泰国湾，西濒印度洋的安达曼海，是中国、日本、韩国西出印度洋最便捷的海上石油通道，比起走马六甲海峡海运航程缩短了 1 200 千米以上，每趟航程可节省 30 万美元，而且其周边海域遇到海盗的几率较小，远洋游轮可直接从印度洋安达曼海进入太平洋的泰国湾，中日韩三国在开通穿凿克拉地峡的运河以打破“马六甲困局”能源咽喉要塞的意向方面达到空前一致。[①] 虽然泰国始终未能下定决心开凿克拉地峡，但从长期看，贯通印度洋与太平洋的人工运河很有可能成为现实。

以新疆喀什为起点，经中国与巴基斯坦边境口岸的红旗拉普山口，贯穿巴基斯坦全境，抵达其西南部俾路支省的印度洋出海口瓜达尔港。瓜达尔港的地缘优势极为明显，港口地处波斯湾出口东翼，距霍尔木兹海峡这一全球石油供应主要通道 400 千米，距石油主产国伊朗只有 72 千米，紧扼从非洲、欧洲经红海、霍尔木兹海峡、波斯湾通往东

---

① 罗伯特·D·卡普兰著：《季风：印度洋与美国权力的未来》，社会科学文献出版社，2013 年版，第 356 页。

亚、太平洋地区数条海上重要航线的咽喉。瓜达尔港还是阿富汗和中亚内陆国家最近的出海口，担负起这些国家连接印度洋沿岸诸国甚至与中国新疆等西部省份的海运任务，是交通物流重要的节点，有助于促进巴基斯坦和阿富汗、伊朗等邻国的经济贸易往来，地缘优势极为明显，经济潜力巨大。正如罗伯特·卡普兰所说："对资源丰富但却被关在内陆的中亚来说，瓜达尔作为连接海洋和陆地的新丝绸之路中心，成为一扇重要的大门"，在未来瓜达尔将会成为"伟大的城市"。①

瓜达尔港的建设为中国缓解"马六甲困境"寻找一个风险较低的替代方案：瓜达尔港以及在巴基斯坦境内的能源走廊为中国提供了一条从陆地上通往中东产油区的路线，路程最多缩短85%，不仅大大降低了海运成本，节约了航行时间，而且中国有能力把这条运输线路置于自身军事力量和友好国家的保护下，在美国实施"亚太再平衡"战略以及缅甸局势前景微妙的情况下，这一点显得尤为重要。

瓜达尔港位于巴基斯坦西南部俾路支省，是"中巴经济走廊"的终点。它距离港口城市卡拉奇约600千米，毗邻巴基斯坦和伊朗边界，濒临阿拉伯海，靠近霍尔木兹海峡，堪称印度洋上的咽喉要地。2002年，巴政府与中国达成联合开发瓜达尔港深海港口的协议，由中国贷款资助、分两个阶段兴建完成。2005年，中国完成了瓜达尔港一期工程建设。2007年，新加坡国际港务集团赢得了40年的运营权，但在随后的经营管理中，由于港口货运量不足，大部分时间处于闲置状态。2013年2月18日，巴基斯坦政府将瓜达尔港的建设和运营权正式交予中国海外港口控股有限公司。当时新加坡国际港务集团在获得该港口的运营权后并未采取实际性的建设，是中国海外港口控股有限公司在2013年接手后才开始重塑港口的基础建设的。作为"中巴经济走廊"的核心环节，中方对瓜达尔港的投资总额拟定在16.2亿美元，包括修建瓜达尔港东部连接港口和海岸线的高速公路、瓜达尔港防波堤建设、锚地疏浚工程、自贸区基建建设、新瓜达尔国际机场等9个早期收获项目，预期在3至5年内完成。瓜达尔港将成为中东至中国石油输送管道的起点，把经由阿拉伯海及马六甲海峡长达12 000千米的传统路线缩短为2 395千米。不仅如此，根据"中巴经济走廊"联合委员会达成的共识，该港还将具有集自贸区、机场功能等为一体的多功能码头。瓜达尔港自贸区面积为9.2平方千米，产业涵盖基础设施和商务建筑、集装箱货运站、仓库、集散和物流中心以及加工和制造工业。从瓜达尔港基点开始30千米内为免关税自贸区，激励机制包括20年免企业所得税、免贷款印花税、销售税和当地地方税款；40年内对用于自贸区建设所需材料或设备进口免进口关税和销售税。瓜达尔港下一期开发计划包括修建初始长为1 200米的集装箱码头和可容纳4个泊位的长为300米的货运码头，后者的吞吐量最大可扩建至10千米；此外还包括额外水道的开发以及更多防波堤的建设。②

若需要，还可将瓜达尔港改造为燃料补给和提供其他船只服务的迷你港。另外，瓜达尔港自贸区的开发也将成为重点项目，瓜达尔港还计划开设无特许权的未来码头。未

---

① Robert D. Kaplan, "Pakistan's Fatal Shore", *The Atlantic Monthly*, May 2009.

② 慕丽洁、姚瑶："巴基斯坦：习近平访巴时将启动瓜达尔港 签中巴经济走廊多项协定"，观察者网，2015年4月6日，http://www.guancha.cn/Neighbors/2015_04_06_314906.shtml。

来的瓜达尔港将成为中国西部省份如新疆最便捷的出海口，降低西部商品出口中东、非洲和欧洲等地的运输和交易成本，从而促进中国西部地区的经济发展，带动中国西部的经济崛起。

斯里兰卡的汉班托特港距阿拉伯海和孟加拉湾之间的主要海上航线仅6千米，不论是由印度洋出入太平洋，还是进出孟加拉湾，汉班托特港都是中国油轮最佳的中间补给维修地和停靠点。

近日，紧扼曼德海峡的"非洲之角"吉布提正在与中国商讨建立战略支撑点的相关事项，以提高中国海军护航舰队在当地的长期部署能力。吉布提位于非洲东北部亚丁湾西岸，东南同索马里接壤，东北隔着曼德海峡和也门相望，战略位置非常重要，是国际反海盗行动的理想根据地。曼德海峡是世界上最繁忙的航道之一，美国、法国和日本等各大国都已经在当地建立了海外军事基地。吉布提是连接地中海、红海和印度洋的咽喉，失去了对曼德海峡的控制，苏伊士运河的作用就降低了90%。对中国而言，地中海—苏伊士运河—红海—印度洋—马六甲—南海的航道是中欧贸易的主航道，其战略地位不言而喻。随着"一带一路"战略的推进，国际市场、海外能源资源和战略通道安全以及海外公民、法人的安全问题日益凸显。今年，中国海军圆满完成了也门的撤侨工作，然而，中国海军在亚丁湾的护航任务却因为撤侨首次暂停，因为中国远洋编队在该海域没有可供停靠的固定站点，无法同时执行护航和撤侨两项任务。

中国已经是世界上最大的航运国家，保证公海自由和安全的通行是全世界共同的国际义务。迄今为止，中国已在亚丁湾执行了6年以上护航任务，共派出了20个批次的护航编队，几乎所有海军主力舰艇均参与了护航行动。中国距离亚丁湾7 000多千米，海军编队需要经过长达7~9天的航程才能到达目的海域。每次海外执勤时间大约为3~6个月，乘员回国后需要经过长时间休整。这样做不仅成本高昂，而且舰艇利用效率低下，现有的护航编队模式非常不经济且缺乏可持续性。如果吉布提的战略支撑点一旦建立，不仅护航编队乘员可以定时靠岸休整，运输和补给也不必完全依赖国内送达，部分给养物资甚至可以直接空运过来，能极大地提高外派官兵的生活质量。同时可以将一些使用成本相对较低的近海活动舰艇长期部署在该地区，特种部队和直升机编队可以上岸部署，随时准备出动。近海护航任务甚至无需出动舰艇前往，依靠空中支援即可完成。[①] 届时，将会极大地提高中国海军在该地区的工作效率。除了反海盗任务之外，像也门撤侨一类的紧急行动也可以由当地驻军完成。

（三）今后中国将如何建立海外战略支撑点

从战略原则来看，短期内中国军队不会建立西方式的海外军事基地，但不应排斥按照国际惯例建立若干海外战略支撑点。中国应前瞻性地规划战略海上通道，特别是印度洋沿线的战略支撑点，分层次、分批次地拓展补给基地，并保障其良好运转。一是各类舰船的食物、油料等物资的补给点与维修点，如孟加拉国吉大港、也门亚丁港、阿曼萨拉拉港等，补给方式应以国际商业惯例为主；二是相对固定的舰船综合补给站点、靠泊

---

① 李媛媛："吉布提为何成了非洲的世外桃源?"，《南方周末》，2015年5月31日。

口岸、人员休整点与情报信息收集站点，如缅甸科科群岛与实兑港、斯里兰卡汉班托塔港、塞舌尔马埃岛、吉布提吉布港等，获取方式以短期或中期协议为主；三是功能较为完善的补给、休整、大型舰船与武器装备维修中心以及综合后勤保障中心，如巴基斯坦瓜达尔港，使用方式应以中长期协议为主。[①]

当然，此种战略定位必须与东道国的国内环境保持协调，始终坚持以经济合作为基础的原则，在不威胁对方国家安全与主权的前提下，适当地进行军事合作。一旦涉及中长期的租用或共管，我国必须灵活运用外交和商业手段，增大对东道国经济援助或军事交流的力度，维持补给基地的合法性。同时，我们应借鉴美国海外军事部署的冗余性原则，既不过多布点，又保证特殊情况下基地的可替代性。在此基础上，中国应在印度洋沿线进一步扩展聚焦低级政治领域、以维护经贸和能源利益为主、以临时性任务为导向且更加多元、灵活、机动的军事存在方式。短期来看，聚焦于打击海盗、海上搜救、海洋灾难救援、冲突预防等人道主义援助领域的双边及多边联合军事演习应成为拓展的重点。联合军演既能满足印度洋沿线各利益攸关方对于海洋通道安全公共产品的需求，也能够保障中国以一种非制度化、敏感性低的形式，提升与相关国家的政治互信水平和军队的专业化、可操作性以及协调行动能力。与此同时，中国应尝试扩展军舰互访、派驻军事训练人员和顾问，建立技术停靠站、联合情报站、小型侦查与追踪设施等形式。近年来美国通过与东南亚各国达成灾害快速反应协议，为美国在灾害来临时部署军事人员、救灾物资及服务设施等提供程序框架的做法尤其值得我们思考与借鉴。[②]

未来 10 年，我国有望在印度洋地区最终形成以巴基斯坦、斯里兰卡、缅甸为核心的北印度洋补给线；以吉布提、也门、阿曼、肯尼亚、坦桑尼亚、莫桑比克等林临红海、亚丁湾和阿拉伯海的西印度洋补给线；以塞舌尔、马达加斯加为核心的中南印度洋补给线三条远洋战略支撑点。[③]

三、开辟航运新通道——全球气候变化北极融冰加速背景下中国的北极航运新通道

从 1951 年至今，北极气温的上升速度约为全球气温上升速度平均值的两倍。至本世纪中叶，北冰洋可能会出现夏季无冰的现象。美国科学家预测，即使全球从现在开始按照《京都议定书》的规定削减二氧化碳排放量，北极海冰的消融趋势仍将持续，到 2050 年北极点附近最厚的海冰将变得很薄，普通船只在轻型破冰船的陪伴下就能穿越北极点。

---

① 海韬：“海军建首批海外战略支撑点?”，《国际先驱导报》，2013 年 01 月 10 日。

② 徐瑶：“也门撤侨启示：中国应尽早规划战略海上通道，拓展补给基地”，澎湃新闻，2015 年 4 月 10 日，http：//www. thepaper. cn/baidu. jsp？ contid = 1319502。

③ 胡波：《2049 年的中国海上权力：海洋强国崛起之路》中国发展出版社，2015 年版。

据观测，过去30年北冰洋夏季海冰面积减少了40%。[①] 科学家预测，覆盖北极千百万年的冰雪将在最快30年内，最迟2100年左右在夏季完全消融。[②]

2015年2月25日，北极附近的北冰洋浮冰面积仅为1 454万平方千米，稍大于加拿大的面积，相对1981—2010年的平均海冰面积缩减了110万平方千米。然而，此时是每年海冰面积的峰值时间，随后随着春季融雪海冰面积将会缩小。美国国家冰雪数据中心表示，2015北冰洋海冰面积的最大峰值是有卫星数据记录以来最低的一年，除了拉布拉多海和戴维斯海峡之外，其他地区的海冰面积均低于历史平均水平。随着北极地区的日照时间逐渐增加，到9月份该地区的海冰面积将缩减至最小。

政府间气候变化专门委员会（IPCC）第五次评估报告称，1979—2012年，北极年均海冰范围缩小速率很可能在每10年3.5%~4.1%的范围内。北极海冰每10年平均范围的平均下降速度在夏季最高，在过去的30年间，北极夏季海冰面积退缩史无前例。

随着北极冰川融化速度加快，北极航道每年的开放时间将更长，北极航运的大规模商业运营呼之欲出，极大地缩短了大西洋和太平洋的贸易航线，北极已成为周边国家争夺资源和航道控制权的博弈之地。俄罗斯目前正在加紧建造可以破冰的油轮，韩国三星重工也在建造类似可以装载液化天然气的抗冰轮船。各国都在为北极冰盖融化的最后一刻做着准备。

加拿大沿岸的西北航道和俄罗斯西伯利亚沿岸的东北航道是各国北极资源航道争夺战的焦点。西北航道的大部分航段位于加拿大北极群岛水域；东北航道的大部分航段位于俄罗斯北部沿海的北冰洋离岸海域。东北航道是连接大西洋和太平洋、联系欧亚两地海上的最短航线，被国际航海界誉为“黄金水道”，它西起摩尔曼斯克港，经北冰洋南部的巴伦支海、喀拉海、拉普杰夫海、东西伯利亚海、楚科奇海、太平洋的白令海和日本海到俄罗斯东亚的符拉迪沃斯托克港（海参崴），全长约5 620海里。

2014年9月18日，由中国海事局组织、交通运输部东海航海保障中心、集美大学和中国极地研究中心合作编撰的《北极（东北航道）航行指南》正式发布。从16世纪起，欧洲探险家就梦想能打通经北冰洋到达富庶东方的便捷通道，如今随着北极海冰融化，北极“黄金水道”的开通为我国航运界带来了黄金机遇。北极航道大大拉近了我国与欧洲口岸的距离。利用北极航道，我国沿海诸港到北美东岸的航程比巴拿马运河传统航线缩短2 000~3 500海里，上海以北港口到欧洲西部、北海、波罗的海等港口，比传统航行航程缩短25%~55%。以上海港至荷兰鹿特丹港为例，商船取道东北航道的航程大约为3 000海里（相当于5 556千米），比传统的经马六甲海峡、苏伊士运河的航程缩短约2 800海里，可以节约9天的航程时间。[③]

---

① Global Agenda Councils, Demystifying the Arctic, World Economic Forum, January 2014, p. 11, http://www3. weforum. orgdocsGAC—WEF_ GAC_ Arctic_ DemystifyingArtic_ Report_ 2014. pdf; “SOTC: Sea Ice”, National Snow and Ice Data Center, http://nsidc. org/cryospheresotcsea_ ice. html.

② Cecilia Bitz, “Arctic Sea Ice Decline in the 21st Century”, Real Climate, January12, 2007, http://www. realclimate. org/index. php/archives/2007/01/arctic – sea – ice – decline – in – the – 21st – century.

③ “中国发布北极航行指南：商船从上海到鹿特丹可省9天时间”，澎湃新闻，2014年9月18日，http://www. thepaper. cn/newsDetail_ forward_ 1267643。

2015 年 7 月 22 日上午，中远航运“永盛”号货轮继 2013 年 8 月从大连港成功首航北极东北航道后，从江阴港再次出发穿越北极，此次前往瑞典瓦尔贝里港，此次航行比传统的马六甲海峡、苏伊士运河的航线缩短航程 2 800 多海里，时间缩短近 10 天，大大降低了船舶燃油消耗和二氧化碳排放。

北极航道开通之后，我国航道运输的最大需求是集装箱运输。亚洲到欧洲、亚洲到北美的传统航线连接了亚洲制造中心和欧洲、北美消费中心，是世界贸易最集中、规模最大的集装箱运输航线。由于水深和狭窄的原因，巴拿马和苏伊士海峡日益成为交通瓶颈，排队的时间成本逐年增加，由于北半球世界集装箱运量增加比较快，北极航道一旦开通，将打破运河航线的垄断地位。未来北极航道主要货物类型和规模的最大理想值为：一是从俄罗斯、北欧北极地区到远东的液化天然气单向贸易流，到 2030 年最大可达 1 000 万吨；二是从远东到欧美的集装箱货物双向贸易流，到 2030 年最大值可达到 1 743万 20 英尺标准的 集装箱，相当于 2011 年传统运河航线的 85%。[①]

从长远来看，北极“黄金水道”的开通，使北极地区增加了贯通太平洋与大西洋的“交通动脉”，将会直接改变现有的世界海洋航运格局。我国航运界应积极参与到这场“北极航道通航运动”中去。

现有的环球海洋运输位于地球的南北居中位置，这根“世界运输大动脉”串起了一系列战略要地和世界热点地区，马六甲海峡—北印度洋—红海—苏伊士运河—地中海—直布罗陀海峡—加勒比海—巴拿马运河—东南亚，形成了众多战略热点和兵家必争之地。北极航道的开通，对于正在向“海洋海运强国”转变的中国来说是个千载难逢的重要机遇。中国资源和贸易的重要咽喉地带马六甲海峡、苏伊士运河、巴拿马运河都掌控在他国手中，近年来险象环生，海盗和恐怖分子频繁出没，而且这些航道对于大型船舶的限制也妨碍了我国能源和贸易通道的安全。北极航道一旦开通，将使中国现有东、西向两条远洋主干航线上增加两条更为便捷的到达欧洲和北美的航线，降低海上运输成本，开辟新的海外资源能源采购地，分担途经马六甲海峡、巴拿马运河、索马里海域和苏伊士运河等高敏感区所带来的政治风险和经济成本。

---

① “中国发布北极航行指南：商船从上海到鹿特丹可省 9 天时间”，澎湃新闻，2014 年 9 月 18 日，http://www.thepaper.cn/newsDetail_forward_1267643。

法治建设与海洋文化之互补与融构

——基于象山县东门渔村海洋文化资源的调研[1]

励东升[2]

（象山县委党校，浙江 象山 315700）

内容摘要：一个国家的治理体系和治理能力与这个国家的历史传承和文化传统的密切相关性决定了其法治体系和法治能力与该国的历史传承和文化传统的不可分割性。认真对待中国法治文化的"本土资源"及其背后的文化传承，才是现代中华文明步入"法治路径"的现实选择。海洋文化是中国传统文化的重要组成部分。法的形成方式和存在状态的两重性决定了我们在以海洋文化为抓手来推进法治建设过程中：一方面，要传承海洋文化中正仁和、注重教化、追求至善的文化基因，实现形式法治与海洋制度文化对于和谐社会建构之互补；另一方面，要弘扬海洋文化主体自觉意识和人本主义精神，实现实质法治与海洋精神文化之于法治精神弘扬之融构。

关键词：法治建设；海洋文化；互补；融构；象山东门渔村

一、问题的提出

现代社会以法治为本，法治是国家治理现代化的基石，国家治理体系和治理能力的现代化最根本的是法治体系和依法治国能力的现代化。因此，一个国家的治理体系和治理能力与这个国家的历史传承和文化传统的密切相关性决定了其法治体系和法治能力与该国的历史传承和文化传统的不可分割性，决定了法治建设的过程必然与传统文化有着千丝万缕的联系，决定了增强全民法治观念和推进法治社会建设必须弘扬中华优秀传统文化，决定了我们不可能在历史虚无主义和文化虚无主义的背景下真正实现法治中国的目标。

同时，现代法治在一定程度上是建构于西方历史文化传统基础上的文明果实，这种果实蕴含着西方人文传统、社会结构、风俗习惯的基因。例如源于古希腊哲学中对于自

---

① **基金项目**：本文系宁波市党校系统 2015 年度市情重点调研课题"法治建设与海洋文化之互补与融构——基于象山县东门渔村海洋文化资源的调研"（2015SQKT28）的研究成果。

② **作者简介**：励东升（1985—），男，浙江象山人，法学硕士，中共象山县委党校教师，主要研究方向：海洋文化、党建、中国特色社会主义。

然理性的关注，源于古罗马法学中对于私人权利的保障等等。这就使得在建设法治中国过程中，不能离开传统历史文化的土壤将这个果实简单和盲目地嫁接到中华文明这颗大树上。因此，认真对待中国法治文化的“本土资源”及其背后的文化传承，才是现代中华文明步入“法治路径”的现实选择。[①] 这就为本课题的研究，提供了现实意义。

海洋文化是中国传统文化的重要组成部分。海洋文化是人们在社会历史发展过程中有意识地认识、适应、利用、改造海洋而逐步创造和积累的精神的、行为的、社会的和物质财富的总和。[②] 当前关于海洋文化理论的研究，存在着理论研究不够系统，难有创新和突破以及在实践上缺乏有效抓手，形式归于单一的问题。[③] 所以，选取一个代表性的样本，挖掘海洋文化的现代法治意涵，可以说是一个全新的研究法治的视角和抓手。这就为本课题的研究，提供了理论价值。

浙江是海洋大省，而三面环海、两港相拥的浙江省象山县则是海洋大县。象山海洋资源丰富，拥有海域面积6 618平方千米、海岸线925千米和岛礁656个，分别占浙江全省的2.5%、14.2%和21.4%；浅海及滩涂面积500余平方千米，拥有港口岸线61.3千米。象山人民利用资源禀赋，在长期的“耕海牧渔”的生产和生活实践中，创造了涵盖海防文化、民俗文化、信仰文化、渔商文化等在内的历史悠久、内涵丰富、品种多样的海洋文化。成为悠久灿烂的传统优秀文化中一颗璀璨的明珠。半农耕、半牧渔的生产生活方式，决定了象山的海洋渔文化，不仅具有冒险性和协作性、商业性和慕利性、开放性和拓展性、对外交流性和包容性等海洋文化的普遍特点，与现在法治精神形成了很好的衔接，也兼有中正仁和、注重教化、追求至善等农耕文化的显著特征，与法治理念形成了很好的互补。

二、研究思路

法的形成方式和存在状态具有两重性，一方面，它是存在于自然状态的自然法，是“深植于自然界中的最高理性”，包含着人类对于公益至善的价值判断，突出的是法治对于公益追求的价值和实质上的合理性；另一方面，它又是存在于社会中的成文的实证法，强调的是法治在规范人们行为、保障人们权益的技术和形式上的合理性。为此，真正的法治，必然包含两方面内容：其一，建立一套反映社会政治、经济、文化关系及其发展变化要求的法律规范体系；其二，形成对作为法律规范体系思想文化基础的伦理、价值观念的普遍认同。[④] 这就决定了我们在推进法治建设过程中，在充分发挥法治和德治对于凝聚改革共识、规范发展行为、促进矛盾化解、保障社会和谐共同作用的保障下，一方面，传承海洋文化中正仁和、注重教化、追求至善的文化基因，实现形式法治与海洋制度文化对于和谐社会建构之互补；另一方面，弘扬海洋文化主体自觉意识和人

① 王建芹：“传统文化与中国的法治路径”，《理论与改革》，2005年第5期，第136页。

② 苏勇军著：《浙东海洋文化研究》，浙江大学出版社，2011年版，第9页。

③ 龙邹霞：“海洋文化研究刍议”，《海洋开发和管理》，2013年第6期，第37页。

④ 李瑜青：“传统文化与法治：法治中国特色的思考”，《社会科学辑刊》，2011年第1期，第85页。

本主义精神，实现实质法治与海洋精神文化之于法治精神弘扬之融构。

三、德治与法治并举，实现形式法治和海洋制度文化之互补

从法的形式化角度和功能出发，法律和道德，历来都是建立公序良俗、和谐稳定社会的两个基本保障。“法治和德治，如车之双轮、鸟之双翼，一个靠国家机器的强制和威严，一个靠人们的内心信念和社会舆论，各自起着不可替代而相辅相成、相得益彰的作用，其目的都是要达到调节社会关系、维护社会稳定的作用，保障社会的健康和正常运行。”①

传承海洋文化中的至善和谐理念，是实现海洋制度文化与形式法治之互补的前提。农耕和牧渔双重生产方式的并存决定了象山海洋文化兼具农耕文明和海洋文明的色彩。农耕文明的代表儒家文化提倡通过内省自觉实现个人在道德情操和理想人格上的内在自我超越，最终体现为人与人、人与社会、人与自然间的至善和谐状态。即所谓的“内圣外王”之道，所谓“三纲八目”提法。“三纲”即明明德、亲民、止于至善；明明德指对人伦规范进行哲学认知，明德之后才可“亲民”，才可以达到道德上的至善至美，实现政治上的最高理想。“八目”指格物、致知、正心、诚意、修身、齐家、治国、平天下；其中格物、致知是哲学上的认知，正心、诚意、修身是道德修养，齐家、治国、平天下是政治实践。② 先自我认知，后内化于心，最终外化于行，由表及里、由内而外。这种道德自觉的内在感染力，加上形式法治的外在强制力，是实现现代善治的两大抓手。

“浙江渔业第一村”的东门渔村位于象山半岛南端、石浦东部的一个岛上。总面积2.8平方千米，海岸线长10.5千米，同时东门岛周围拥有众多水道、锚地、岛礁、岬角、滩湾，拥有丰富的海洋资源。东门渔村历史悠久，两千年前就为人所知，唐代即被辟为渔商港口。悠久的历史和独特的地理环境，使东门岛成为浙东海洋文化发祥地之一。③ 东门村现有1 500户4 500人，现住居民大多姓氏是从清朝开“海禁”后从外地迁入，且融合了闽、浙两省沿海世代渔民生活习俗、生产方式、风土人情的综合个性特征。大海在造就东门岛人勇立潮头精神的同时，也给予了他们崇德向善的文化基因。在东门岛上广泛流传着“二难先生”的先进事迹。话说东门岛上原先生活着任氏二兄弟，出身贫寒，靠着母亲的抚养和乡邻的帮助长大成人，后哥业渔弟从商，成家立业后兄弟二人不忘往事、感恩图报，“建象山东门岛、鸡娘山、铜瓦门、三门山、台州磨盘山、舟山菜花山、烈表嘴诸灯塔，指迷航旅。与邑人纪子庚等筑仁义桥、五里桥、三湾路廊、黄阜岭凉亭。施棺千余具”。④ 一生利人济世、至老不休，诚是难乎其难，因此人称“二难先生”。哥晚年种植番薯度日，弟遗物仅一饭盒与单人床。乡民感念其德，将

---

① 习近平著：《之江新语》，浙江人民出版社，2007年版，第206页。

② 李瑜青：“传统文化与法治：法治中国特色的思考”，《社会科学辑刊》，2011年第1期，第85页。

③ 象山渔文化研究会编：《渔文化研究》，中国文史出版社，2009年版，第119、125、307－313页。

④ 象山东门岛志略编辑委员会编：《象山东门岛志略》，2000年版，第442页。

兄弟二人合葬一处并塑其像于天后宫。县级带头船老大奚海宏，在平时的渔场作业中，就带头发扬风格：船多拥挤，就主动让出“网膛”，带动更多渔船高产；有船只碰撞或渔网损坏，即带头抢险救援；还带头和其他渔船联系互通渔场生产信息，协调海事纠纷，缓解矛盾。另一名带头船老大杨正弟，则毫无保留地将自己的捕捞技术、网具改革经验传授给别人。东门岛人也有着好客的渔家情义，只要有朋友来，都会做最新鲜的渔家菜待客。其中有两道特色菜叫做鱼圆、鱼捶面。这特色菜有来历，话说以前岛上有个小伙子独自出海捕鱼，结果遇到不测船翻了，人也随之失踪，家人心急如焚，未婚妻也哭肿了眼、流干了泪，家人日夜守在妈祖像前保佑小伙子平安归来，后来小伙子大难不死回到故里，被未婚妻真挚的爱所感动，特把鳗鱼去头去尾、去皮去骨，做成雪白的鱼圆，象征纯洁的爱情，同时把鱼肉做成一条条面，象征情意绵绵、永不分离。好客豪爽的东门岛人素重仁义，传统中每年农历五月十三为兄弟会，是朋友或结拜弟兄聚会之日，席间猜拳狂欢，不醉不归，“老酒不喝醉，不算好朋友”。同时结拜兄弟也常到关圣殿或天后宫、城隍庙等庙宇，跪在天井处，对天地、神灵，自报姓名、年龄，发誓结为生死弟兄，有福共享、有难同当，海枯石烂、永不变心。

在注重人与人、人与社会和谐的同时，东门岛人也素重人与自然的和谐相处。如今，随着海洋资源的进一步枯竭，保护渔业资源已经越来越内化为了渔民们的自觉意识：出海前夕，渔民总是带足垃圾袋，把生产、生活垃圾收集起来，返航带上岸处理；从 1995 年国家实行东海伏季禁渔令以来，象山没有一条渔船违规出海，为了保护渔业资源，象山东门村一带的渔民一般都会自觉提前休渔并于 2000 年提出再将禁渔期延长半个月的建议，同年 21 位石浦渔民发起以“提倡海洋环保，宣扬海洋文化”为主题的“中国渔民蓝色保护者志愿行动”，这是我国首个保护海洋生态的非政府组织；如今，一年一度在象山举办的“中国开渔节”，就是通过挖掘传统的海洋渔文化资源（如传统的开洋、谢洋、祭小海仪式）并赋予其鲜明的时代特征，来唤起人们感恩海洋、保护海洋的可持续发展意识。“混沌初开，大海漫漫。外际于天，内包乎地。天风浩荡，洪波涌起。吞吐日月，含孕星汉。蕴无量之宝藏，涵不尽之资源。利舟楫而通五洲，奉鳞甲以济兆民。赖海恩泽，富民兴邦。炎黄子孙，蕃衍昌盛。泱泱中华，景曜东方，幸甚至哉”，开渔节上祭海典礼的祭海文，正是一则人与大海和谐相处的宣言，[①] 这则内化于心的宣言与国家有关保护渔业资源的法令相得益彰，形成了“保护海洋，善待海洋”的强大合力。

四、弘扬法治精神形成法治风尚，实现实质法治和海洋精神文化之融构

从法的实质化、本原化角度和功能出发，法治精神是法治的灵魂，没有法治精神和法治风尚，法治建设只能是无本之木、无源之水、无根之花。“法治并不体现于普通民

---

① 励东升、朱小敏：“传统渔文化资源的现代化转型——中国开渔节对传统渔文化的传承和发展研究”，《海洋经济》，2012 年版，第 22 页。

众对法律条文有多么渗透的了解，而在于努力把法治精神、法治意识、法治观念熔铸到人们的头脑之中，体现于人们的日常行为之中。”①

弘扬海洋文化主体自觉意识和人本主义精神，是实现海洋精神文化与实质法治之融构的契合之处。法的精神之“公正合理”、“诚实信用”、“以人为本”、“开拓创新”，都与象山海洋文明倡导的“仁”、“信”、“民为本”、“造大船、闯大洋”理念有异曲同工之妙。

象山东门岛既是一个海岛渔业村，也是一个闻名遐迩的福灵福地，在面积仅2.8平方千米的土地上却有庙宇14座，每逢重大节日，东门岛人都会去庙中祭祀，并请民间戏班子来庙中演戏。这些庙宇是东门岛人海洋信仰文化的重要寄托和外在物化形式，其中比较有名的如天后宫和王将军庙。天后宫是为纪念妈祖而建。相传妈祖曾随父兄来东门谋生，妈祖乐于助人，为了不让海上的船只迷路，深夜里她总是站在高峰上举着火把为船员指引航向，她英年早逝，渔民认为她“升天”了，于是造庙供奉。正如妈祖庙里写的楹联那样：“生于庶民益于贫民恩披黎民；出于湄州功亏九州惠播神州”；“岛以妈祖秀，一港澄明映日明；人因天妃福，万民款洽辉春秋”。如今，这种妈祖信仰凝聚起来的孝敬长辈、关爱他人、精诚互助的道德观，舍己为人的品行依然在东门岛代代相传。② 王将军庙则是为怀念元末曾任东门巡检司司事的王刚甫而建。史载王刚甫摄巡检后严明军纪、爱民如子、处事公正，深得百姓拥戴，百姓遇有纠纷，都不去县衙而到东门求王公断。王刚甫在东门任职6年，民生富庶，后受人诬陷、被捕入狱，卒于南京狱中。东门岛百姓感念其泽自发建了王将军庙，同时在每年农历六月二十三日王刚甫诞辰日都要在庙里演庙戏以纪念这位为国为民的廉吏。高悬在王将军庙的戏台台柱上也贴着一副对联：“优孟衣冠启后人，戏台方寸悬明镜”。充分体现了“以民为本”的情怀。

较之内陆文化，海洋文化更加崇尚自由的天性以及人的开创意识。正如黑格尔所指出的那样，生活在海岸区域的人民，能够在大海的无限里感到自己的无限，从而激起他们的勇气，要去超越那有限的一切，超越那些思想和行动的有限的圈子。中华优秀传统文化蕴含着丰富的创新精神，所谓“日新之谓盛德，生生之谓易”，意即盛德与创新是辩证统一的，创新应该遵循自然法则，合乎道德规范，所谓“天行健，君子以自强不息”，“地势坤，君子以厚德载物”，“明礼明德、创业创新”，只有自强不息、德行天下的人才能在自然和社会中求得生存和发展。③ 东门岛自唐以后即被辟为港口，自清康熙开海禁，逐渐兴渔兴商。清乾隆三年（1738年）东门渔帮在岱山东沙创立太和公所，负责调解处理海事渔事纠纷，代办渔、盐牌照手续，组织民团护港，照顾伤病死亡渔民善后等等，是省内最早的群众性渔业组织；1984年，东门人又率先把39艘机动船和机修厂实行有偿转让，产权落实到船（户），实行对（单）船核算，上交村福利和管理费，同时将冷冻厂、船舶修造厂、柑橘场和林场分别招标承包经营，这种产权明晰、利

---

① 习近平：《之江新语》，浙江人民出版社，2007年版，第205页。

② 象山渔文化研究会编：《渔文化研究》，中国文史出版社，2009年版，第125页。

③ 黎昕、林建峰：“优秀传统文化的传承与社会主义核心价值观的凝练”，《福建论坛》，2012年第9期，第165页。

益直接、分配合理、经营灵活的体制，极大调动了渔民的生产积极性；与此同时，面对20世纪80年代近海传统渔业资源萎缩，产量下降的窘境，1989年，东门渔村率先实行渔业股份制，成立海洋渔业公司，充分调动积极性，将渔民们多年来的积蓄积攒起来用于建造大马力钢质渔轮，将捕捞海域扩至日本对马、韩国济州岛、南太平洋附近。同时，东门岛上还有很多负责渔产品加工贸易的渔行栈，负责海上运输的渔船帮等等。都反映了东门岛渔商产业和“造大船、闯大洋”的创业创新文化的繁荣。

五、存在问题与对策建议

综合来看，法作为自然法的实质上的合理性与作为实证法的形式上的合理性决定了实现包括海洋文化在内的中华传统文化的现代化转型及其与法治理念的和谐对接，发挥文化力对于推进法治建设，构建和谐社会的有效作用，则在其经过现代化的再生之后，首先不重在具体法律操作的层面，而是在法理学上之理念精神，如使之处于抽象的自然法的地位；其次，在将道德、伦理与法律更为科学地定位后，传统文化将在社会其他层面，更为恰当地发生与法律互补的功用。[①] 这也就是实现海洋文化与法治建设互补与融构的意涵所在。

也正是从法的两重性出发，海洋文化与法治建设的融构和互补依然存在着两个主要问题。

其一，从实现互补角度看，存在着软约束有余而硬约束不足，内在感染力强而外在强制力弱的现象。在中国传统社会中，相较于皇权和德治，法始终处于从属地位，从来不具有绝对权威性，法与政策没有太大区别，往往都是随着君主名字的改变而改变，随着君主的看法和注意力的改变而改变，所谓“三尺（法）安在哉？前主所是著为律，后主所是疏为令。当时为是，何古之法乎?”，同时，在德治与法治关系上，德礼始终是治国之本，所谓“德主刑辅”、“明刑弼教”，礼、德通过“以礼入刑”、“以经注律”、“引经决狱”等形式，成为调节人们关系的最高准则，法律只有在道德起不到作用的时候辅助使用，所谓“礼者禁于将然之前，而法者禁于已然之后”。[②] 这种思想也深深影响了传统文化熏陶下的农民、渔民，加上现实生活中屡屡发生的政府部门有法不依、执法不严、违法不究甚至以权压法、权钱交易、徇私枉法等消极腐败行为，立法不全、执法不严、司法不公、法律队伍素质不高等问题，使得法律公信力不高、权威难立，渔民法治观念淡薄，缺乏用法律来维护自身合法权益的意识。

笔者以“您自身权利受到侵害时的首先想到的求助对象”为题，通过实地访谈和问卷调查法对东门渔村其中原驻的300名渔民进行了调研。结果显示，通过法律途径解决的和通过找关系解决的分别占到了35%和38%，只能自认倒霉的为13%，去信访的为6%，找新闻媒体的为3%，以暴制暴为1%，其他途径4%。通过人际关系而非司法

---

① 邵胤植：“散论理解儒学与法治融构的角度与前提”，《苏州大学学报》（哲学社会科学版），2003年第1期，第39－第40页。

② 谈振好：“中国传统文化与依法治国”，《人大研究》，1997年第8期，第31页。

途径来寻求问题的解决，成为最主要方式。而在没有选择“法律途径解决”的渔民中，谈到原因时，有37%的人认为是关系大于法，34%认为是权大于法，认为是司法不公、法律不全和法律队伍素质不高的分别为11%、4%、6%，其他为8%。

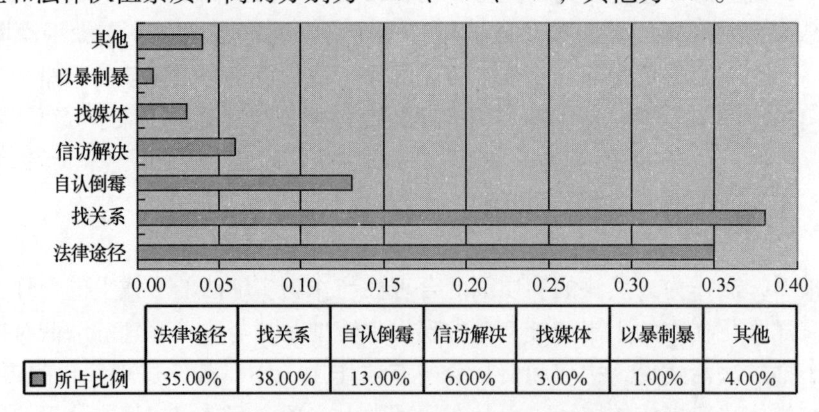

图1　权利受到侵害时首先想到的求助对象

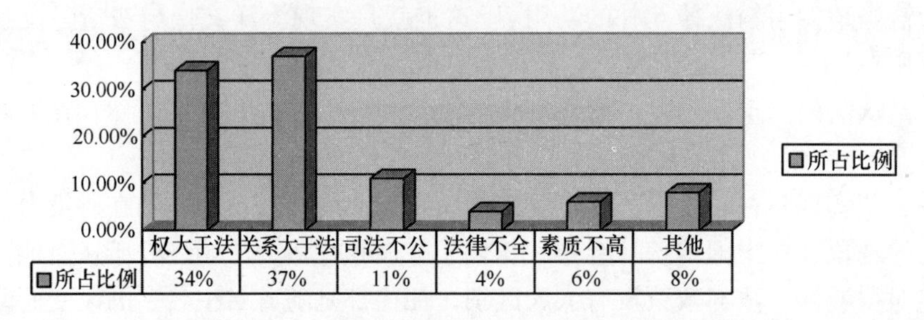

图2　不选择法律途径解决问题的原因

其二，从实现融构角度看，存在着消极方面和积极方面并存，消极方面抑制有余而积极方面弘扬不够的问题。文化既然是人们在长期实践中创造的物质财富和精神财富的总和，那么就必然有它的积极一面和消极一面，必然有精华和糟粕，海洋文化亦是如此。由于相较于西方社会的契约本位，传统中国依然主要是一个以伦理为本位的社会，这就决定了作为中国传统文化一部分的海洋文化缺乏契约文明所衍生出的“法权”和“良法”这两个现代法治必备的要素。“法权”即法律拥有至高无上的权威，“良法”即法律代表着公益至善，综合起来法治就意味着用代表公益至善、至高无上的法律来作为社会的“统治者”。这就意味着法治精神必须要以保障个人权利和实现人人平等为出发点和落脚点。而恰恰是在这两点上传统海洋文化和现代法治建设缺少共同话语。例如传统渔区妇女的地位较低，在渔船下海装网的时候，有禁止妇女跨过渔网和上船，以防止“不干净”的习俗；在船上船老大享受诸多专权，说一不二，众人不得违拗，吃饭也有固定位置，不得乱坐，伙计坐在灶边专门负责给老大盛饭；同时，旧时渔区渔民的婚姻大多由父母包办，缺乏自由择偶权利，还有“换亲”、“童养媳”、“入赘婚”等落后的封建婚姻形式，以及捕鱼临下网前先用黄糖水洒遍全船并用盐掺米洒在网上和海面上以防止所谓“鬼邪”“打搅”，遇到生产不利就把稻草点燃辅以咒语驱赶晦气，遇到大浪则向大海抛木柴并跪求神灵保佑并许以大经等封建迷信传统。这些生产生活习俗也是海洋文化的组成部分，但显然不能为现代法治精神所能容纳。

笔者也以“您认为法律最主要的作用”为题在东门渔民中进行问卷调查，结果显示，认为法律只是用于处罚违法犯罪的有41%，用于保护自身合法权益的仅24%；且有38%的人认为法律是政府用来管百姓的工具，认为是百姓用来限制政府的仅为3%。众所周知，法治的主要理念和价值有三：保障国民权利、自由，保障人权；控制公权力，把公权力关进制度的笼子里；维护公平正义。[①] 显然这三大理念在渔民中影响甚微。

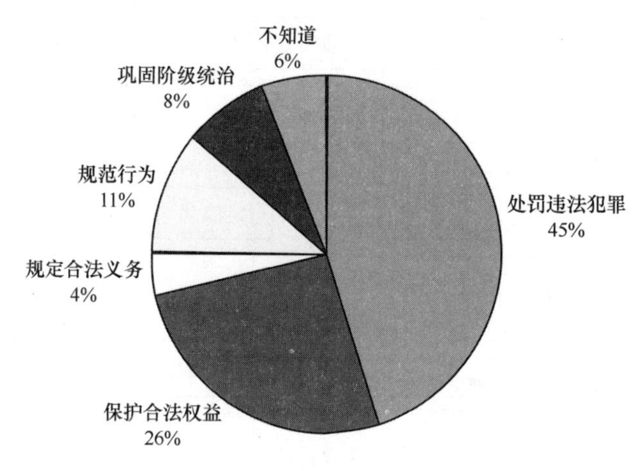

图3 您认为法律最主要的作用

针对这些问题，需要从加强法治宣传教育和完善法律运行机制两方面出发，来分别实现好传统海洋文化与现代法治建设的融构与互补。

社会主义核心价值观既根植于传统文化深厚土壤，彰显民族特色，又立足于当今时代发展特征，体现时代精神，做好社会主义核心价值观的培育和弘扬工作，是做好宣传教育工作的重中之重，是传统与现代的有效“粘合剂”，也是实现好传统海洋文化与现代法治建设融构的关键所在。象山海洋文化包含了重民本、尚合和的国家层面的价值目标，倡德行、崇日新的社会层面的价值取向，守家国、讲仁义的个人层面的价值准则，这与社会主义核心价值观是相互契合的，也是现代法治精神所提倡的，需要大力培育和弘扬。但同时，也要做好传统文化的分类鉴别工作，在有效扬弃的基础上实现其创造性转换和创新性发展，吸吮传统海洋文化有益养分，同时又包含现代法治理念在内的社会主义核心价值观正是这种转换和发展的成果精华。

核心价值观培育和弘扬的重点在于青少年，核心价值观和先进文化的种子必须首先在少年儿童生根发芽，真正培育起来。为了在培育社会主义核心价值观过程中实现好海洋文化与法治精神的融构，在国民教育过程中，所关注的重点不仅是让孩子们掌握一般的知识体系，更重要的是培育他们的公民人格和创新能力；不仅是对孩子们进行简单的

① 姜明安：“改革、法治与国家治理现代化”，《中共中央党校学报》，2014年第8期，第53页。

道德说教，更要紧的是让孩子们明白作为公民应该拥有的权利义务，并在对自己负责的同时担当起对他人和社会的责任；不仅是狭隘的意识形态灌输，更是注重学生品性的传授和训练，不单是让孩子们具有高超的应试能力，更要有人文精神和人文情怀的培育，使孩子们学会珍视中华民族乃至人类一切历史文化遗产的价值；不仅传承中华民族优秀的价值观，而且还传承人类各种文明的精华。[①] 东门渔村隶属于象山石浦镇，石浦延昌小学就充分运用渔港底蕴醇厚的海洋文化资源，吸纳海洋文化中诸如海纳百川、开拓进取、奋发有为等能够充分体现时代精神的意象特征，通过开发校本课程资源、开展主题性综合教育实践活动，将其精神内核渗透进常态化教育活动过程中（见图4）。[②]

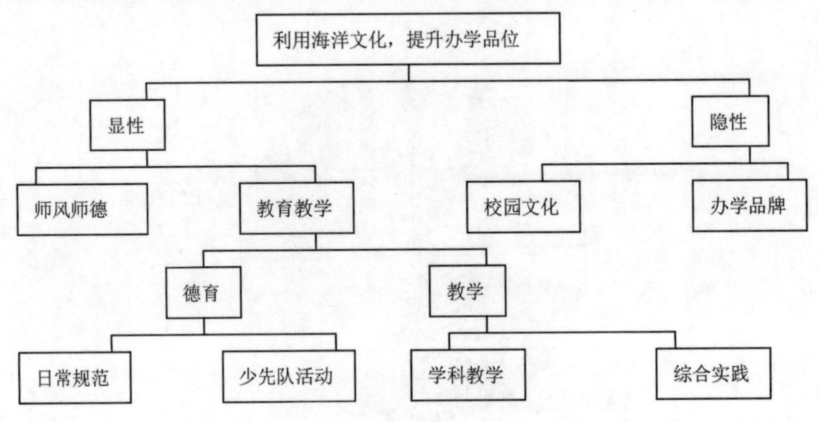

图4　常态化教育活动的过程

核心价值观培育和弘扬的关键在于形式和方法的“接地气”。由于地域的局限、生活的穷困和受教育手段的单一，传统渔民的思想观念相对滞后，文化素质相对偏低。为此，对于象山而言，要把建设社会主义核心价值观的基本要求融入到各种精神文明创建活动中去，充分利用电视、报纸、广播、网络等大众传媒的议程设置权力和舆论导向作用，通过“中国开渔节”、“海鲜旅游节”、“三月三·踏沙滩”等民俗节庆文化活动平台，组织文化下渔村、组织民间业余文艺团队表演和民间宣讲员队伍、实施“科技下乡”、“送书下乡”，逐步建立结构合理、网络健全、服务优质的渔村公共文化服务体系，不断传播主流、先进、科学价值的正能量，在满足新时期渔民不断增长的物质文化需要和弘扬主流价值观的结合中，形成有利于培育和践行社会主义核心价值观的生活情景和社会氛围。

党的十八届四中全会确定了依法治国的总目标是建设中国特色社会主义法治体系，建设社会主义法治国家。从“法律体系”到“法治体系”，一字之差，但涵义相差很多，我们目前已经确立了包括法律规范体系在内的中国特色社会主义制度，但还没有真正形成涵盖立法、执法、司法、守法、法律监督和保障等环节的法律运行体系，这也是导致法律运行过程中出现有法不依、执法不严、违法不究甚至以权压法、权钱交易、徇

① 张志明：“依法治国呼唤法治精神”，《学习时报》，2014年11月3日。
② 象山渔文化研究会编：《渔文化研究》，中国文史出版社，2009年版，第119、125、307－313页。

私枉法等消极腐败行为的体制机制原因，最终使得法律公信力低下，法律权威难以树立，老百姓不信法信“访”、信“权”、信“关系”。解决好这个问题，完善法律运行体系，关键还是要抓住“将公权力关进制度的笼子里”这个重点，明确权力的界限，防止权力对法律的不当干预。为此，可重点围绕编制农村小微权力清单、制定农村小微权力运行流程和强化权力违规责任追究来推进农村小微权力规范化运行，明确各项小微权力项目的承办主体、依据、程序、监督渠道等，固化权力运行边界，确定权力运行轨道。同时，还需要真正将法治建设成效纳入村干部和党员的考核体系，通过实行动态量化积分、明确考核结果运用，使其真正与自身物质福利、政治荣誉挂钩，真正成为村干部用权的硬约束和农村基层法治建设的硬保障。

巴基斯坦加入上海合作组织的原因、挑战及前景分析

薛志华

（武汉大学，湖北 武汉 430072）

内容摘要： 巴基斯坦基于稳定国内安全形势、促进经济发展、改善能源状况的需要加入上海合作组织，并同上海合作组织形成了一种相互依存的关系。上海合作组织通过扩员，可以利用巴基斯坦的优势，增强自身实力，扩大其在地区事务中的影响力。而巴基斯坦加入上海合作组织后，可以借助上海合作组织与其他成员国开展安全合作、经济合作、能源合作，实现本国国内形势的多重改观。巴基斯坦和印度同时加入上海合作组织，两国的敏感关系会成为上海合作组织深化成员国合作的挑战，但并不会影响上海合作组织的稳定状态。

关键词： 巴基斯坦；上海合作组织；原因；挑战；前景

2015 年 7 月 8 日至 10 日，上海合作组织峰会在俄罗斯乌法举行。此次会议决定启动印度、巴基斯坦加入上海合作组织的程序，这是上海合作组织成立 14 年以来的首次扩员。巴基斯坦加入上海合作组织，可以通过开展多边合作缓解目前国内复杂的安全、经济与能源状况，但也面临着履行成员国责任、妥善处理与印度关系等诸多挑战。

一 、巴基斯坦加入上海合作组织的原因

（一）巴基斯坦改善国内安全形势的需要

“9·11”事件后，伴随着美军占领阿富汗，大量的基地组织恐怖分子逃往巴基斯坦。巴基斯坦的恐怖袭击事件成倍增长，安全形势不断恶化。在 2011 年德黑兰召开的反恐峰会中，巴基斯坦总统谈到：“截至目前，针对恐怖主义的军事打击已经造成超过 35 000 名巴基斯坦人民死亡，其中包括 5 000 名执法者，造成直接经济损失超过 670 亿美元。”根据巴基斯坦独立调查网站（Pakistan body count）的统计数据，截至 2015 年 7 月 29 日，自杀式炸弹袭击已经造成 23 060 人伤亡。恐怖袭击事件频发导致了巴基斯坦国内的安全形势不断恶化，民众的日常生活充满危机。恐怖主义势力除了制造各类恐怖袭击事件外，与恐怖主义相关的贩卖毒品、走私军火犯罪发生频率也不断增加。巴基斯坦、阿富汗、伊朗交界地区的金新月地区是目前世界上最大的毒品产地。而贩卖毒品也成为恐怖主义势力获取资金的重要手段。此外，巴基斯坦国内的塔利班势力与阿富汗的

恐怖势力互相协助，国内教派、部落种族相互对立，复杂的国内局势以及国际形势使得巴基斯坦政府的反恐工作任重道远。恐怖主义的跨国性、流动性的特点，决定了打击恐怖主义单靠一国的努力难以取得积极的成果，开展国际合作打击恐怖主义成为对抗恐怖势力的必由之路。上海合作组织的成员国无论是从地理位置还是政治关系上，均与巴基斯坦存在紧密的关联。而上海合作组织成立之初便将合作重点定位于打击“三股势力”，改善地区的安全形势。在成立 10 余年间，上海合作组织通过联合军事演习、设立地区反恐机构等机制，有效的打击恐怖主义势力。并于近年来，进一步推进成员国在反恐、禁毒、等方面的合作，深化成员国之间在反恐情报搜集、资料共享等方面的合作，对于打击三股势力、维护地区稳定发挥了重要作用。上海合作组织成员国多为巴基斯坦的邻国，地理位置的临近性为成员国家之间开展边境管理合作、军事执法合作等方面创造了便利的条件，政治上的紧密联系为成员国之间的互信建立奠定了良好的基础。

（二）巴基斯坦刺激国内经济发展的需要

根据巴基斯坦财政部发布的数据：“巴基斯坦 GDP 增速为 4.14%，农业、工业、服务业三大产业稳步发展。通货膨胀率为 8.7%，比上一年度上升 1 个百分点，公共债务为 155 340 亿美元，比上一年度增加 8 个百分点。劳动人口总量为 5 970 万，失业率为 6.2%”。在巴基斯坦的各产业在 GDP 所占的比重中，农业、工业、服务业所占的比重分别为 25.1%，21.3%，53.6%，农业解决的就业人口比重占总就业人口数量的 43.7%。巴基斯坦的公路通车里程 263 775 km，铁路通车里程为 7 751 km。通过上述数据我们可以发现：在经历金融危机的动荡后，巴基斯坦的经济呈现回暖趋势。三大产业发展稳中有升，但失业率和通货膨胀率依然居高不下。从产业结构来看，尽管服务业在 GDP 中占据很高的比重，但农业承担了接近一半的就业人口，服务业解决就业的能力不足。道路设施等基础设施建设严重滞后。巴基斯坦政府力求通过引进外资，推进基础设施建设等方式促进本国经济的发展。上海合作组织通过的《2017 至 2021 年上海合作组织进一步推动项目合作的措施清单》中，将基础设施的投资与建设列为合作的重点。正如习近平主席在上海合作组织成员国元首理事会的讲话中强调的：“在贸易和投资自由便利化方面迈出更大的步伐，交通设施互联互通，实现道路运输便利化协定。”巴基斯坦伊斯兰堡世界事务委员会主席哈立德·马哈茂德强调：上海合作组织在地区安全、基础设施建设、互联互通、能源和经贸合作等多方面发挥着重要作用。上海合作组织成员国承诺建立共同框架，开展联合行动以维护共同利益，这有助于各成员国应对新的挑战和威胁，为社会经济可持续发展创造有利条件。巴基斯坦从上海合作组织观察员国变为成员国，可以更好地在上海合作组织框架内与成员国在贸易、投资、基础设施等多方面开展合作，促进本国经济的平稳发展。

（三）巴基斯坦改善国内能源短缺状况的需要

巴基斯坦能源部长哈瓦贾·阿西夫曾表示：“对巴基斯坦的国家安全和经济来说，能源危机比恐怖主义带来的威胁还要大。在过去 10 多年里，能源短缺已经拖垮了巴基斯坦的经济”。巴基斯坦目前的油气资源及其他资源可以满足国内 72% 的能源需求，仍有超过27%的能源需求需要通过进口来满足。除了油气资源匮乏外，巴基斯坦电力资源也十分紧缺。巴基斯坦日发电量约为1.2万兆瓦，日使用量为1.6万兆瓦，有约4 000兆瓦的缺口。因缺乏稳定的能源，大量的企业被迫外迁，给巴基斯坦经济造成了重大的损失。频繁的拉闸限电，也严重干扰了民众的日常生活。造成巴基斯坦能源短缺的原因有以下几点：首先，巴基斯坦能源结构单一。石油、天然气在能源利用结构中所占的比重大，核电、煤炭资源所占的比重小。由于巴基斯坦国内的石油、天然气产量不高，旺盛的石油、天然气需求只能依靠进口，而进口能源则会受到价格波动、资金等因素的困扰；其次，巴基斯坦的发电能源结构不合理。巴基斯坦石油、天然气发电约占64%，煤炭、水电所占的比重较少。不合理的发电能源结构消耗了大量的石油、天然气，反过来加剧了巴基斯坦对于石油、天然气的需求。每年进口石油、天然气的支出占到了巴基斯坦财政支出的1/3；最后，巴基斯坦能源基础设施落后。巴基斯坦国内的发电设备装机容量偏小，再加之输送设施老化，损耗严重。财政资金的匮乏使得政府对于基础设施投入不足，造成能源基础设施的发展长期处于滞后的状态。严峻的能源短缺形势使得巴基斯坦政府在2013年出台能源战略，试图缓解国内的能源短缺状况。能源战略目标设定为到2017年，基本实现能源的供需平衡，能源输送效率大幅度上升，发电成本由每度14.67卢比缩减至每度10卢比。具体内容涉及，改善能源部门的效率、生产秩序和透明度，打击盗用能源的行为，扩展油气管线设施，加强同印度、中亚国家的能源合作。巴基斯坦政府同印度、塔吉克斯坦先后签订了电力输送协定，通过开展国际合作解决目前的能源危机。上海合作组织各成员国能源合作十分密切，也十分注重能源管道互联互通建设，巴基斯坦加入上海合作组织对于解决自身的能源危机无疑具有促进作用。

二、巴基斯坦加入上海合作组织面临的挑战

巴基斯坦加入上海合作组织，可以在组织框架内开展同成员国的经贸及安全合作，同时也需要承担作为上合组织成员国的国家责任。巴基斯坦动荡的国内政治局势以及同印度的敏感关系，成为其加入上海合作组织，深化同成员国合作的重大挑战。

（一）巴基斯坦承担成员国责任的能力待检验

上海合作组织在反恐领域已经形成了常态化的军事演习机制，并建立了地区反恐机构作为专门的反恐机构，积极的推进成员国司法合作以及边境管理等方面的合作。采取多种措施解决毒品问题，以进一步消除毒品生产，包括铲除毒品原植物种植及其生产加工，建立应对新型合成毒品及其他新精神活性药物的有效法律体系，并加强吸毒人员康复领域合作，有效减少毒品需求。在经济互联互通方面，成员国签署了《上海合作组织成员国政府间国际道路运输便利化协定》，以简化国际运输手续，方便人、财、物的跨界流通。安全合作和经济合作双轮驱动，上海合作组织在加强成员国合作方面取得显著的成绩。

巴基斯坦加入上海合作组织，可以通过与成员国之间的合作解决目前面临的安全以

及经济问题。同时，作为上海合作组织成员国，其需要履行成员国的责任。在反恐领域，巴基斯坦应积极推进与各成员国在司法协助、边境管理等方面的合作，对于联合军事演习也应积极参与；在经济互联互通方面，巴基斯坦应积极促进本国内道路运输便利化。然而巴基斯坦国内政局动荡，种族部落林立，导致其对外政策多变，中央政府的政策难以在地方政府得到有效推行。现任总理谢里夫，是穆斯林联盟谢里夫派领袖，其在未上台前对于前任政府的反恐政策便予以强烈抨击，反对将巴基斯坦变成美国全球反恐战争的“屠场”。在谢里夫上台后，其反恐政策趋于温和，强调通过对话解决争端。在白沙瓦爆炸事件发生之后，谢里夫政府迫于国内舆论和反对派压力，出台了打击恐怖主义的“国家行动计划”。“国家行动计划”具体内容涉及重启对于恐怖分子的审判、组建5 000人的反恐部队、建立特别军事法庭、切断恐怖分子及恐怖组织的资金来源等。伴随着“国家行动计划”的出台，巴基斯坦政府对于恐怖分子的打击开始呈现高压态势，但考虑到谢里夫总理一贯的对于恐怖分子妥协的态度，高压态势能够持续多久，还很难预料。国内种族部落林立，中央政府政策难以推行，是巴基斯坦在履行成员国责任面临的另一难题。巴部分政党和地方政府奉行双重反恐政策，表面支持反恐暗中却支持恐怖组织以维护小团体的利益，使得中央的政策难以推行。考虑到道路互联互通、边境管理等方面的国家合作，巴基斯坦中央政府的政策落实能力面临挑战。

（二）巴基斯坦处理与印度关系的能力待检验

巴基斯坦与印度因为克什米尔地区的归属问题一直处于军事对峙状态，两国的外交关系十分不稳定。巴基斯坦与印度同时加入上海合作组织，如何在上海合作组织框架内处理好与印度的关系，成为巴基斯坦面临的重大挑战，尤其是在印度的利益诉求与巴基斯坦利益诉求存在冲突的情形下，巴基斯坦面临的挑战更加严峻。

印度经济总量排名世界第九，人口数量世界第二。经济的迅速发展，造成了对于能源、资源的强大需求。印度的石油、天然气储量不丰富，更多的依赖进口。根据印度石油与天然气部2015年6月公布的数据，2014—2015年上半年，印度的石油进口量占印度进口总量的27.8%，石油进口依赖率高达78.4%。能源需求过度依赖进口，使得能源安全成为印度国家战略中的重要内容。印度石油和天然气部公布的《2011—2017战略规划》在阐述印度能源外交战略时提到：“提升石油外交，保障海外能源资产安全进而维护国家的能源安全”，“在政府层面与油气资源富足国家寻求合作勘探和生产，在国外积极扩张获取油气资产，为国家增加油气”。能源合作是印度加入上海合作组织重要的驱动力。此外，“恐怖主义仍然是影响印度安全的首要威胁，印度的反恐能力亟待提高”。在恐怖主义的问题上，巴基斯坦与印度互相在对方国内扶植恐怖主义势力，暗中支持恐怖主义行动。巴基斯坦政府扶植“虔诚军”在克什米尔地区不断制造恐怖袭击，而印度调查分析局则暗中煽动巴基斯坦境内的恐怖主义。打击恐怖主义成为印度加入上海合作组织另一重要的驱动力。巴基斯坦与印度在能源以及恐怖主义问题上存在利益的重合。尽管两国的利益在上海合作组织框架内均可以得到实现，但是两国会在实际获得利益的程度上展开竞争。巴基斯坦在加入上海合作组织后，其对待印度的外交政策必然要受到上海合作组织的影响。在开展能源合作、管道铺设、反恐合作中，巴基斯坦是否愿意在成员国之间为达成一致决议而放弃部分冲突利益，成为对于巴基斯坦国家政策的重大挑战。

三、巴基斯坦加入上海合作组织的前景

巴基斯坦加入上海合作组织，对于上海合作组织进一步提升其在区域事务中的能力和作用具有积极作用，上海合作组织也可以通过整合成员国之间的资源，为巴基斯坦的经济发展和安全形势稳定做出积极的贡献。巴基斯坦与上海合作组织合作的深入，必会受到域外因素的干扰，积极谋求合作的形式化解干扰，以实现各方共赢的结果。

（一）巴基斯坦与上海合作组织相互依存 共同发展

“相互依存”是指一个体系中的行为体或者事件相互影响的情势。小约瑟夫·奈从根源、收益、相对成本、对称性四个方面对于相互依存进行分析。巴基斯坦在加入上海合作组织后，上海合作组织本身成为一个体系，而巴基斯坦作为体系的一部分，与整个体系相互依存，相互影响。巴基斯坦与上海合作组织的相互依存，从根源上看，在于二者之间需求的重合性和互补性。巴基斯坦自身对于经济发展以及反恐的需要是上海合作组织能够满足的。而上海合作组织为扩大自身的地区影响力，需要借助巴基斯坦优越的地理位置和得天独厚的战略位置。收益分为绝对收益和相对收益，绝对收益是指双方基于合作而产生的对于双方都有利的利益，而相对收益则是指基于合作产生的收益在合作双方之间的再分配。在小约瑟夫看来，大多数的国际政治学家仅仅看到了绝对收益，而忽略了因为相对收益的不均等，导致的政治争端与冲突。收益概念同样可以运用于巴基斯坦与上海合作组织的关系之中。巴基斯坦加入上海合作组织从绝对收益的角度来看，二者均是可以获得利益的，这也是二者相互依存的动力。但从相对收益来看，即巴基斯坦通过加入上海合作组织可能获得的安全利益和经济发展利益，与上海合作组织吸纳巴基斯坦作为上海合作组织成员国所获得地区影响力，二者孰轻孰重，很难得出结论，因为利益本身是作为抽象的物质存在，很难将其量化予以比较。尽管利益本身很难进行比较，可以通过比较利益实现的程度来确定相对收益的多少。利益实现程度取决于主体拥有和获取利益的能力。巴基斯坦希望从上海合作组织获得的安全利益和经济发展利益是由上海合作组织自身的能力决定的。目前上海合作组织已经建立起常态化的军事演习机制、设立了专门的地区反恐机构来打击恐怖主义，制度和专门机构的建立对于巴基斯坦安全利益的实现具有重要帮助。经济发展方面，上海合作组织积极加强在能源合作及基础设施等方面的交流与合作，制定通过了《上海合作组织成员国多边经贸合作纲要》能源合作有序开展，贸易往来频繁，这有助于巴基斯坦经济发展利益的实现。上海合作组织目前软弱的执行能力可能成为影响利益实现的阻碍因素。上海合作组织通过的决议多是交由各成员国依据各自国内法执行，这使得决议落实的效果大打折扣，这也可能导致巴基斯坦期待的利益不能得到最大程度的实现。巴基斯坦能够给予上海合作组织的利益在于其优越的战略位置。上海合作组织依托巴基斯坦可以更好地打击恐怖主义，并能通过开展经济合作，成功将自身的影响力扩大到印度洋海域。巴基斯坦政府本身的反恐

意愿并不清晰，美国因素的介入，巴基斯坦与印度之间脆弱的两国关系均成为影响上海合作组织利益实现的影响因素。

影响相对收益的因素构成了相互依存的成本。影响相对收益的因素能否得到有效解决成为相互依存关系能否持续的关键。上海合作组织制度本身存在的问题，可以通过制度的更新来解决。然而制度的更新取决于制度背后的彰显的各成员国的国家利益。在各成员国就某一事项不能达成一致，发生冲突的情形下，在上海合作组织现有的全体一致做出决议的法律框架下，应通过谈判和利益补偿的方式促使成员国之间达成一致。对于上海合作组织而言，巴基斯坦国内存在的问题以及与印度之间的历史纠纷是阻碍其获得相对收益的因素。国内存在的政治问题和经济发展问题，可以通过经济改革、外来援助的形式予以解决，政党对于恐怖主义的态度也会因为形势的发展而发生变化，巴基斯坦国内存在的问题并不会对于上海合作组织获得相对收益起到决定性影响。印巴之间的关系，由于长期的历史积怨，克什米尔问题很难在短时间内解决，双边关系受到多重因素的干扰，印巴之间不稳定的国家关系成为影响上海合作组织实现预期利益的最大障碍。对称性体现为在两个当事方相互依存，其中一方对另一方依赖较小，只要双方看重这种相互依存的关系，那么依赖性较小的一方就拥有某种权力。从相对收益实现的角度看，巴基斯坦相对于上海合作组织处于有利的一方。尽管上海合作组织在相互依存的关系中处于不利的地位，但上海合作组织拥有是否进行制度更新的主动权。上海合作组织一方面可以通过制度更新约束巴基斯坦的行为，也可以凭借制度更新为筹码，要求巴基斯坦在处理与印度关系时保持克制，合作的态度。上海合作组织也可以作为第三方，依托上海合作组织法律框架，以斡旋、谈判的方式，促使印巴关系走向缓和，尽可能减轻印巴关系的不稳定带来的损害。

（二）敏感的印巴关系不会影响上海合作组织的稳定状态

自“印巴”分治以来，印度与巴基斯坦围绕克什米尔归属问题矛盾冲突不断，两国之间长期处于互信缺乏、军事对峙的状态。为争夺克什米尔的控制权，两国暗中支持或煽动恐怖主义在对方国家制造恐怖袭击及爆炸事件，更加加剧了两国之间的紧张关系。加入上海合作组织后，印巴两国可以在能源、经贸、反恐等多个领域同成员国展开合作，但长期的历史积怨使得两国在面临利益分配不均时可能会处于一种对立状态，而这种对立状态会成为上海合作组织深化成员国合作的挑战。

敏感的印巴关系不会成为影响上海合作组织稳定的因素。印巴两国政府均采取务实的外交政策，印巴两国关系出现缓和。2014 年，巴基斯坦总理谢里夫出席印度总理莫迪的就职典礼，这在两国历史上尚属首次。在经贸关系领域，两国政府在 2014 年互相给予对方国家在“互惠基础上的非歧视市场地位”（Non – Discriminatory Market Access on Reciprocal Basis），两国经贸往来频繁。莫迪政府更是将“发展经济作为本届政府的标签”“强调与邻国发展持续稳定的经贸关系”。在军事安全领域，印巴两国将于 8 月 23 日就军事安全问题展开磋商，重启两国军事安全对话，以缓解近期印巴边境的紧张局势。巨大的经济贸易潜力绑定两国关系。印巴目前的贸易总量为 30 亿美元，而据专家估算，两国的实际贸易总量可以达到 400 亿美元。印巴两国的贸易总量已从 2004—

2005 年的 8.35 亿增长到 30 亿美元，增长速度十分迅速。除了经济总量上升速度快外，两国经贸关系互补性强。印度的出口商品与巴基斯坦的进口商品存在多项重合。重合的商品占到了巴基斯坦进口量的 53%，印度出口量的 23%。在双方互相给予最惠国待遇后，两国的经贸关系更为紧密，使得两国关系日趋缓和，即使出现紧张状态，也不会以危害两国的经济关系为代价。上海合作组织自成立以来一直致力于通过对话、协商解决成员国争端，经过 10 余年的发展，内部已经形成十分完善的组织运行体制和决策体制。国家元首会议机制、政府首脑会议机制作为决策机制，各部长会议机制就具体事项展开磋商，秘书处与地区反恐机构负责协调和执行，完善的内部组织结构使得上海合作组织内部机构更加稳定，敏感的印巴关系并不足以影响上海合作组织的稳定状态。

四、结语

巴基斯坦加入上海合作组织可以进一步提升上海合作组织的实力和形象，推动上海合作在地区事务中扮演更加重要的角色。巴基斯坦在加入上海合作组织后，可以在上海合作组织的框架内加强同成员国之间的经济交流，开展富有意义的、实时的合作，共同应对恐怖主义、禁毒和边境安全等问题。在经济合作领域，巴基斯坦可以充分发挥自身的比较优势，积极同成员国开展在纺织品、农产品等产业的贸易合作。另一方面，可通过上海合作组织，与成员国加强能源管道、电力供应等方面的基础设施建设的合作，通过吸引成员国投资的形式解决政府财政资金不足的问题。在安全合作领域，巴基斯坦积极利用上海合作组织多边机制，参与形成常态化的反恐军事演习，落实上海合作组织通过的打击毒品买卖的协议，切断恐怖主义的资金来源，并加强与成员国在司法协助、人员交流与培训等方面的合作。巴基斯坦应以更加负责任的态度履行其在上海合作组织中所承担的国家责任。国家责任包括履行成员国的必要职责以及自觉执行上海合作组织通过的决议。尽管对于上海合作组织通过的决议，并不具有强制执行的效力，但对各成员国仍具有约束力，仍然要予以执行。考虑到边境管理、能源管道建设、道路运输均涉及巴基斯坦边境地区，边境地区局势混乱，地方政府对于中央政府的政策往往阳奉阴违，不予执行。中央政府与地方部落之间的利益冲突成为巴基斯坦履行国家责任面临的重大难题。妥善处理与地方部落之间的关系，平衡各方利益，以确保中央政府政策的落实。在处理与印度关系时，应坚持对话与协商的方式解决争端，而不应诉诸武力。积极同印度开展在能源管道、能源开发利用、工业产品进出口等方面的合作，开展军事安全对话，增强双方的军事互信。在上海合作组织的框架内，同印度就经济与安全合作展开磋商，实现两国关系的平稳发展。

中美人文交流现状、问题与对策

杨松霖[①]

（中国海洋大学，山东 青岛 266100）

内容摘要：作为中美关系的三大支柱之一，人文交流已经成为中美构建新型大国关系的重要内容。近年来，中美人文交流取得了丰硕的成果，在机制化水平、层次规模等方面都得到了明显提升。然而，中美人文交流过程中存在着不对称、不平衡的问题，还面临着诸多“薄弱环节”和“脆弱性”的挑战。同时，中美人文交流的模式、机制与评价体系也有待进一步优化。为此，中国应当加快将自身人文资源的比较优势转化为外交优势；妥善化解中美人文交流中的“政治化”风险；不断推动人文交流的模式创新与机制协调；积极促进中美人文交流的“科学化”建设。

关键词：全球化；人文交流；中美关系；中国外交

人文一般是指人类社会的各种文化现象，[②] 它包括“人”和“文”两个方面。在西方语境中，人文则泛指以观察、分析和批判来探讨人类情感、道德和理智的学科和知识总称，比如哲学、文学、艺术、历史和语言等。[③] 随着全球化和网络化的纵深发展，人文交流日益成为国家间互动的新领域，越来越扮演着架起各国人民心灵对话的桥梁角色。在此背景下，人文领域逐渐从传统国际关系的边缘进入现代国家间交往的中心，人文与外交逐步联姻，上升为全球化时代的新外交形态，成为除安全保障、经济发展之外的国际关系中的“第三层面”。[④]

作为两个对国际社会有重要影响力的大国，中美人文交流不仅对促进两国民众相识相知，推动中美关系健康发展具有特殊重要的意义，并且对于提升东西方不同文明之间的文明对话和文化理解也具有参考价值。然而，与当今中美两国在经贸领域取得的巨大成就相比，中美之间实质性的人文交流起步较晚，人文因素在中美整体关系中的所占比重还不算高。可以说，中美人文交流既存在很大的发展空间，同时也面临着诸多不确定性和挑战。鉴于此，本文拟对中美人文交流的发展现状、特点以及存在的问题进行深入

---

① **作者简介**：杨松霖（1989—），男，山东青岛人，中国海洋大学法政学院国际关系专业 2014 级硕士研究生，主要研究方向：中美关系、美国外交。

② 中国社会科学院语言研究所词典编辑室：《现代汉语词典》（修订本），商务印书馆，1996 年版，第 1064 页。

③ Albert W. Levi, *The Humanities Today*, Bloomington: Indiana University Press, 1970.

④ 赵可金：“人文外交：全球化时代的新外交形态”，《外交评论》，2011 年第 6 期，第 73 – 89 页。

分析，并就未来如何有效提升中美人文交流的“质”与“量”提出相应的对策建议。

一、中美人文交流的现状及特点

众所周知，中美关系的发展不仅表现在高层政治往来和经济贸易增长，作为双边关系的三大支柱之一，人文交流也构成了两国交往的重要内容。事实上，在19世纪初期，美国基督教新教即开始了来华传教的历程，传教士曾经被认为是中美之间的“精神纽带”，在中美人文交流历史中起到了中介作用。[①] 进入20世纪以后，一些美国教会和文化使者还在华举办了大量教育、医疗和慈善机构，对中国社会产生了巨大影响。[②] 20世纪70年代，具有历史开创意义的“乒乓外交”和“熊猫外交”则在中美两国关系发展中起到了特殊的推动作用，[③] 成为中美建交历程上的一段佳话。然而，由于人文交流长期受制于中美两国迥异的政治文化体系和意识形态冲突，并且被置于中美政治和经济交流的附属地位，这导致了双方人文交流机制化程度并不高，人文交流一直处于“零散”的状态，在交流范畴、层次和规模上十分有限。

直到迈入21世纪，这一状况才有所改观。2009年11月奥巴马总统访华期间，两国政府认为“人文交流对促进更加紧密的中美关系具有重要作用。为促进人文交流，双方原则同意建立一个新的双边磋商机制”，并将其写入了会后发表的联合声明当中。[④] 此后，在2010年5月举行的第2轮中美战略与经济对话期间，时任中国国务委员刘延东与美国国务卿希拉里共同出席了中美人文交流高层磋商机制首次会议，并签署了《关于建立中美人文交流高层磋商机制的谅解备忘录》。[⑤] 目前，双方已经陆续举办了6轮人文交流高层磋商，在教育、科技、文化、体育、妇女、青年、卫生7大领域建立起了数十项子机制、取得了百余项重要成果（参见表1）。其中，自第3轮中美人文交流高层磋商以来，双方开始采用联合成果报告的形式总结磋商主要成果；第4轮磋商机制首次将青年和创新作为磋商的主题；[⑥] 第5轮磋商又设立了中美人文交流基金，增加了中美体育研讨会和中美青年思想者圆桌会议等新内容；第6轮磋商进一步突出了卫生合作的重要性，并举办了首届“中美健康城市论坛”。

---

① 徐以骅：“宗教因素与当前中美关系”，《国际问题研究》，2011年第3期，第30－35页。

② 中美人文交流研究基地：《雁过留声：中美人文交流的记忆》，北京大学出版社，2012年版，第113－159页。

③ 陶文钊著：《中美关系史（1949－1972)》，上海人民出版社，2004年版，第332－337页。

④ The White House, Office of the Press Secretary, *U. S. – China Joint Statement*, November 17, 2009, http://www.whitehouse.gov/the-press-office/us-china-joint-statement.

⑤ “中美人文交流高层磋商机制正式成立”，《中国教育报》，2010年5月26日。

⑥ U. S. Department of State, Office of the Spokesperson, U. S. – China Consultation on People – to – People Exchange (CPE), *Fact Sheet*, November 21, 2013, http://beijing.usembassy-china.org.cn/20131121-us-china-cpe-fact-sheet.html.

表1 中美人文交流高层磋商主要成果

轮次 领域	第1轮（2010年5月25日，北京）；第2轮（2011年4月12日，华盛顿）	第3轮（2012年5月4日，北京）	第4轮（2013年11月21日，华盛顿）	第5轮（2014年7月9日，北京）	第6轮（2015年6月23日，华盛顿）
教育	签署教育交流合作协定；美国“十万人留学中国计划”、中国“三个一万”教育项目等	扩大中美富布莱特项目；举办中美教育发展论坛；推进中国高职院校与美国社区学院交流计划等	续签中美教育合作备忘录、苏世民学者项目；推进省州教育合作、中美友好志愿者项目等	继续实施好中美教育交流的重要合作项目；设计实施新的引领示范性项目；支持双方其他教育交流活动等	巩固中美政府间教育政策交流；中方启动“百千万”计划；继续实施好中美教育交流的重要合作项目；支持两国教育机构高水平战略合作等
科技	扩大中美青年科技人员合作研究；共同资助在重点领域设立联合研究中心等	启动中国青年科学家访美计划；中美青年科技论坛等	中美青年科技论坛等	举办中美科技人员交流计划；举办第6届中美青年科技论坛；执行第3批中国青年科学家访美计划等	举办中美科技人员交流计划；举办第8届中美青年科技论坛；执行第4批中国青年科学家访美计划等
文化	签署文化协定2010—2012年执行计划；中美文化论坛等	续签两国政府文化协定2012—2014年执行计划；继续开展艺术交流	第4届中美文化论坛；2014年史密森民俗节中国主题活动、“带我去中国”系列活动	文化合作文件签署；推动中美视觉艺术交流；加深中美演艺交流；合作举办综合性文化活动等	文化合作文件签署；继续合作举办文化艺术活动；首届“芝加哥建筑双年展”活动等
体育	中美“乒乓外交”40周年纪念活动；中国武术和健身气功专家教练赴美培训、指导等	深化两国奥委会以及单项体育协会间的合作；开展妇女体育运动和大众体育的交流	中美体育年度交流论坛；青少年和残疾人体育交流与合作；规划残奥委会等交流计划	首届中美体育研讨会；武术、健身气功、摔跤、足球等项目的交流合作；加强残疾人体育交流等	第2届中美体育研讨会；击剑、排球、高尔夫、水球、篮球等项目的交流合作；加强传统体育、休闲体育等项目的交流等
妇女	中美妇女领导者交流与对话、妇女赋权项目等	第4轮中美妇女领导者交流与对话；加强青年一代妇女领导者以及妇女与可持续发展方面的交流等	中美妇女领导者交流对话会、中美女学生科技夏令营、“妇女参与公共服务”、妇女能力建设项目等	第7届中美高层女性领导者对话会；第3期女性领导力培训班；开展预防乳腺癌项目、推广家庭清洁炉灶等	第8界中美妇女领导者交流对话会；女企业家精神研讨会；开展反家暴交流互访活动、推广家庭清洁炉灶等

续表

领域＼轮次	第1轮（2010年5月25日，北京）；第2轮（2011年4月12日，华盛顿）	第3轮（2012年5月4日，北京）	第4轮（2013年11月21日，华盛顿）	第5轮（2014年7月9日，北京）	第6轮（2015年6月23日，华盛顿）
青年	中美青年科技人员合作研究计划、中美青年科学论坛、中美青年领袖交流等	深化两国青年政治家交流和学生领袖交流项目；鼓励两国职业青年开展对话等	面向中美青年政治家、学生领袖和青年企业家开展公民教育、领导力建设等主题的交流和培训项目等	举办中美青年思想者圆桌会议；中美青年政治家互访项目；中美学生领袖交流项目等	中美青年思想者圆桌会议；中美学生领袖交流项目；中美青年职业人士研修交流项目；中美青年创业创新交流项目等
卫生					深化卫生政策与体制改革交流；首届中美健康城市论坛；启动“青年卫生骨干千人交流计划”；开展联合研究等

资料来源：根据马丽蓉《丝路学研究：基于中国人文外交的阐释框架》，时事出版社，2014年，第459－第460页，以及相关新闻报道的基础上加工整理而成（因前两轮中美人文交流高层磋商资料有限，此处合并整理）。

目前，中美人文交流日益频繁，有力地推动了两国关系的持续发展。虽然双方达成的诸多协议和项目有待于逐步落实，相关活动的成效也有待于进一步检验，但是相较于过去“散兵游勇式”的人文互动，中美现今的人文交流已经取得了巨大进步，并呈现出如下几个特点。

第一，政府主导，人文交流的机制化水平明显提高。历史上的中美人文交流虽然零星不断，但是始终没有形成一个统领双方人文交流的高层磋商机制。为此，时任中国国务委员刘延东于2009年4月访美期间，首次提出扩大中美人文交流和建立双方高层磋商机制的建议，并得到了美方的积极回应。同年11月，奥巴马总统访华期间中美双方正式宣布建立中美人文交流高层磋商机制，倡议增加互派留学生的规模并为之提供外交便利。截至目前，中美双方已经举办了五轮人文交流高层磋商机制，签署并续签了《中美教育交流合作协定》《中美文化协定》等政府文件。开启中美人文交流高层磋商机制，彰显了中美两国政府高度重视文化软实力建设和公共外交的发展，也彰显了中美两国以双方人文交流为推进两国关系的新增长点。①

第二，官民并举，人文交流的主体不断多元化。目前，除了中美两国政府的高层交流外，非政府组织、民间团体、高等学校等对外交流主体也不断扩大，在教育交流、企

① 黄仁国：“中美人文交流高层磋商机制分析”，《现代国际关系》，2010年第8期，第9－第16页。

业交流、地方交流和友好城市建设等方面发挥了显著作用。[①]例如，2011 年 10 月北京大学建立了中美人文交流研究基地，开展了“中美核心价值对话”、“中美战略互信与人文外交”主题论坛等学术活动，同时还协助筹备了第 3 轮中美人文交流高层磋商事宜。2013 年 10 月，美国高盛公司赞助并主办了“跨越太平洋”中美音乐交流活动。2014 年，印第安纳波利斯儿童博物馆还举办了“带我去中国”系列活动……诸如此类的例子不胜枚举。[②] 越来越多的行为体扮演着中美人文交流的“使者”，反映了人文时代的国际关系正逐渐超越国家行为体互动这一范畴，愈发具有“以人为本”的特质。

第三，多点开花，人文交流的领域、层次和规模持续扩大。众所周知，中国是一个人文资源丰富的大国，而美国是一个教育科技实力雄厚的强国，因此中美之间的人文交流具有很大的互补性和开拓空间。也正是基于此，近年中美之间的人文交流——无论是在交流领域、层次，还是在互动规模上——都获得了实质性提升。仅以中美互派留学生为例，2010—2011 年中国在美留学生人数为 15.7 万人，到 2012—2013 年，这一数字达 23.6 万人。美国来华留学生在 2011—2012 年仅为约 1.5 万人，至 2014 年，约 9.2 万名美国青年通过“十万强”计划来到中国留学。此外，美国还是全世界设立孔子学院（100 所）和孔子课堂（356 个）最多的国家，注册学生已达 20 万人。[③]中美之间从最初的“传教—教育”交流发展到目前的“大人文”外交格局；从以往限于中央政府层面的互动扩展到中央—省级（州）—市—（郡）县—个人立体层面的交往；从过去点滴式的官方和商务人员的例行互访发展到目前数以万计的普通民众的直接往返，都可谓是当前中美人文交流蓬勃发展的真实写照。

第四，相得益彰，人文交流构成中美新型大国关系的有机内容。自从 2012 年 2 月中国国家主席习近平提出构建中美新型大国关系倡议以来，人文磋商就同战略互信和经贸合作一起，成为发展中美关系的“三驾马车”。“人文交流在中美新型大国关系中，既是‘探路者’，也是‘铺路者’。中美两国要打破所谓新兴大国和守成大国必然冲突的历史魔咒，做不同国家和谐共处，不同文明交融互鉴的典范，离不开时代友好的民意基础，离不开人文交流的有力支撑。”[④] 近年来，中美人文交流的机制化建设和可持续发展成就有目共睹，这不仅为中美构建新型大国关系提供了“战略意图的再确认”，而且也提供了“战略行动基础的再确认”。[⑤] 中美两国政府“把散落在各个不同机制中的

---

① Wenchi Yu，“Improving U. S. – China Relations Through People – To – People Engagement”，*Forbes*，July 18，2014，http：//www. forbes. com/sites/wenchiyu/2014/07/18/ improving – u – s – china – relations – through – people – to – people – engagement/.

② U. S. Department of State，Office of the Spokesperson，“Facts on U. S. – China Consultation on People – to – People Exchange”，November 21，2013，http：//beijing. usembassy – china. org. cn/cpe_ 2013. html.

③ 孔子学院总部/国家汉办《孔子学院 2013 年度发展报告》，第 71 页，http：//www. hanban. edu. cn/report/pdf/2013. pdf。

④ 刘延东：“人文交流是构建中美新型大国关系的助推器”，新华网，2014 年 7 月 10 日，http：//news. xinhuanet. com/politics /2014 – 07/10/c_ 1111559162. htm.

⑤ 复旦大学国际问题研究院：“人文外交：中国特色的外交战略、制度与实践”，《复旦人文外交战略报告》，2014 年 12 月 1 日，第 46 页。

教育、科技、文化、体育等交流整合成为一个全新的人文交流高层磋商机制”,① 从而使其在新型大国关系的构建过程中可以更好的发挥了人文交流的纽带作用，以促进中美两国人民的互相理解，夯实彼此社会和民意基础。

二、中美人文交流过程中存在的问题

在全球人文化时代，尽管各国具备的人文资源不尽相同，对人文外交的理解也不尽一致，但都高度重视国际人文交流。作为世界上重要的人文大国，中美两国在人文领域具有较强的互补性，存在着巨大的合作空间，中美人文交流面临着前所未有的发展机遇。然而，由于中美两国在客观上存在着三大“结构性”差异——不对等的力量对比结构、截然不同的制度体系结构和不通约的中美观念结构,② 再加上双方开展人文交流的经验积累、资源投入和目标期望等也有所不同，这导致了中美人文交流过程中必然会遭遇形形色色的“人文鸿沟”和现实难题，需要引起我们足够的重视。

首先，中美人文交流存在着不对称性和区域不平衡的问题。总体情况是美国对华输出多，需求少；中国对美输出少，需求多。以教育和科技交流为例，根据美国《科学》杂志发布的信息，中美建交 30 年以来，有超过 100 万的中国学生曾经留学美国，其中 2/3 分布在科技领域。当前，美国大约 8% 的科学与技术领域博士学位授予了中国留学生。③ 此外，从 2000 年到 2010 年，中美两国科学家联合发表的论文数达 8 万篇，远超中日科学家联合发表的论文（3 万篇）。④ 中美两国的国情差异本可以为双方开展全方位的科技合作提供动力。然而，美国凭借其强大的教育和科技实力，在中美科技交流中始终处于“居高临下”的地位，同时在对华所谓“敏感技术”出口上惯用管制和歧视政策。⑤ 时至今日，在诸如航天科技、产业核心技术等领域，仍然被美方视为对华科技合作的“禁区”。

与此同时，中国对美人文交流还面临着区域失衡危险。目前，中国对美人文交流更多地集中在中国东部大中城市，特别是沿海发达地区，而中西部及边远地区涉及较少。以友好城市为例，截止 2015 年 4 月，中国共有 31 个省、自治区、直辖市（不含港澳台地区）与美国建立了总计 243 对友好城市（省州）关系。其中，位于东部沿海发达地区的江苏（34 对）、广东（22 对）、山东（19 对）分列前三甲，而西藏、新疆、宁夏 3 区仅各建立了一对友好城市关系。⑥从全国范围来看，与美国友好城市数量呈现出明显的“东多西少”不均衡特征。

---

① 杨琼、吴倩：“中美正式开启人文交流高层磋商机制”，《中国日报》，2010 年 5 月 25 日。

② 赵可金：《软战时代的中美公共外交》，时事出版社，2011 年版，第 162 – 第 173 页。

③ Norman P. Neureiter and Tom C. Wang，“U. S. – China S&Tat 30”，*Science*，January 30，2009，p. 591.

④ “国际科技合作十年：官方合作稳定，民间交流活跃”，人民网，2012 年 11 月 8 日，http：//scitech. people. com. cn/n /2012/ 1108/c1007 – 19524536. html

⑤ 王明国：“中美科技合作的现状、问题及对策”，《现代国际关系》，2013 年第 7 期，第 5 页。

⑥ 《中国国际友好城市联合会友 – 城统计》（截止 2015 年 4 月 12 日），http：//www. cifca. org. cn/Web/YouChengTongJi. aspx.

其次，中国对美人文交流亦存在着诸多“薄弱环节”。一方面，非政府组织和民间力量参与度依然不高。在全球化迅速发展的今天，非政府组织和民间力量已经成为不可忽视的对外行为主体。然而，中国严格意义上的非政府组织、民间团体、杰出的社会活动家储备不足，缺乏资金和经验，国际化程度不高，相关法律法规也不完善，[①] 这导致了中美人文交流过程中，中国官方色彩过于浓厚，民间力量和非政府组织的角色不突出。另一方面，媒体建设与传播方式滞后。媒体在增进彼此了解、塑造国际形象方面所起到的作用不容忽视，已经成为推动人文交流的重要抓手。由于中美在新闻体制以及文化传统方面都存在巨大差异——中国新闻报道往往以正面报道为主，弘扬社会主义核心价值观，这种新闻价值取向被称为“喜鹊文化”；而美国更多的关注社会的黑暗面，看重调查性、揭黑报道，被称为“乌鸦文化”。[②] 上述差异决定了如果试图以国内媒体报道风格来捕获美国民众的好感，显然是不现实的。此外，信息化时代的人文外交应注重发挥网络等新媒体的作用。而当前中国的网络发展还相对滞后，在信息的更新、上传速度、页面的美观、界面的吸引力以及中英文双语建设方面都有亟需改进的空间。在美国占尽信息技术优势的形势下，中国要想在短期内跨越中美“信息鸿沟”，无疑会困难重重。

再次，中美人文交流中的“脆弱性”问题也不容忽视。这里的“脆弱性”主要是指由于两国存在着不同的政治体制、文化类型、价值观念以及现实利益矛盾，中美之间的人文交流始终无法摆脱两国整体战略关系的左右，同时容易受到双方意识形态冲突的干扰。面对中国的快速崛起、中美实力对比不断拉近的新现实，部分美国民众开始担忧中国会颠覆现有的国际体系；而在中国的民众之中，也存在同样的焦虑感，认为美国会运用既有优势，阻碍中国崛起。[③]正如中美两国的战略分析家所担忧的那样，中美以往的交流经验和广泛的交流活动，却未能使任何一方建立对对方长远目标的信任……不信任本身即具有缓慢的破坏性，而在此基础上形成的态度和采取的行动反过来又会加剧不信任。[④] 从长远来看，中美之间的这种“战略互疑”——双方在长远意图方面的互不信任——将会长期困扰两国关系的健康发展，这其中自然也会波及中美人文交流领域。

同时，作为人文交流的重要范畴，宗教和人权议题向来是中美人文互动中的敏感话题。在美国精英分子的思想深处，美国代表着“白天的光亮”，在其他地方如非洲、拉美、亚洲则为“黑暗”所笼罩，是一些“道德的荒原”，美国担负着一种把光明和“基督的福音”带给这些民族的使命。[⑤] 受此观念左右，美国国内一些人士和机构长期误解中国的宗教和人权政策，甚至对中国进行妖魔化宣传，指责中国存在严重的宗教不自由

---

① 吴白乙：“公共外交：中国外交变革的重要一环”，《国际政治研究》，2010 年第 3 期，第 117 页；倪健：“民间组织在公共外交中大有可为”，《公共外交季刊》，2013 年秋季号，第 48 页。

② 展江：“普利策新闻奖：‘乌鸦嘴’的荣耀与误读”，http://www.Chinamediaresearch.cn/article.php?id=3931；欧亚、王朋进：《媒体应对：公共外交的传播理论与实务》，时事出版社，2011 年版，第 97 页。

③ 董春岭：“中美人文交流：‘四轮驱动’中美新型大国关系”，《世界知识》，2014 年第 16 期，第 52 页。

④ Kenneth Lieberthal, Wang Jisi, *Addressing U. S. – China Strategic Distrust*, John L. Thornton China Center Monograph Series, Number 4, March 2012.

⑤ 任晓、赵可金、成帅华：“意识形态与外交政策”，《世界经济与政治》，2003 年第 2 期，第 8 – 9 页。

和人权问题。近年来，奥巴马政府更是以宗教和人权为政治工具，屡次允许达赖喇嘛以所谓“宗教和文化领袖”身份访问美国，纵容其从事反华分裂活动。[①] 未来，中美双方围绕宗教与人权领域进行的“干涉”与“反干涉”将会持续不断，这必然会对双边正常人文交流造成负面冲击。

最后，中美人文交流的模式、机制与评价体系尚需更新和完善。自2010年中美人文交流高层磋商机制正式建立以来，双方开展人文交流更多的是采取了“政府主导+精英聚焦”的模式。无论是教育领域的美国“十万强”，还是中国的“三个一万”奖学金，不管是文化领域的“青年领导者交流计划”，还是科技领域的“中美青年科技论坛”等，尽管其话题可能会涉及草根人民，但是其发起者基本上是政府部门，参与者也大都局限于精英阶层。[②] 然而，国之近在于民相亲。人文交流的真谛在于如何拉近普通民众之间的关系，如何沟通普通民众之间的心灵。因此，中美人文交流模式需要“重心下移”，更多地将目光投向社会基层民众和草根团体。与此同时，中国目前执行对美人文交流的机构不仅涵盖中央多个部门，还会涉及从中央到地方、从公营企事业单位到私营、非政府部门等跨层级、跨行业、跨部门团体。而“一定程度上缺乏顶层设计、涉及部门庞杂、统筹协调困难是当前中国人文外交所面临的最突出的制度难题，也是人文外交制度建设亟需突破的方向。”[③] 因此，未来如何加强顶层设计、统筹协调不同部门和机构之间的利益关系，建立起资源和人力高效利用的人文外交工作体系，就成为中国政策制定者不得不面对的一项课题。

更为重要的是，中美两国虽然已经建立了高级别、常态化的人文交流机制，但是相关政策的一致性和协调落实问题亟待解决。在中美人文交流高层磋商机制引领下，中方虽然开展了形形色色的交流活动，但是“缺乏一个衡量交流活动效果的科学评估系统是中国对外交往中存在的突出问题”。[④] 中国过多的重视活动的形式，对活动内容和意义缺乏科学的认识。另外，中国的对美人文交流还受到传统“外宣”思维的严重影响，注重领导讲话、然后去贯彻，但是贯彻到什么程度则无人问津。中国对美人文交流活动中的资金投入也是可观的。然而，这些活动效果究竟如何，是否达到预先设定的目标，便不得而知。

三、提升中美人文交流的对策建议

为了推动中美人文交流朝着健康、共赢的方向发展，充分发挥人文互动在中美关系

---

① “外交部就达赖参加全美祈祷早餐会等答问”，中国新闻网，http：//www. Chinanews. com/gn /2015 /02 - 03/ 7031484. shtml.

② 复旦大学国际问题研究院：《人文外交：中国特色的外交战略、制度与实践》，《复旦人文外交战略报告》，2014年12月1日，第47页。

③ 复旦大学国际问题研究院：《人文外交：中国特色的外交战略、制度与实践》，《复旦人文外交战略报告》，2014年12月1日，第27页。

④ 许利平、韦民：“中国与邻国人文交流的现状、问题及对策”，《国际战略研究简报》，北京大学国际战略研究院，2013年第2期，第3页。

中的纽带作用，中国应主动顺应国际关系“人文转向”的大趋势，在科学分析中美关系的发展现状和准确研判美国国内政治生态的基础上，充分挖掘自身人文交流资源、拓展人文交流主体、加强人文交流评估，努力通过市场化和社会化的途径推进中美人文交流向前发展，为构建中美新型大国关系创造良好的人文环境。

第一，知己知彼，加快将中国人文资源的比较优势转化为外交优势。就目前中美两国的不同发展阶段来看，美国的人文资源优势在于其拥有先进的教育水平、发达的现代科技、流行的娱乐文化、健全的法制体系以及建立在此基础上的开放、包容、进取的思想文化优势。相对而言，中国虽然不具备美国的上述现代性人文资源优势，但是作为一个历史悠久的文明古国和经济实力持续增长的现代大国，中国当前则具有三大人文资源比较优势：日益得到重视和发掘的传统“继承性”人文资源、国家现代化建设进程中积累起来的“经验性”人文资源以及长期对外兼容并蓄、包容开放的“吸纳性”人文资源。可以说，中国是历史悠久的东方文明大国，而美国则是西方现代文明的代表，两国都拥有独特的历史传统和人文精神，也都具有文化的自信与包容力。中美人文交流体现出的是两种不同文明之间的互鉴，而不是单向的文化输出。

对美国而言，在近年中国综合国力快速崛起的背景下，越来越多的美国精英和大众开始将目光投向中国，倾听中国声音和中国故事。换句话来说，一个经历了改革开放而日渐现代化的中国越来越具有吸引美国关注的实力和魅力。然而，长期以来中国并没有将丰富的人文优势转化为外交优势，根本原因在于缺乏人文外交化和外交人文化的战略，缺乏将人文优势转化为外交优势的战略平台和体制机制。[①] 为此，中国应当知己知彼，在客观评估美国对华人文交流优势的基础上，从自身的资源优势出发，积极打造对美人文交流战略平台、拓展人文交流渠道、完善中美人文交流的机制建设，以架起中美民众沟通的桥梁。同时，中国在对美人文交流过程中应坚持和平、发展、合作、共赢的战略原则，以自信、坦诚的心态来看待两国人文交流过程中产生的暂时不平衡现象，不消极回避问题，努力学习美国之“长”，以补自身之“短”。

第二，求同存异，妥善化解中美人文交流中的政治化风险。由于中美关系错综而复杂，双方在人文交流过程中难免会受到其他因素的影响，一些正常的人文交流项目甚至会面临着政治化风险。一个典型的例子是，随着近年孔子学院在美国的茁壮成长，美国国内一些媒体和政客不时发出莫名的“担忧”，声称孔子学院是中国“文化扩张”的工具，“潜藏”有共产主义的教学内容，成为中国政府对外宣传战略的一部分。[②] 因此，为了避免人文交流项目的“泛政治化”，防止因一时一事而给中美人文交流造成冲击，中国需要继续施展“求同存异”的外交智慧。

一方面，要借助于当今中美普通民众紧密往来的新现实，持续扩大两国的共同利益

---

① 赵可金：“人文外交：全球化时代的新外交形态”，《外交评论》，2011年第6期，第89页。

② Arthur Kane, “Confucius Institute Under Fire as Conduit of Chinese Propaganda”, *The Daily Signal*, October 16, 2014, http://dailysignal.com/2014/10/16/confucius-institutes-merely-outlets-chinese-propaganda/; The U. S. House Committee on Foreign Affairs, “Subcommittee Hearing: Is Academic Freedom Threatened by China's Influence on U. S. Universities?”, December 4, 2014, http://foreignaffairs.house.gov/hearing/subcommittee-hearing-academic-freedom-threatened-chinas-influence-us-universities.

面，塑造两国民众你中有我、我中有你的命运共同体意识。受益于中美建交以来双边关系的整体推进，两国每年的人员往来已经从建交时的几千人，发展到目前每年超过400万人次。现在，平均每天有上万人穿梭于太平洋两岸，每26分钟就有一架航班往来于两国之间，而通过互联网、手机互动的民众更是难以计数。[①] 这些人员既是中美交流的受益者，也是支持中美关系友好、推动两国关系发展的最积极力量。他们之间的友好往来已经形成了类似于经济上的相互依赖，成为制约中美政治与经济冲突的重要力量。为此，中国需要立足长远和未来，不断扩大中美人员往来的规模和途径，在交流中引导两国民众尊重文明的多样性，学会求同存异、和谐共处之道，使你中有我、我中有你的命运共同体意识深深扎根。另一方面，对于两国人文交流过程中遇到的一时难以化解的文化差异或冲突，可以在尊重彼此发展道路和核心价值的基础上，遵循搁置争议、循序渐进的原则，逐步缩小双方的“人文鸿沟”。同时，中国在对美人文交流中还要把握好“适度均衡”的思维方式，多一些换位思考，少一些以己度人。要努力寻找矛盾双方的平衡点，把握处理问题的合适的尺度，并且做到“己所不欲，勿施于人”，这样才有利于化解双方矛盾。

第三，多元联动，不断推动人文交流的模式创新与机制协调。在中国对美人文交流过程中，要妥善处理好政府和民众的角色分工，根据人文交流的不同发展阶段而适时调整和创新交流模式。一般而言，在人文交流的开启阶段，需要发挥政府的动员力量和搭桥作用，因而这一时期政府的引导角色可能会较为突出。然而，“国与国之间的关系归根到底还是根植于人民”,[②] 这也是人文交流的真谛所在。因此，随着时间的推移，人文交流应由“自上而下”逐渐过渡到“自下而上”，更多地发挥地方、民间、个体的力量，使民众成为支持发展中美关系的核心。[③] 换言之，在中美人文互动渐入正轨后，政府不能一直包办“人文婚姻”，应当淡化自身角色，从“台前”走向“幕后”，成为中美人文交流这场大戏的“导演”，而非“演员”。

此外，在对美人文传播方式上，有必要采用“精英为首要，平民为基础”的目标群体双轨并行模式,[④] 既要针对美国精英阶层，特别是能够影响美国对华决策和公众舆论的“意见领袖”，注重精英舆论对大众舆论所具有的引导性和疏导力,[⑤]又要注意中美人文交流的“社会驱动力”与“平民浪潮”，重视对美国高校、智库、劳工组织、利益集团等非政府机构的对口交流。只有统筹国际与国内、中央与地方、官方与民间、精英与草根等多元力量，才能形成对美人文交流的合力。同时，为了加强中国对美人文交流中的机制协调，可以考虑设立一个综合性、常年运转的对美人文交流总协调处或者领导委员会，来统领有关机构和地区的对美人文交流事务，推进部门协调、任务分解、数据分析、效果评估等常务性工作，并对各部门、各地区、各单位的资源投放进行统筹规划。

---

① 王毅:“继往开来，努力构建中美新型大国关系——纪念中美建交35周年”,新华网，http：//news.xinhuanet.com/world/2013－12/31/c_ 118787603.htm.

② “Remarks by Hillary Rodham Clinton at the People－to－People Dialogue Plenary Session”，Beijing，May 4，2012，http：//m.state.gov/md189330.htm.

③ 董春岭：“中美人文交流：‘四轮驱动’中美新型大国关系”，《世界知识》，2014年第16期，第53页。

④ 郑华：“中国公共外交发展进程中的困惑及其应对”，《国际观察》，2012年第2期，第66－71页。

⑤ 郭可：《当代对外传播》，复旦大学出版社，2003年版，第170－第171页。

第四，加强投入，积极促进中美人文交流的“科学化”建设。目前，中美人文交流已经取得了丰硕的成果，内容涵盖了多个领域。那么，这些成果执行的如何？在成果数量迅速扩张的同时，其“质”的提高是否与“量”的增长相匹配？考虑到每一个人文交流项目的设计和实施都需要耗费大量资源，而政府资助的人文交流项目是每个中国纳税人的钱，不仅需要审计，而且需要建立严格的事前和事后评估机制。[①] 因此，为了保证中美人文交流的可持续发展，政府必须有意识地建立相应的科学评估体系，对中美人文交流的过程和结果进行综合评估和评价。否则，中国的人文外交就很容易走上“宣传”的老路，即只讲形式，不求实效；外表光鲜，内容陈旧。[②]

此外，在大数据时代，有必要建立中美人文交流信息数据库以及相关的动态监测、危机预警、信息发布等制度。[③] 具体而言，横向上可以建立包含中美人文交流六大领域的信息数据库，同时将媒体、旅游、图书出版、宗教、艺术团体等领域纳入其中；纵向上建立从地方基层到大中城市直至中央的“自下而上”的数据信息，形成对美人文交流的立体数据网络。同时，将中美人文交流过程中出现的民意民情变动、国家形象指数、孔子学院（学堂）变化、友好城市缔结数量、留学生人数统计等有关信息分门别类的汇总到数据库。在此基础上，根据数据库提供的数据，对中美人文交流状况进行动态监测，对可能会出现的问题提前进行危机预警。最后，建立中美人文交流信息发布制度，定期发布中美人文交流过程中各领域、各地区相关数据。这样一方面可以使信息公开化、透明化；另一方面也有利于澄清谣言与不实报道，为中美关系的健康发展提供良好的舆论环境。

---

① 许利平、韦民：“中国与邻国人文交流的现状、问题及对策”，《国际战略研究简报》，北京大学国际战略研究院，2013 年第 2 期，第 4 页。

② 金正昆、唐妮娜：“当代中国外交的新路径：“人文外交”初探”，《教学与研究》，2009 年第 8 期，第 38 页。

③ 沈本秋：“大数据与公共外交变革”，《国际问题研究》，2015 年第 1 期，第 29 – 第 42 页。

战争尚未终结，和平仍需努力

——论第二次世界大战与冷战的缘起缘灭

曹瑞冬

（南京农业大学，江苏 南京 210095）

内容摘要：这个世界上很多事物都是错的，然而人类却允许与错误共同前行，这只能用人类的怪异性来解释。人们看到战争，可人们并没有觉得它们是错误的，人们会为自己觉得恶心，或许战争的存在是人类历史的必然产物，战争是比和平更具说服力的人类发展必由之路。战争抑或者是和平的界定，不能用人类关于正确与错误的判断轻易定论，战争更多时候比和平更有能力改变这个世界。但在人类前进的事业里，和平才是必然，但却如共产主义一样遥遥无期。自新航路开辟以来，世界开始了真正的质变，海洋成为了新老大国争夺霸权的战场，而东西方的殖民与被殖民体系开始构建，第一次世界大战与第二次世界大战彻底地瓦解了这血腥的秩序，迎来的却是更大的对抗。当历史进入一个崭新的时代，人类将目光投放在天空，准备新一轮的战争量变，但不公平的秩序已根深蒂固，世界在有望迎来更大和平的同时陷入了更大的战争。战争与和平的正比关系，是人类的共同愿望，也是人类无法克服不公正秩序的回应。《战争尚未终结，和平仍需努力——论第二次世界大战与冷战的缘起缘灭》旨在针对新航路开辟以来的世界历史发展的问题做出研究，并且着重探讨第二次世界大战与冷战开始与终结的因素，从而对战争与和平之间的关系与未来的发展深刻的总结。缘起缘灭，只要和平的缘在，战争的缘就不会消失，人类的矛盾大都是遵循这个规律。

关键词：战争；和平；第二次世界大战；冷战；缘起缘灭；国际秩序

一、论战争与和平

战争与和平的关系，用哲学的思想来解释，即为对立统一的矛盾。就人类当前的社会发展水平而言，不足以将战争与和平的联系彻底割裂，在很漫长的历史里，我们将继续生存在和平与战争共存的时代。

人和动物最大的共同点是对利益的追逐。“猛虎留班鳖，义士遗青名”这句话的意思绝不是仅仅停留在建功立业的决心，而内在的含义是“猛虎就是因为毛皮才会被打死，人就是好逐虚名才会送命。”利益这根杠杆，当失去了维持“天平”平衡的机能，原有的和平局面便会被打破，新一轮的战争便会开始，而在战争中追名逐利的胜者也会成为新一轮和平局面的主导者。和平与战争的更迭重复便形成了规律，在古代或许表现为一个朝代的更迭，在近代则是国家之间的争霸大业。

和平是人类的共同愿景，尤其体现在下层劳动人民身上。在小农经济占主导地位的社会里，一场战争足以毁灭无数个这样脆弱的家庭。战争只会带来血仇，而这血仇很多时候也必须以更大的血仇回报，彼此之间的矛盾进一步加深，除非等到战争一方的利益集团彻底地被打败。大多数人都坚持所谓的和平是在战争之下的产物，而和平在发展的同时就孕育了战争的危机。

马克思主义认为，在阶级产生以前，原始氏族社会是一个“绝对和平”的社会，阶级出现以后，阶级斗争是一个源于生产力与生产关系矛盾运动所造就的阶级社会必然存在的历史现象，一切阶级社会都不会存在永久的、绝对的和平，阶级社会的和平是由国家暴力维系的“相对和平”，人类社会的“绝对和平”再次出现只能在于消灭阶级，从而也就不存在阶级斗争与国家的共产主义社会。和平是人类社会生存与发展的条件，也是人类自古至今极力维护和争取的理想的状态。但是，人类社会的战争却是一直难以避免，战争与和平始终相互交替地存在着。在阶级社会里，战争起源于私有制，是阶级斗争的产物，而当阶级斗争、国际斗争还没有发展到尖锐化的程度，还没达到需要采用暴力来解决相互之间的矛盾的时候，就一般被称之为和平时期。但随着生产力与生产关系、经济基础与上层建筑之间矛盾的不断发展，阶级斗争就会愈演愈烈，人类社会的和平时期就会被战争给打破和中断。[1]人类在利益发展的状态下背离了“大同社会”，强者统治弱者的不公平阶级体制形成，自此，对抗便积累在和平中，只等待一个恰当的时机将其发泄。

当统治阶级强大时，它会采取战争的形式与其他阶级斗争，从而达到本阶级的独裁统治地位，然而，当统治阶级力量薄弱时，它会希望尽量延长和平来为自身争取把握统治的机遇。因此，当一个更加先进的阶级依赖战争战胜了旧阶级，这就是所谓的发展，也因此，为了让人类社会向着共产主义下的“绝对和平”前进，战争是比相对和平更能推动发展的力量。

利益的存在让社会分化为不同的阶级，而利益分配不均是阶级社会的重要社会表现。弱肉强食、物竞天择不仅仅是适用自然进化领域的观念，而这种阶级利益的对抗在生产力向着更高层次发展的同时也演变成超越了国家和民族的领域，逐步发展为更大范围内、更加激烈的战争。世界大战的存在标志着世界一体化进程中利益协调世界和平进程的失败，人类的战争从国内向国际方向演变，此时的战争已不再是局部地区的利益分配不均等问题，而是全世界人民对不公正国际秩序的对抗与不服从。

在当下，战争是绝对的，和平是相对的，我们虽然处在一个相对和平的国际社会里，但战争的因素正在和平里准备着量变，也在准备着在新的机遇下实现质变。人与人之间的矛盾与情感都逃不过一个“利”字，公平失去了价值，人与人之间的矛盾与情感会向更加尖锐的方向发展，人类和平的愿景最终会被打破。但我们庆幸战争的存在，让人类社会总体上是向更公平合理的方向发展，但是，在一个世界多极化趋势不断增强的时代里，世界人民的正确道路仍旧是坚持和平发展，但危机从未消除，也不可能消除，战争的隐患我们要预防，但我们对战争的认识不能停留在正义与非正义的层面上，而是要关注在特定历史时期下战争是否是有利于促进人类的进步。乱世出英雄，或许只是乱世里蕴含伟大的一个方面。

二、第二次世界大战的缘起探究

（一）新航路开辟——海洋战争里的大国崛起

人类的生命起源于海洋，人类的发展归功于海洋。新老大国相继成为地球霸主的共同经验证明：得海洋者得天下。但人类只有一个海洋，海洋若只是归属于某一个国家，几乎是不可能的，然而，将海洋以及附属的土地纳入资本主义的世界体系，由强国共同对弱国进行控制与管理，海洋时代终究还是到来。

海洋时代是人类发展历史上的质变，自新航路开辟以来，美洲大陆被发掘，人类完成了对地球空间的认知，世界开始连成一个整体。世界一体化进程由此开始，并且今天的世界依旧是沿用着世界一体化的体制，并且逐步演变为全球经济化。人类的数量在今日达到了空前的强大，地球可能在七十亿人面前其承载力面临着困境，故而一些有远见和能力的国家相继把发展的目光投放在广袤的地球之外，但是，这与海洋相比，依旧是处在量变阶段，人类依旧还要守着海洋过活。而这个时代真正崛起的大国依旧是占领海洋霸权的国家。我国实行的改革开放战略，并不是要争夺海洋霸权，而是要迎合这个时代保障本国的利益。

海洋是人类的，但海洋利益却不可能是共享的。500 年前，世界上九个大国登上历史舞台，葡萄牙、西班牙地理大发现，荷兰资本的力量，英国则是光荣革命带来的工业时代，法国大革命建立的资本主义共和国，德国统一中的变革，日本明治维新终成亚洲强者，沙皇改革迎来新强国之路，美国诞生，终成世界一极。成为大国的原因，或许是一个无法穷尽的话题。大国之谜，无疑是一个多解的答案。在不同的时期，只有那些根据自己的国情和时代的需要作出正确战略判断的国家，才能获得历史的青睐[2]。这九个欧美资本主义列强相继崛起的故事无疑都是让国家战略的选择与时代发展的需要相适应的结果，在世界连成一体的进程中主导了资本主义殖民体系新秩序的构建。善于成为强者的人，总是能够把握住时代赋予的机遇，将利益放在国家面前。中国在大国相继崛起的过程里用保守代替开放，仍旧奉行着土地至上的天朝上国理论，我们在近代中接受挨打的原因，作为海洋战争里的失败者归根结底是我们的时代错位。

资本主义亲手打造的世界殖民体系将世界的强者和弱者明确的国际秩序建立起来，迄今为止，我们仍然很难突破这样的体制。在这样的体制里，发生的战争大都是以海洋权益的争夺关系密切，或许是被殖民国家反抗列强，争取独立，也或者是大国之间的明争暗夺。霸主的地位只有一位，而觊觎这个位置的强国却有很多。世界大战之所以是世界性的，新航路开辟的世界地理发现功不可没，它与各国相继实行的资本主义发展战略相融合，共同在对内对外上用战争或者改革的方式积累资本的财富。

任何发展都需要代价，新航路开辟改变了世界发展的模式，将发展引向一个崭新的纪元，但也因此需要人类承担更大的代价，在世界近代史中，殖民地与被殖民地的矛盾，大国之间的利益冲突引发了更大频率、更大灾难的战争，这些所谓的为了争夺海洋利益所爆发的海洋战争不能说是不正义的，只能说强者和弱者的差距的确让全世界人民看到要用发展来弥补，但矛盾一直在积累，这样血腥的国际秩序的弊端终于在20世纪初期弊端凸显，并且由此引发了第一次世界大战，这意味着新航路开辟以来形成的殖民体系已经无法协调各国在海洋时代的利益，战争则是改变这类秩序的唯一手段。一战或许是暴露问题，而第二次世界大战则是将长达几百年的殖民体系彻底瓦解。第二次世界大战的起源大概就是不公正秩序的一种对抗，海洋带给人类走向辉煌的机遇，但也注定了利益膨胀时，战争的灾难只会一触即发。

（二）第一次世界大战——世界体系崩溃的先兆

斗争与改革同作为协调利益冲突、解决矛盾问题的主要途径，不仅仅是以战争与和平为主要形式，而在于人类社会中激烈与温和的对立。战争在不少时候，比改革更能够让秩序回归合理，但最大的弊端也就在于战争也会让矛盾走向另一个极端。正如一战后，欧美列强仍沿用一战前的国内国际秩序，终使短暂平息下来的矛盾彻底失控，由此带来了更大的制度危机。

第一次世界大战显然是新航路开辟以来各国的海洋权益无法协调的结果，新老大国的利益已无法协调，国际政治经济秩序下的利益分配机制难以适应新时代的需要。秩序是不可能平等的，因为制度和人一样不可能十全十美，也就导致总有国家或者人民占据在相对有利的位置，并且伴随着发展将差距逐步扩大。英、法、俄等老牌帝国主义强国和德、奥等新崛起的资本主义列强之间关于殖民地争夺根源大致在此，最终无悬念地以更强大的利益集团取得了胜利。

新航路开辟以来新老大国的相继崛起，曾经的世界霸主不断更迭，英国在第二次科技革命中未能够紧紧抓住发展的机遇，反而却是德国等国家再度崛起，这样的反差却是对不合理的政治经济秩序形成对比，为了让秩序更有利于本国的发展，开始了彼此的对抗。而此时，一战反映出的另一个重要现实是一枝独秀的力量逐渐向同盟力量发展。战争同盟的形成往往使原有的世界政治格局发生根本性的变化，因为战争同盟是在战争发生或者存在战争威胁的国际环境中形成的，与平时同盟相比，具有较大规模、全面性等特点，需要尽可能多的国家加入，以加大各方取得战争胜利的筹码。因为，交战双方往往为争取更多的盟友在世界范围内展开激烈的外交争夺，从而使众多处于国家政治体系外围的国家逐步被卷入战场，整个国际政治体系围绕两大同盟对抗进行运转[3]。这样的战争同盟形成标志着资本主义列强统治世界方式的创新，也反映出当时的国际形势，不能存在个别国家拥有远超越于其他国家的实力。这种强者的战争结盟使强者更强，也使战争的程度扩大，战争的破坏性加大。第一次世界大战的结盟尝试直接影响了第二次世界大战（简称二战）的轴心国和反法西斯同盟，甚至影响了美苏阵营的产生。

第二次世界大战的直接影响是重新改变了世界格局，瓦解了资本主义的殖民体系，这一切的源头可能需要追溯到一战。第一次世界大战是一场帝国主义之间的分赃不平衡的帝国主义战争，对交战双方来说，都是非正义的战争，尽管塞尔维亚是为了保卫自己的主权和独立而战，它所从事的战争具有正义的民族解放的性质，但这并不能从根本上改变整个战争的非正义性。[4]在弱者和强者之间，正义是不存在的，在大国利益主导下的国际政治经济秩序下亦是如此，这样的国际准则也同样适用。很可惜，一战并未彻底瓦解资本主义世界殖民体系，但至少一战反馈了世界资本主义殖民体系存在严重的弊端，并且也影响了世界被殖民国家的人民用自己的方式突破这一不公正的国际秩序。

战争毕竟是战争，它需要付出的代价也必须是人民的生命和国土的破坏，这类人民的仇恨和国家的矛盾一直潜伏在欧洲大陆，法西斯主义正是抓住了这些积累下来的战争隐患，煽动了人民走上了疯狂的侵略道路，而一战和第二次世界大战所给欧洲带来的各种社会问题直到冷战时期的欧洲一体化进程才解决。战争是解决问题的极端方法，一战并未解决问题，反而将矛盾暂时性地镇压，也最终引起了更为惨烈的第二次世界大战，同时一战也为第二次世界大战提供了世界大战的模板，矛盾已经恶化，崩溃只是时间问题。

（三）世界经济危机——已经到来的经济战争

经济是发展的一个方面，而其地位是核心的，它能够指示这个社会发展的方向，也能够涵盖人类在政治文化等各方面呈现出来的问题。战争是外交和政治解决问题的途径，而经济早已渗入战争，经济的问题最能够反映利益矛盾，也最能够呈现出利益分配体制的失调。

新航路开辟以来尤其是第一次世界大战所积累下来的矛盾在一场突如其来的世界经济危机的导火线下直接引发了第二次世界大战。突如其来是对于资本主义列强而言的，而用今日的经济观点分析，则是虚假繁荣带来的危机。而世界一体化进程让危机蔓延了整个世界，在某种程度上，这场破坏性极大的经济危机是对资本主义私有制的宣战，殖民体系的对外体制以及私有制经济为主导的资本主义社会都到了几乎崩溃的边缘，正如俄国十月革命是在一战的催化作用下开辟了第一个社会主义国家。

放任的自有资本主义和殖民体系带给强国的是鼎盛的繁荣，谁曾料想这繁荣的背后隐藏着严重的危机，在危机面前，人民的生活经不起折腾，国家也面临空前的生存发展危机。经济危机最终还是不可避免地渗入到政治和国际秩序等各个领域。政治变局的急激，社会不安的恶化，以至帝国主义间的冲突，国际战争的暗云，1932 年因先进国恐慌对策的结果，致使武力斗争表面化，具体表现在“远东纷争、军缩会议、关税斗争、战债交涉、金的争夺、德国的危机、中欧国家的混乱、殖民地的不安和反苏俄战线。”各国政府之间的经济纷争，各国内复杂的政治局势，法西斯对外扩张的欲望，使世界和平摇摇欲坠。[5]

在面对这场空前的人类危机，总会有力量来尝试着解决危机。正如上述所表达的思想，战争始终是极端的，它不一定能够将人类引向发展的正确道路。德国、日本等轴心国发动第二次世界大战的导火线是世界经济危机，它们在应对危机时依靠的是战争来转移国内外矛盾，最终使本国的法西斯主义势力猖獗。而另一方面，改革是解决矛盾相对温和的方式，美国站在资本主义的时代浪潮里，用经济干预代替放任自流，这种做法让资本主义遭遇重大危机开始新一轮的自救，资本主义经济在调整改革中重新焕发新的活力，并未美国在第二次世界大战以及冷战崛起为超级大国埋下伏笔。德国与美国失败与成功的案例显示了战争毕竟是违背广大人民的利益，它能够改变发展方向，但需要人类付出更大代价。

世界经济危机是先于第二次世界大战到来的经济战争，这场经济战争和一战一样也充分暴露了资本主义制度存在的弊端，这种私有制经济已经完全不能胜任世界一体化进程中的生产发展进程。新航路开辟以来积累下来的矛盾，在一战中得以扩大，在这场经济战争中达到顶峰，只等待时机一次宣泄出来。这一连串的连锁反应是我们进入海洋时代，进入一个新的发展世纪所必须要付出的代价。而战争的溯源大概就是地理大发现的蝴蝶效应。

今天的世界仍处在2008年美国次贷危机的阴影中，世界经济再次陷入低迷。相隔80多年，世界人民应对经济危机的能力明显增强，而经济危机也在经济全球化不断深入的背景下呈现周期更短、频率更高、破坏性更大的特点。当经济危机发生时，人民生存的利益和国家发展的利益便会被破坏，此时的国际关系再度陷入紧张状态，此时引发战争的矛盾以更快的速度增长，随时准备酝酿一场更大的世界战争。

三、第二次世界大战的缘灭探究

（一）罗斯福新政——资本主义的内部变革

战争总有胜有负，胜负是强者对弱者而言的，与正义和非正义没有太大关系。而战争终会结束，迎来的是漫长的和平。但战争持续漫长抑或者短暂，在战争中谁会成为最大的赢家，总是没有定论的。世界人民经过艰苦卓绝的战斗，彻底赢得了反法西斯战争的最终胜利。对任何国家和任何人民而言，第二次世界大战都是一场巨大的灾难，但总会有一些国家在战争中明哲保身，并且抓住时机，大发战争财，最终成为战争胜负的主导者。

很显然，第二次世界大战紧接下来的冷战是美苏两大阵营的对抗，第二次世界大战中的各国成为这两大阵营的附庸，曾经的强国不复辉煌，而欧洲大陆的资本主义体系也在第二次世界大战后的自由解放运动中分崩离析，故而第二次世界大战最大的赢家是美国和苏联，真正的失败者是曾经繁荣的欧洲，得到一些利益的是被殖民国家，包括中国。第二次世界大战的主导者是美国和苏联，它们的介入彻底改变了第二次世界大战的战局，使第二次世界大战尽快得以终结。

用力量来形容美国与轴心国力量的对比，美国在第二次世界大战前夕的力量是反法西斯同盟力量中最强大的。然而，美国并没有最早进入战局，“中立”政策是美国自建国以来长期针对欧洲战争所采取的战略，不可否认，起初，美国实施中立的主要原因是美国自身力量弱小，介入欧洲纷争任一方都无异于引火烧身，以至危及自身的安全。到20世纪初，美国已经初步具备了与欧洲列强直接对抗的实力后，美国对欧洲战争继续实行中立则成为保持行动自由，实现美国经济扩张、谋求世界霸权的手段。在两次世界大战中，美国对中立的实施已说明这一点。在美国外交史上，孤立主义占有很重要的地位，世界大战的两次“中立”实际上是孤立主义的延续。[6]这种“中立”使美国免于战火侵袭，其根本上是出于国家利益的考虑，而罗斯福新政需要一个和平稳定的外部环境来保证改革的实施。

在世界经济危机面前，罗斯福用力挽狂澜的决心纠正了资本主义经济中不适应发展的环节，并且重新构建了政府干预市场的新尝试。这是在资本主义内部的变革，正如邓小平所言：“计划和市场不是资本主义和社会主义的本质区别”。美国内部的矛盾在变革期间得到了缓解，最重要的方面是使美国并未走上如德国一样的法西斯主义专政。自由资本主义所暴露出来的问题是完全依靠市场来调节经济，可是，市场并不是万能的，故而罗斯福用强有力的政府干预缓解了矛盾。美国是世界经济危机中受灾最严重的国度，罗斯福新政用自救的方法和制度的调整让国家从大萧条重现恢复，这是一个创举。从一种体制转换成另一种体制，称作制度调整，而这场调整的成功经验也一直沿用在今日的资本主义里。

美国“中立”的战略仍旧是逃不开国家利益，或许美国并未认识法西斯主义的凶残本质，但日本偷袭珍珠港使美国加入战局，这才加速了法西斯主义的灭亡。因为此刻的美国无论从政治、军事、经济等各方面都已超越轴心国。诺曼底登陆以及广岛、长崎投放原子弹，美国挽救了欧洲，也挽救了人类的文明。第二次世界大战本来只是欧洲的战场，但各国为了本国的利益而选择携手合作，组成战争同盟，然而，并不是所有的国家都愿意将本国的安全置于战争的危险里，而美国从此后，它的孤立政策逐渐开始向霸权干预他国政治转型，这一切归功于一场关于内部变革的新政。

（二）苏联模式——社会主义的初步探索

制度作为改革的重要内容，往往制度是用来规范国家和国际的秩序。人是利益动物，国家是利益下的选择，可利益一旦膨胀，并且失去约束，无法协调时，我们必须强制性地用制度来秩序重新走上正轨，罗斯福新政的核心思想大概就是这样，但制度也并非完美无缺，制度是需要与发展共同前进的，评判制度的好坏，其实只有一个标准，那就是是否与时代发展相适应。中国自改革开放以来所建立起来的新制度并未改变社会主义的本质，但的确是有利于社会生产力的发展。

苏联模式即斯大林模式，大多数人从这一体制中认识到的重要内容几乎就是它的弊端，的确苏联解体的根本原因是苏联模式严重阻碍社会生产力发展。谈及苏联的斯大林模式，我自然联想到人民公社化运动和文化大革命，同样存在忽视生产规律，同样存在领导崇拜，同样挫伤了劳动者的生产积极性。难以否认，在前期，这种生产方式有助于迅速提高生产力，但慢慢地，弊端也不断显现，赫鲁晓夫、戈尔巴乔夫虽然不断进行改革，但始终没有突破斯大林模式这一弊端，最终治标不治本，它的存在无法满足人们日益增长的物质文化需要，因此，失去了群众的拥护。

苏联模式是社会主义的初步探索，但是它的弊端是在发展中逐渐暴露的，这也证明了苏联模式仍然具备存在的合理性。列宁的新经济政策固然很好，也是社会主义发展需要做到的生产力发展的本质体现，但是，从苏联所处的国内国际环境而言，更需要一种强有力的经济控制力量来保证社会主义的建设。苏联和美国针对当时本国所面临的危机，都是从制度层面出发，实行与之前截然不同的经济政策，不同的是，美国仍然坚信利益能够重置，而苏联却用一种集中的思想将发展的力量融于一处。而苏联模式这一社会主义的初步探索是在第二次世界大战前夕彻底完成，并且作为主导的经济战略一直扎根在苏联人民心中40多年。斯大林模式的形成是由复杂的国情决定，面临国际上敌对势力的阻挠，再加上国内百废待兴的社会需要。1931年斯大林提出了著名的“赶超战略”，要求苏联用10年的时间“赶超”先进国家的5年或50年，不过苏联仅用两个五年计划的时间实现了工业化，成为了仅次于美国的工业大国。人们不仅惊叹苏联仅用10年时间就走完了资本主义上百年的工业化道路，更惊叹战胜德国法西斯的苏联预见性。这就把斯大林捧到最高权威的地位上以致造成个人崇拜的泛滥。[7]

在第二次世界大战前夕的苏联模式实现了苏联辉煌的成就，并且应用到对德国法西斯的战争中，战争的胜利增强了民族自信心，也让人民对这一制度表现高度的崇拜，从而愈演愈烈，不可避免地造成了苏联的解体。但至少在这个上升的时期，苏联模式对社会主义的初步探索是成功的，让苏联迅速崛起为欧洲强国。而希特勒的远征苏联策略犯了和日本偷袭珍珠港一样的错误，他们都得罪了社会阵营和资本主义阵营中最厉害的角色。第二次世界大战前，世界经济危机虽然已经改变了很多国家探索发展道路的模式，但庆幸的是美国和苏联在此时都站在了探索的时代正确方向，并且用他们探索出来的成果来影响或者改变世界其他各国探索出路的方式。反法西斯同盟堡垒中增添了这两股强大的力量，战争的胜利也是可以预见的。

（三）日德轴心力量——法西斯主义的独裁侵略

战争侵略这件事，并不是第二次世界大战才出现的，在新航路开辟以来的国际世界，强国对弱国的侵略，甚至吞并已成为了惯例，可是，世界大战不是局部战争，它们的侵略也不能用常规模式来考量，法西斯主义对全世界人民而言，都是一种非常可怕、疯狂、血腥的迫害，人类经不起这样的种族主义。的确，这个世界本身就存在很多的问题，但利用这些问题任意反动战争，是不可饶恕的。

矛盾从未解决，一直在积累，尤其对于在欧洲处于被挨打地位的德国和封建残余势力并未彻底清除的日本，它们在一战以及世界经济危机的冲击下，未能够像美国等国探索出真正的救国道路，反而踏上了背弃所有人民的法西斯主义道路。这些轴心国力量背弃了资本主义的民主，并深深打上了种族的烙印。在利益冲突面前，民主就会变得很脆弱，基本上无法起到维系和平的作用。独裁是政治，侵略是外交，这样的战争对世界人民来讲都是一场空前绝后的灾难。自然而然地，法西斯主义的敌人是全世界人民所形成的坚不可摧的同盟力量。

但德国在欧洲的侵略和日本在亚洲太平洋地区的战争持续的都很顺利，尤其是拥有欧洲第一陆军强国的法国在第二次世界大战中迅速溃败，而英国只能依托海峡屏障得到暂时性的喘息。分析法国溃败的原因，主要有第二次世界大战前法国政府腐败，他们反共反人民，崇拜法西斯主义，同时军事上采取消极的防御战略，并且由于法国政府内部四分五裂以及“主和派”的投降活动，最后是法国人民群众和人民的麻痹思想。[8]欧洲衰落的根源从此可见一斑，经济危机以及长期以来的资本主义制度危机已经沉重地打击了欧洲，它们并未像美国一样通过改革使资本主义焕发活力，甚至有些竟然走上了与轴心国同流合污的道路。而在亚洲战场上的抗日战争则是另一种现象，就中国西安事变的国外反应来看，很显然，美苏的反应都是想通过中日战争来转移日本侵略的方向。或许，英美、甚至是国际共产主义都未曾真正认识到法西斯主义的恐怖独裁本质，它们只在乎本国的利益，更何况是欧洲大陆的犹太人民或者是有利益所在的中国。

世界人民的反法西斯同盟的不统一、不团结从上述内容可窥一二。的确，反法西斯战争的真正转折是美国和苏联的介入战局，它们与欧洲国家不同，拥有明确的反法西斯主义目标，与中国不同，拥有能够战胜法西斯主义的坚实力量。的确，德国远征苏联以及日本偷袭珍珠港的行为无异于玩火自焚，它得罪了两个厉害的对手，而这两个对手已拥有任何国家无法匹敌的力量。德国的战略目标是称霸世界，建立“大德意志帝国”，以保障“日耳曼民族在地球所应得到的领土”。德国如欲实现自己毒霸世界的战略目标，必须要分两步实施，首先必须取得欧洲霸权，打败苏联、英国和法国。在称霸欧洲后，德国必须通过某种手段征服美国，其实是获得欧洲陆权，大西洋海权的控制权。[9]轴心国是凭借其强大的军事力量，而在军事力量基础上则是狂热的法西斯主义精神为其提供精神力量，这样看起来是很强大的战争同盟，而世界人民拥有更坚定的反法西斯主义决心，而反法西斯战争同盟的力量经过改革调整具备了更强大的军事政治力量。

无论是罗斯福，还是斯大林，他们都应该可以称得上是海洋时代的伟人，他们都在人类文明发展进程陷入危机时带领本国人民探索出路的领袖，但是，在这条探索道路上，无疑总有人会走上了岔路。第二次世界大战就是人类发展的误区，也因此，世界人民都有责任和义务将走上误区的人民和国家重新导向正途，这也就是第二次世界大战的核心要义。

四、冷战的缘起探究

（一）国家利益的对立——以社会意识形态为由

在国际秩序中，一个国家对他国容忍的最大限度不超过彼此双方的共同利益。人民要生存，国家要发展，然而，一个地球是养不活所有人的，各地区、各国家之间总会存在发展的差距，这差距或许可以用时间来弥补，但也许会随着时间进一步拉大。其实，最强大的人往往会是最弱小的人，他们总会担忧他们霸主的位置会被别人占据，久而久之，这种怀疑会成为强者的必修课，更泛滥的情况是他会与对方彻底进行冷战，互相伤害。

美苏争霸的两极世界是世界一体化发展的另一个新阶段，它们之间以国家社会意识形态的差异为由，形成和平时期的同盟，彼此采取非战争的对立，就这样，无论是强国还是弱国，都必须选择属于自己的阵营。第二次世界大战结束后，欧美列强建立起来的资本主义世界殖民体系已经很难维持下去，因此，美国希望建立一个以美国为核心的霸主世界，但其最大的敌人是拥有同等实力的苏联。这样一来，美苏两国在国家利益上便形成了不可调和的冲突。

全球化追求效率和财富的力量，把有效率者从无效率者中筛选出来，这就是必然会导致两种或多种政治、经济、文化等因素的冲撞，从而产生最适用于世界的模式，这就是国家间冲突和战争的内因，美苏两国企图使自己的政治、经济、文化和生活方式主宰世界，这种不可调和的矛盾成为冷战爆发的主要原因。[10]世界霸主的地位中国曾经拥有，而英国、美国、苏联的称霸全球都是在世界一体化进程中，中国古代也曾经诉诸武力将疆土大大开拓，但在明清两朝坚守所谓的“天朝上国”思想，落后于世界。英国是在工业革命和殖民掠夺中成为世界的霸主，而英国则更加注重将本国的各种生产因素、文化习惯融于被统治的地区，而美苏争霸也在沿用这样的套路，甚至变本加厉。美苏阵营自形成以来，朝鲜分裂，德国分裂，北约、华沙组织形成，这一桩桩的事件标志着欧洲成为冷战的主战场，而美国也将目光投放在亚洲太平洋地区。

“中立”的孤立政策已成为美国的历史，第二次世界大战后的美国一次次用其所谓的共同繁荣为借口，强行地将本国的政治理念、文化状态灌输给他国。而第二次世界大战后掀起一场社会主义运动的高潮，斯大林领导下的苏联蒸蒸日上，并且成为第三世界国家较好的盟友，社会意识形态的对立便形成了。但是，意识形态仅仅只是冷战的一个重要借口，导致这一切形成的还是国家利益的对立。海洋时代的到来让世界联系紧密，而在这个世界中，总会存在弱者和强者的区别，而强者企图在建立一个只有利于强者发展的国际秩序，弱者成为强者的附庸是最好的选择。这种弱肉强食的观念也与轴心国的思想有重合，但不同的是美苏都不主张用武力来使各国屈服。也因此，冷战与第二次世界大战本没有太大区别，德、日两国企图用战争的方式称霸世界的野心被粉碎后由第二次世界大战的主导者美国和苏联重拾，在此看来，强者和弱者的关系并未发生多大的改变。

美苏冷战的存在也让美苏之间的共同利益完全消失，转为对立，倘若国与国之间不存在为共同发展而努力的相同利益，那么矛盾和冲突是不可避免的。也因此，冷战时期的国际社会的主要矛盾是美苏在政治、经济、文化等各方面的矛盾，但也同时存在着世界人民和霸权主义和强权政治的矛盾。美苏凭借冷战从而限制了世界范围战争的爆发，但是，彼此之间的明争暗斗不仅妨害着地区的安全，也威胁着世界的和平。

两极的力量实在是太强大了，就像天平一样，势均力敌的力量让天平平衡，而两极中只要其中一极消失，天平可能就会瞬间崩溃。

（二）欧洲殖民体系崩溃——不公正秩序建立

很多时候，发展的差距只能用历史来衡量，差距并不是时间所能改变的，只有极少数的情况，强者和弱者的差距能够缩小，但更多的时候，强者和弱者只会走上两个极端。在人类发展史中，漫长的过程是强者支配世界，弱者接受支配，这样的国际秩序虽然不是很合理，但至少能影响弱者努力向前，“赶超”强者，但是，无论弱者怎么努力，他们之间的差距只会越明显，反而不公正的秩序就会越稳固。

和平是冷战时期的重要表现，也是冷战维系的重要秩序。不知是否有人曾深思过，为何西方和东方存在如此大的发展差距。西方领先、东方落后的社会现实几乎是从新航路开辟以来欧美列强逐步在世界范围内建立殖民体系，在殖民体系里，东方国家逐渐沦为西方国家的原料产地、生产工具和统治工具，在这样的秩序里，血腥和掠夺成为了殖民体系的特征，而资本主义国家在此期间实现了资本的快速积累。在此秩序里，东方国家也被迫地拉入资本主义的世界体系，世界一体化进程就在这强制的剥削中如火如荼地展开。但是，这样的秩序终究是不合理，当国家主权都丧失时，人民的民族性和国家情怀便会日益强烈，人民用他们自己的方式反抗欧洲殖民体系，呼吁建立一个公正的秩序。

第二次世界大战是建立公正秩序的一场决定性战争，这也迎合了战争能够改变世界的特性。第二次世界大战结束后全球范围内的非殖民化进程是当代世界历史发展中的一个重要现象。民族独立和民族自决作为全人类的共同愿望，持续不断地激励着全世界特别是殖民地热爱自由的人们为实现本民族的彻底独立而不懈斗争。作为曾经号称“日不落帝国”的英国，其殖民体系在战后短短的20年时间里便迅速土崩瓦解。这一过程显然与第二次世界大战的影响无法分开。[11]欧洲的衰落，美苏争霸的开始以及殖民地区自由民主的解放运动等因素为殖民体系迅速瓦解贡献了力量，在某种程度上欧美列强在这些土地上的各种权益消失了很多，而国家独立也标志着世界各国在法律地位上一律平等。

第二次世界大战的确为公平公正的国际秩序的建立贡献颇丰，至少是将这类国际秩序里的恶劣因素彻底清除，然而，冷战的到来再一次地打破了世界人民的幻梦。美苏争霸的实质是国家利益的对立，而彼此的共同表现仍旧是以军事政治以及经济实力称霸世界，他们认识到欧洲的衰落以及不可阻挡的自由解放的世界历史潮流，故而他们意识到依靠战争取得世界霸权和重建殖民体系是不可能的，那么就需要以和平的方式将冷战的价值观渗透到世界各国，继续保持着“强国支配弱国”的国际秩序。的确，第三世界国家仍处在建国初期阶段，并且漫长的殖民体系榨干了其发展的新鲜血液，东西方之间的差距不会因为一场短暂的第二次世界大战而消弭，迄今为止，我们仍旧处在以欧美资本主义国家为主导的经济全球化中，仍旧逃不开这些国家在国际政治上的主导作用。尤其以冷战中美苏这样的霸权主义，对发展中国国家经常进行经济制裁和政治干预。

这个世界存在发展中国家和发达国家，而发达国家中又包含着世界级别的超级大国，所有国家都想成为强者或者是最强者，因为只有这样，才能保证在海洋时代里永不失败。第二次世界大战产生了两个超级大国，为了争夺第一的宝座，冷战开始了，而不以剥削和掠夺为手段，却以和平时代的霸权侵略为依托的国际新秩序建立。但从欧洲殖民体系崩溃来看，国际秩序的建立是向着更公正的方向发展，我们现今的国际秩序总有一天会被突破的。

（三）第二次世界大战与冷战——战争在和平里

战争是绝对的，和平是相对的。我们希冀的绝对和平始终没有到来，而理想国的国际秩序也并未建立，我们并未切身感受到战争的流血，但是，并不代表人类的历史未曾与战争相伴随行。战争可以是革命的重要力量，但战争毕竟也是人操纵的。相反地，和平以很稳定的方式将人类世界的矛盾积累下来，可这个世界发展的速度超过了以往任何的时代，我们的利益冲突也应如和人口一样呈现指数倍增长。

第二次世界大战是全世界人民的反法西斯战争，也是世界近代史中的最后一场也是最重要的人类革命，这场革命真正地改变了世界的格局，但并未改变世界历史发展的方向和国际力量的对比，第二次世界大战之后，以美苏争霸为核心的冷战格局建立起来，战争终结了，和平开始了，可是，冷战下的国际社会依旧伴随着动荡不安的地区局势和日益严重的国际矛盾。冷战建立起来的国际秩序是一种“冷和平”。“冷和平”是一种非常不稳定的国际关系，而当今世界正处于“冷和平”状态。人们往往留恋和平而忘却了战争，尤其是对长期生活在和平年代的人们来说，更容易把和平当成是某种必然。[12]正如和平一直在战争年代人们的心中一样，战争也一直在和平里积累条件。

第二次世界大战区别于一战，是因为它强大的革命性，但第二次世界大战也影响了世界走向两极。冷战不是战争，但全世界人民和国家都必须服从这样的体制，服务于美苏的霸权主义，但冷战和热战都是海洋时代全球化下的产物，第二次世界大战或许是对原有国际秩序的对抗与打击，而冷战则是未曾终结的时代赋予的历史写照。海洋时代的人类是生活在联系已不可分割的全球化社会，国际矛盾终究会影响这个世界的稳定，而国内的社会问题是与国际社会无法协调的结果，发展无法均衡同步是最大的矛盾隐患，却始终有国家将强者的物质和精神强制地输入弱国中。这种服从于按美苏要求建立的国际制度是改革世界的一种体现，但有可能会比第二次世界大战的战争侵略更有影响力。

雅尔塔协定与美苏战略在格局导致冷战的直接产生，冷战还源于美苏为代表两种意识形态及社会制度的尖锐对抗，更由于美苏势力的增长使相互关系发生了变化，由妥协到合作到美对苏采取强硬政策，继而对苏发动冷战，而美苏不同的对外战略构想导致了冷战的爆发，直接产生于苏联保障国家安全战略与美称霸全球的碰撞。[13]阶级的存在是人类社会发展的一大进步，而在阶级深化中，人类又形成了不同的集团和国家，为了让这个集团生存与发展下去，唯一的方法就是拥有终极的力量。新航路开辟以来的称霸全球的大国缩影在美苏冷战上凸显，而此时已不讲究侵略，而是渗透。在美苏强大的军事威慑作用下，世界在冷战中并未爆发较大的战争，世界也趋于和平，而这种霸权主义的国际体制又是否会将世界引入另一个极端?

争霸由国内演变为国际问题，战争由局部演变成全球事实，这都是全球化中无法均衡利益问题下的冲突。战争在和平里，这意味着战争的发生会与和平呈现一定的周期关系，并且随着世界以更快的速度发展，这样的周期会缩短，战争也会增加。冷战或许最大的成功就在于它将国际社会的各方面矛盾都完全地暴露出来了，但也增加战争的危机。

五、冷战的缘灭探究

（一）苏联解体——社会主义能否救世界

马克思预言“资本主义必然灭亡”，可为什么垂而不死?也曾预言“社会主义必然取代资本主义”，可为什么发生在世界上的这事大多是相反的?越来越多的人认识到他们在活着的时候是实现不了共产主义的，或许永远也无法实现，故而怀抱着这一美好的人类幻想来努力活着也是不错的选择，但是，我们都是活在当下的人，且不具备预测未来的能力，国际社会中的我们只在乎社会主义能否救世界。

东欧剧变、苏联解体、冷战终结，美国终成世界一极，发生在20世纪80年代的国际大变革是世界人民无法理解却又只能接受的事实。美苏争霸的冷战最终还是终结在苏联解体里，自此开始，美国一直希望构建的单极世界终于在其掌握中。这场以国家利益对立为根本原因，以社会意识形态的对立为由，最终是社会主义的苏联落败了。苏联解体让超级大国的梦想轰然崩塌，让所有人民都意识到往往最强大的可能是最薄弱的。苏联解体并不显示社会主义的失败，但反映了社会主义需要与时俱进，更需要认清社会主义的本质。

苏联解体，既有苏联社会主义模式弊病的内因，又有苏共领导人蜕化变质的原因，也有西方资本主义敌对势力不间断地进行和平演变的外部原因。社会主义大国苏联的陨落给现存的社会主义国家留下了深刻教训，同时也让它们对继续探索社会主义道路产生了新的认识。[14] 斯大林模式在第二次世界大战中的成功经验一直使苏联人民迷信服从，在冷战期间得到神化，而领导人的体制都未曾突破斯大林模式这一弊端。而苏联在这冷战的几十年中让国家和人民一直处在与美国高度紧张的军事备战中。但最主要的原因是苏联在冷战中没有发展，在一种高度集中的政治经济体制面前，严重挫伤了人民的生产积极性，而片面发展重工业的举措使苏联经济的成果无法满足广大人民的利益。没有了民心，失去了发展，模糊了政治，丧失了利益，缺乏了特色，愈演愈烈地毁灭了社会主义苏联。国内矛盾是主因，国际矛盾是重要原因。

20世纪90年代世界上第一个社会主义国家苏联解体，世界社会主义运动遭到前所未有的打击。而冷战的最终结果是美国最终成为世界一极，拥有超越世界各国的力量，这可算得上是资本主义完胜社会主义。也因此，世界人民对社会主义能否救世界充满了担忧与怀疑？在同样的时候，邓小平南方谈话明确了“社会主义的本质是解放和发展生产力”，这与苏联的斯大林模式大相径庭，并且深深打上了中国特色社会主义的烙印，这句话与资本主义有相同点，或许都是与我们所处的时代——海洋时代密切联系，海洋时代让世界共同发展成为可能，而其本质的目标也依旧是不断解放人类世界的社会生产力。苏联所坚持的社会主义根本达不到共产主义的要求，甚至与整体时代的发展方向相违背，更用所谓的冷战威胁着世界和平发展的进程。

社会主义的确是能救世界的，它在中国改革开放的伟大实践中得到了证明，我们的政体不是服务于少数资本家的，而我们的发展是能惠及广大人民的。社会主义与资本主义虽然是对立的，但彼此都是需要根据时代和国情不断作出调整的。苏联不像中国，其体制的弊端已经深入到骨髓中，唯有解体这一条道路才能够挽救国家和民族与危亡，冷战就在这样的解体中走向必然的终结。而关于这个世界未来需要走的方向也很明确，社会主义在海洋时代中比资本主义更能够顺应发展的方向和历史的选择。

（二）美国时代——单极世界的构建

自1776年以来，世世代代的美国人都深信不疑，只要经过努力不懈的奋斗便能获得更好的生活，亦即人们必须通过自己的勤奋、勇气、创意和决心迈向繁荣，而非依赖于特定的社会阶级和他人的援助。因此，应对美国梦在全世界范围内的渗透，中华民族伟大复兴的梦想应运而生。可以发现，中国梦注重的是集体和民族的力量，美国梦关注的是个人的努力，这两种比较对立的思想反映了一个重要的现实：这个世界大国正与超级大国开始新一轮的博弈。

冷战的终结标志着美国称霸世界野心终于可以付诸实施，而单极世界也即将会由美国构建，美国时代终究是不可避免地到来。两极争霸中，最终以苏联落败宣告终结，美国自冷战以来的决心一直是称霸全球，它在 20 世纪 80 年代中针对苏联自身存在的问题更是大肆宣扬美国人核心的价值观，整个社会都被美国的霸权主义所笼罩。与葡萄牙、荷兰、英国，美国霸权的单级思维即对全国的政治、经济、文化进行全方位独家掌控的理念追求，不是其硬实力壮大的自然结果，而是肇始于其自身建国历程尤其是建国思想与基本理念当中。[15]这样的单极世界或许真的能够在不灭亡民族和国家的基础上实现对世界的掌控，并且用美国的意识和物质改变了这个世界，甚至真的能够将战争的危机扼杀在摇篮里，可是，这种霸权主义势必会对本国特色的发展模式造成极大的冲击，更对这个世界的多样性发展造成破坏。

人类社会就是由一个不同肤色、不同信仰的多民族种群构成的一个集合体，美国是极大地超前完成的一个缩影，今天的美国似乎就是世界的明天，美国构建的单极世界无疑是想要消除世界各国的多样性和差异性，让美国的社会成为世界发展的模式，从而为其争取全世界的发展利益。但这几乎是不可能的，海洋时代的另一个重要现象是这个世界尽管允许霸权和霸主的存在，但是这个世界各民族的发展是向前的，人类文明的发展是共同繁荣的。美国极力构建的单极世界与苏联社会建设中的斯大林模式都否定了人性最基本的色彩——特色。但美国时代的创造却在霸权主义的步伐中稳而有序地进行着，并且随时都在扫除这条道路上的障碍，它充当的是太平洋的警察、世界人民的救世主，却是在不断违反国际公约和法则的基础上恣意干涉他国内政，威胁地方安全。

人类关于乌托邦的构建不应是冷战下的两极社会，危机和战争只会一触即发，也不会是美国着力构建的单极世界，这样的世界或许真的有无懈可击的社会秩序，但是否真的是人民自由而完美地发展，和平发展这条道路区别于以上的世界发展方向，而且这种发展会因为国际秩序的不合理引发更大的矛盾，从而为战争的爆发埋下伏笔，但至少是沿着人性光明发展的方向前进。人就是这么傻，明知道会受伤，却还要这样走下去。冷战虽然与我们当下渐行渐远，逐渐成为历史，但这段历史中，世界或许就在这样的争霸失去了发展的自我价值，国家也会失去特色的能力。我们对不公正的国际政治经济秩序的突破也会受到障碍。

这个时代不属于美国，也不属于任何一个国家，它应是全世界人民共同开创的时代，需要用各个国家特色的梦想和力量共同开辟。

（三）多极力量崛起——和平发展的利益诉求

人性中存在分歧，国家间存在利益冲突，这些是不可避免地，或许这就是特色，但人性中也存在着和谐，国家间也存在着共同利益，或许这就是联系。全球化的世界里，人类一直伴随着冲突和合作的故事，这也是战争与和平的要义。

冷战时期，两极操纵着世界，冷战终结后，一极构建着世界。冷战的覆灭是不仅仅只是苏联人民对高度集中的政治经济体制的抗议，也不只是美国构建单极世界的决心，而是冷战的确到了不能促进世界发展的状态。冷战用军事备战尤其是原子弹威胁着世界的和平，甚至是人类的生存，而更重要的原因，在这样的争霸体系中，无论是发达国家还是发展中国家，都不可能实现长足的发展，并且随时面临着霸权主义的戕害。也因此，在两极冷战的夹缝中，一些崛起的力量逐渐改变着这个世界的发展方向和国际秩序，这就是所谓的让世界发展迈向多极化的重要力量——多极力量。

世界格局在新航路开辟中一直在不停地转换，人类对于更加合理稳定的格局也一直在探索着出路。迄今为止，这个世界一直是处于霸主国家称霸世界的状态，葡萄牙、荷兰、英国、法国、德国、美国、苏联等国都一直在以自己的方式诉诸着世界霸主的地位，而就在这样的过程里，各国的发展水平逐渐趋于平均，此时的世界仍旧是美国主宰的世界，而且崛起的世界多极化力量仍旧处于下风，但是，这样的世界多极化趋势正在艰难且努力地发展。关于“一超多强”格局的学说，它既承认了美国的超强实力和影响，又没有忽视其他世界其他力量的崛起和制约作用，较为客观地概括了当今世界格局的实际情况。多极化已成为当今世界格局发展的必然趋势，这是因为在今后相当长的时间，和平与发展仍将是世界的主题，而且世界上越来越多的国家不愿意接受单极世界的统治，绝大多数国家接受多极化，同时，当今世界的多极化深入发展是世界政治多极化的重要基础，还有，国际关系民主化的发展也必然会推动世界多极化的进程，最后，世界各国文化和文明的多样性是多极化进程的重要社会基础。[16]崛起的力量包括联合的欧洲、高速发展的日本、拥有强大军事实力的俄罗斯、改革开放的中国，此时的力量已不再是第二次世界大战结束后的美苏独霸的格局，冷战终结后，世界的多极化力量更加增强。

在这样的多极化体制中，将会是越来越多有能力的力量共同应对美国的霸权主义和称霸世界的野心，也将会沿着和平发展的道路为这个世界向多极化方向发展贡献力量，但是，我们也可以看到，正在崛起的多极化力量依旧是以曾经的欧洲资产阶级列强为主，国际社会不公正的秩序依旧存在，第三世界的国家虽然联合或者结盟，力量依旧薄弱。这个世界，存在一个超强者，一部分强者，大部分是弱者，多极化或许真的能够冲击以发达国家为主导的国际政治经济秩序。但就目前和平发展的时代主体而言，经济全球化下第三世界国家是处于劣势地位的，而且会随着更快的发展差距逐步拉大。而多极化力量与美国之间展开的大国之间的博弈，愈演愈烈，以国家利益为冲突的矛盾日益激化，多极化虽是和平与发展倡导的主题，但更可能让这个世界陷入动荡不安的局势。

和平发展是全世界人民共同的利益诉求，但我们依旧是停留在不公正的国际秩序里，相应地，向世界多极化方向发展也就必须承担更大的风险，这些风险极有可能会成为第三次世界大战的导火线，但也或许会及时地将国际秩序引向更公正合理的方向。未来到底是何种结局尚不得知，但至少，这条主旋律不会动摇。

六、战争与和平发展趋势探究

战争尚未终结，和平仍需努力！

这句话是对当代世界人民在通向人类光明前途的共勉，然而，当战争发生时，我们也要发挥战争在人类历史上的革命作用，让战争成为为和平而战的理由。

第二次世界大战迄今已是70年的光阴，冷战迄今已是二十几载，然这世界上的人民依旧活在一个不算太平的地球，我们所谓的和平里潜藏在很大的战争隐患，或许在霸权主义的刺激下随时会迸发为第三次世界大战。人类进入了海洋时代，而这是一个不可逆的全球化进程，我们就必须为这样的时代负责，更要为人类未来的发展承担责任。

世界近代史中，两次世界大战都是资本主义世界政治经济发展不平衡的产物，而第二次世界大战后，国际形势再次发生变化，形成了以美苏为首的雅尔塔体系的国际关系新格局，其实质是美苏实力均势基础上两分天下的世界格局。这一形势直到20世纪90年代苏联解体才发生变化，世界格局由两极化向多极化的方向发展。[16]战争的根源往往会在和平里积累，而和平也会从战争中得到量化积累，第二次世界大战虽是战争，但其让和平有了更深的发展；冷战虽是和平，却使这个世界进入了危机的状态。战争与和平的逻辑关系需要用辩证的思维来判断，但是，把人类的前途交予战争，毕竟是很冒险的举动，因为战争会将事物引向极端，而和平的改革是我们能够解决问题的有利途径。

新航路开辟以来的重大难题是国际社会能否建立让全世界人民共享利益的国际秩序，但是，迄今为止，我们仍然无法解决，在不同的时期，强者总是通过秩序的建立来实现对弱者的统治、剥削以及控制，这是引发国家利益对立冲突以及战争危机的根源。利益的天平始终是不平衡的，而时代的选择总是眷顾强者。我们需要的这一不公正秩序的关键就在于人类坚持发展的方向。

无论是第二次世界大战，还是冷战，国际体系中的强者总以自己的方式探索出路，这些探索或许会成为人类发展进程上的阻碍，也可能会成为人类迈向光明未来极有意义的成就。历史进入一个新的千年，第二次世界大战、冷战已是历史，然而，展望人类发展的新世纪，今天的大国崛起，已不可能再走那种依靠战争打破原由国际体系来争夺霸权的老路，如果用传统的方式来构造今天的世界，如果用不切实际的征服幻想来鲁莽从事，都将是一种时代的错位。和平与发展，已经成为当今世界的基本主题，沿着这条新路，人们开始表达新的愿望，寻求新的答案，中国怎样才能成为一个大国。或许，关于理想的大国，永远不有一个固定和统一的答案，可以说这些是世界人民的愿望，却反映了当今世界的实际，也可以说这是人们的思考，却也越来越接近真理。也正是因为这样的思考，成为世界人民在21世纪取得的最有关建意义的成就，这些成就发出的光芒，无疑将会照亮中国乃至全世界未来的行程。

世界多极化将会是世界人民共同努力的方向，我们不可能依靠法西斯建立的独裁统治，也不能是冷战时期美苏争霸构建的两极世界，更不能是美国主导的单极世界，世界多极化的发展则意味着在不公正的国际秩序下，全球化将会面临更大的挑战，而美国霸权主义正会抓住这一点，引起世界局势的动荡不安，从而实现构建单极世界的目标。可人类的发展决不能走强国规划好的道路，更不能接受霸权主义对世界的重构。随着中国综合国力的增强，各种“中国威胁论”也随之甚嚣尘上，它们在事实上是外界施加给中国的一种负面形象，反映了西方国家对中国壮大后的担忧。对此，中国应积极做出回应，把追求和平发展的国家形象的总特征，在与全球化下相适应的前提下努力建设富强、民主、文明、和谐的社会主义现代化国家。[18]

我们能够预见未来的世界，不一定是赤旗的世界，我们在未来虽然不能完全消弭战争，甚至无法阻挡第三次世界大战的到来，但生活在和平时代的人们会顺着海洋时代这一时代发展方向走出和谐发展、和平发展的道路，建立公正公平的国际政治经济新秩序，完成全球化时代人类发展的任务。

第二次世界大战、冷战等一系列的人类战争与和平史深深地告诉我们："战争尚未终结，和平仍需努力!" 开创未来的时代我们正在路上。

参考文献

[1] 陈以庭. 马克思主义和平思想研究. [J]. 安徽大学硕士学位论文,2013.

[2] 陈小军. 由《大国崛起》看大国崛起. [J]. 中学政史地(高二)2007 年 03 期.

[3] 曾玩兰,陈益林,曾靖兰. 试论战争同盟的形成及其影响——以一战中的协约国为例. [J]. 改革与开放,Reform & Openning 2010 年 08 期.

[4] 人民教育出版社历史室. 世界近代现代史. [M]. 河南省:人民教育出版社 2000 年 12 月第二版 P132.

[5] 程凯华.《国闻周报》对 1929—1933 年世界经济危机的观察和思考. [J]. 华中师范大学硕士学位论文 2011. 5. 1.

[6] 刘伟. 从两次世界大战看美国"中立"政策. [J]. 山东师范大学硕士学位论文 2011.

[7] 刘薇. 斯大林模式的形成原因及其评价. [J]. 学理论,Theory Research 2015 年 02 期.

[8] 苏万青《简析"第二次世界大战"初期法国迅速失败的原因》[J]. 中学文科参考资料 1994. 8. 15.

[9] 刘海洋. 从战略视角解析德国第二次世界大战的失败. [J]. 2009. 8. 8.

[10] 袁小琨,王珂. 全球化与冷战的起源. [J]. 知识经济. Knowledge Economy,2012 年 10 期.

[11] 王建. 第二次世界大战与英帝国的衰落. [J]. 西北师范大学硕士学位论文,2015. 5. 1.

[12] 林宏宇. 超越"冷和平" 对国际战争问题的战略思考. [J]. 人民论坛 ,People's Tribune,2015 年 16 期.

[13] 白建才. 论冷战的起源. [J]. 陕西师大学报(哲学社会科学版) ,Journal of Shaanxi Normal University(Philosophy and Social Sciences Edition). 1995 年 04 期.

[14] 李岩. 苏联解体对当代社会主义国家的启示. [J]. 天中学刊 ,Journal of Tianzhong 2015 年 04 期.

[15] 李晓. 美国霸权的文明起源、结构变化与世界格局——评程伟等著《美国单极思维与世界多极化诉求之博弈》. [J]. 国际经济评论,International Economic Review,2013 年 03 期.

[16] 罗会钧. 单极、多极还是无极? ——当今世界格局及其发展趋势再探讨. [J]. 湘潭大学学报(哲学社会科学版)Journal of Xiangtan University (Philosophy and Social Sciences) 2014. 3. 10.

[17] 尹建刚. 关于世界近现代史中重要的"两次". [J]. 学周刊 ,Learning Weekly,2015 年 28 期.

[18] 李博. 中国和平发展道路是"中国梦"的实现路径. [J]. 首都师范大学硕士学位论文,2014. 5. 7.

我国保险业推行海洋灾害保险的偿付能力是否充足

——基于风暴潮灾害偿付能力的评估①

郑慧，贺婷婷②

(中国海洋大学，山东 青岛 266100)

内容摘要：频发的风暴潮灾害造成的经济损失日益严重，而灾害损失赔付成为众人关注的焦点。2014年我国部分地区开展海洋灾害评估试点，分析我国财险业应对风暴潮赔付能力，成为建立长效的以风暴潮为代表的海洋灾害制度的前提。本文借鉴再保险市场最优分摊原则，在保险反应函数的基础上构建保险赔付模型，选取25家财产保险公司于2006—2013年间的经营数据，计算全行业对风暴潮灾害损失的赔付能力。实证结果显示，我国财险行业现有赔付能力在应对风暴潮灾害损失时仍存在较大缺口。在此基础上，从市场化补偿以及政府宏微观干预等方面给出提升财险业承灾能力相关建议，以期为建设21世纪海上丝绸之路提供理论支撑。

关键词：风暴潮灾害；承灾能力；保险赔付模型

近年来，地震、潮灾等灾害不断，引起了社会的广泛关注。我国作为海洋大国，海洋灾害频繁发生，且风暴潮位居首位，近20年来其在我国造成的经济损失高达2 500亿元，约占全部海洋灾害损失的94%，是建设21世界海上丝绸之路的强大阻碍。与普通可保风险相比，风暴潮灾害低发生概率和高损失幅度的特点与经典的可保条件存在差异，因此一般情况下风暴潮灾害并不在商业保险的可保风险范围之内。但从实践看，因风暴潮具有典型的地理区位特征且海洋灾害影响广泛，世界上多个海洋国家均在其风暴潮灾害风险管理制度中赋予商业保险和再保险重要的作用空间。英国、美国等沿海国家都曾发生过严重的风暴潮灾害，但由于英国保险市场发展程度高，高度的保险市场化为风暴潮灾害赔付提供了保障，而美国实行以政府为主导的保险模式，联邦和州政府联合私营保险公司为风暴潮灾害买单，很大程度上解决了灾害损失补偿问题。商业保险主动承担和承保灾害风险已不仅仅是保险业自身拓宽可保风险范围以持续发展的需要，长远来看更是保险业

---

① **基金项目：**本文系国家自然科学基金项目(编号：71503238)、教育部人文社科青年项目(14YJCZH223)、山东省优秀中青年科学家科研奖励基金(BS2014HZ017)阶段性成果。

② **作者简介：**郑慧(1986—)，女，山东潍坊人，中国海洋大学经济学院，讲师，硕士生导师、理学博士，主要研究方向：风险管理、海洋经济；贺婷婷(1991—)，女，山东淄博人，中国海洋大学经济学院硕士研究生，主要研究方向：风险管理。

通过承担社会责任履行其特有的社会分工的必然要求。2014 年,加强海洋强国的战略逐步实施,我国已经展开主要以风暴潮和海啸灾害为重点的海洋灾害评估试点工作。长期来看,加快中国社会化巨灾风险分散机制进程,增强商业保险公司对风暴潮灾害的承灾能力,成为践行海洋强国、"一带一路"战略的必然要求。本文估计既定灾害损失下我国财险业的承灾能力,据此,针对风暴潮灾害损失的市场化补偿问题提出相关对策建议,以期对我国 21 世纪海上丝绸之路的发展,以及"一带一路"的建设提供理论支撑。

一、评估方法与模型

20 世纪中叶,阿罗(Arrow)①和德布鲁(Debreu)②研究了条件的不确定性问题,并将其引用至经济学研究中,发现变更金融手段可最大程度降低金额风险,即达到风险的帕累托最优,从而金融市场可以达到纳什均衡状态。鲍池(Borch)③将这一理论框架引入保险领域,并针对再保险市场提出了最优风险分摊原则,证明了在条件不确定的情况下,整合再保险市场风险,达到各保险人效用最大化的一般均衡。鲍池(Borch)的创举为保险研究的发展提供了坚实的理论基础。而后康明斯(Cummins)、多尔蒂(Doherty)和安尼塔(Anita)④据此保险赔付能力的相关理论模型。此后,左斐⑤研究了我国 2008 年地震灾害的赔付情况,且得出赔付缺口较大的实证结果。田玲⑥测度了我国财产保险中巨灾承受能力。冯文丽、王梅欣⑦提出在中国建立农业巨灾保险基金的具体方法。在此,本文在康明斯等(2002)理论模型基础上分析中国财险行业对灾害损失的最大赔付能力,并引入调整因子估算我国财险业对风暴潮灾害损失的赔付缺口。

(一)财险业损失赔付能力理论模型

保险赔付模型思想的建立来源于鲍池的保险结论。鲍池认为通过再保险的方式可以使保险市场达到效用最大化,其基本思路是再保险人把风险集中再分配,使得保险市场平均分配,保险人持有数量不等的"净份额"。而每一份平均份额的价格与市场风险组合呈正相关,与市场组合相关度越高价格越高,反之则相反。即"在不考虑交易费用的情况下,帕累托最优的风险分担安排相当于一个联合经营安排,所有的保险公司都把它们的业务汇总到联营公司里来,并同意就联营公司所承担的赔款将如何在各保险公司之间分配

---

① Arrow K. ,"Existence of an Equilibrium for a Competitive Economy", *Econometrica*, Vol. 22, No. 3, 1954, pp. 265 – 273.

② Debreu G. , *Theory of Value: An Axiomatic Analysis of Economic Equilibrium*, Yale University Press, 1959, pp. 98 – 102.

③ Borch K. ,"Equilibrium in Reinsurance Market", *Econometrica*, Vol. 30, No. 3, 1962, pp. 424 – 446.

④ Cummins J. David, Neil And Doherty, Anita Lo,"Can Insurers Pay for the 'Big one'? Measuring the Capacity of An Insurance Market to Respond to Catastrophic Losses", *Journal of Banking and Finance*, Vol. 25, No. 3, 2002, pp. 557 – 583.

⑤ 左斐:"中国财产保险业巨灾损失赔付能力实证分析",《灾害学》,2012 年第 1 期,第 116 – 第 120 页。

⑥ 田玲:"中国财产保险业巨灾损失赔付能力实证研究",《保险研究》,2009 年第 8 期,第 65 – 第 70 页。

⑦ 冯文丽,王梅欣:"我国建立农业巨灾保险基金的对策",《河北金融》,2011 年第 4 期,第 6 – 第 7,第 14 页。

定立某些规则"①。据此,康明斯等(2002)建立了保险赔付度量模型,测度保险人的承灾能力。

对于本文,利用康明斯模型计算保险标的出险时我国保险行业的最高赔付力度。进而以此赔付力度估算我国财险行业对风暴潮灾害损失存在的赔付缺口。一般认为,行业赔付能力应当等于整个财险行业可以用于对灾害损失赔付的所有资源,即行业内所有保险公司的资源之和(财产保险公司的净保费收入以及所有者权益之和),本文将以此为前提条件引入灾害调整因子实现对风暴潮损失梯度分析。

(二)财险业风暴潮承灾力测算理论模型

财险业风暴潮承灾力测算理论模型建立的基本思路是首先测度单个保险公司以及整个财产保险行业在既定灾害损失下对损失的赔付能力,在此基础上利用风暴潮调整因子梯度估算风暴潮赔付缺口。该模型主要度量的是在合理的时间内保险公司或者财产保险行业可供调动的资本(一般包为公司权益资本或盈余与保费收入之和)以及保险公司对既定损失赔付的分配。其基本前提是:保险公司将财务规划中预计要赔付的保险赔款优先用于对风暴潮灾害损失的赔付。在此基础上,再给出三个假设条件:第一,保险市场化程度较高;第二,保险人自留保单承担风险成本较大;第三,保险人再投保无交易成本。康明斯等证明了财产保险市场巨灾赔付能力最大化的条件是保险人尽其可供调动资本并运用不同方式进行风险分散和再保险,保险市场分成数份等额的保险组合,且所有保险人持有的保险组合 L_i 与行业总损失 L 完全相关②。这顺承了鲍池(1962) 的保险思路。康明斯等模型中构建了财产保险行业应对巨灾损失的反应函数来代表保险业的赔付能力,这一函数可由图 1 表示。

图 1 中横轴表示财险行业总损失的可能值,纵轴表示所有企业预期赔付支出的总和。OZ 即为反应函数,它位于 OA 线上或线下,而 OA 为45 度,损失大于期望损失 $E(L)$ 越多,OZ 偏离 OA 线的距离就越大。这种偏离意味着赔付能力不足的情况随着保险人赔付压力的增大而不成比例地增长。

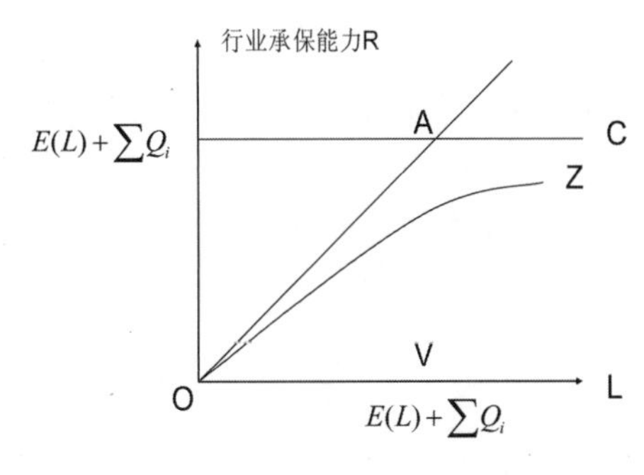

图1　财险业反应函数

① Borch K. ,"Equilibrium in Reinsurance Market",*Econometrica*, Vol. 30, No. 3, 1962, pp. 424 - 446.

② 左斐:"中国财产保险业巨灾损失赔付能力实证分析",《灾害学》,2012 年第 1 期,第 116 - 第 120 页。

为了评估财险行业对灾害损失的反应,假定灾害损失额 L 服从标准的正态分布。在既定的行业资源和灾害损失 L 下,财险公司 i 的反应函数为式(1)所示,引入调整因子 α_n 后,财险行业对风暴潮灾害损失赔付缺口函数为式(2)所示:

$$R_i \mid L = [E(L_i) + Q_i]N(-C_i) + \mu_{L_i|L}N(C_i) - \sigma_{L_i|L}n(C_i) \tag{1}$$

$$G \mid L_{st} = R_i \mid L(1 - \alpha_n)L_{st} \tag{2}$$

其中,

$$\mu_{L_i|L} = \mu_i + \frac{\rho_i \sigma_i}{\sigma_L}(L - \mu_L) \tag{3}$$

$$\sigma^{L_i|L} = \sigma_i(1 - \rho_i^2) \tag{4}$$

$$C_i = \frac{E(L_i) + Q_i - \mu_{L_i|L}}{\sigma_{L_i|L}} \tag{5}$$

其中, $E(L_i)$ 为保险公司 i 在样本区间内财险赔付额的期望值, Q_i 为保险公司 i 在评估时点的投资者权益值, $\mu_i = E(L_i)$, $\mu_l = E(L)$, ρ_i 为 L_i 和 L 之间的相关系数, $N(\cdot)$ 为标准正态分布函数,而 $n(\cdot)$ 为标准正态分布的概率密度函数,整个行业对灾害损失的赔付能力等于各财险公司赔付能力之和。$G \mid L_{st}$ 为风暴潮赔付缺口, α_n 为风暴潮赔付与行业赔付相关的调整因子, L_{st} 为风暴潮的既定损失。

根据式(1),在既定的行业赔付额 L 下,行业的赔付能力是两个行业变量 $\{E(L), \sigma(L)\}$ 以及4个公司变量 $\{E(L_i), \sigma(L_i), Q_i, \rho_i\}$ 的函数,并且随 Q_i 的增大而减小,随 ρ_i 的增大而增大,即财险公司的赔付额与行业总赔付额之间的相关系数越大,该公司对潜在损失的赔付能力就越大。当财险公司的赔付额与行业总赔付额不完全相关时,财险行业对灾害损失的赔付能力如曲线 OZ 所示, OZ 曲线位于折线 OAC 之下,并随 L 值的增大而越来越偏离 OAC ,这意味着随着灾害损失的增大,越来越多的保险公司将面临违约和破产境地。

二、财险业风暴潮承灾力测算

根据前文构建的财险业承灾能力测度模型,本部分将分析我国财险行业的风暴潮灾害承灾能力。首先确定样本数据,然后对财险行业在既定灾害损失下的赔付能力函数进行参数估计,最后估算我国财险行业面对不同灾害损失的赔付能力,进而通过调整因子对风暴潮灾害损失的赔付进行梯度估算。

(一)研究样本选择

根据前文所述反应函数,对财险行业在灾害损失下赔付能力的评估所需要的数据是财险公司各年的赔款数额及其在评估时点的所有者权益数据。根据康明斯等(1987)研究,财产保险的价格和收益具有周期性,周期为6—7年。这样,从2007年到2013年的时间期限就包含了一个完整的周期①。在此选择2006—2013年作为时序区间,以恰好涵盖一个保险周期,数据来源于时序区间内的《保险年鉴》。

研究样本是中国财险市场上主要的28家财险公司,所选择的样本中包含了两类公司:包含完整数据的公司(FTS:Full Time Series Company)和数据不完整的公司(NFTS:Non Full Time Series Company)。FTS类的公司对于我们的研究工作来说是至关重要的,因为它们将被用于回归模型,并利用其所得结果估算NFTS公司的参数。本文研究的28家财险公司中,FTS类的公司为13家(人民保险,国寿财险,大地,太平保险,中国信保,阳光财险,太保产险,平安财险,华泰产险,大众,永安,永诚,渤海),仅其中的人保财险、太保财险和平安财险三家保险公司净保费收入已达到个行业赔付支出的64.8%,而数据完整的公司总体净保费收入已超过行业的75%,所以总体数据完全公司是极具有代表性的。此外,NFTS类的公司为12家(三井、皇家太阳、瑞士丰泰、美亚、三星、安盟、都邦、安邦、阳光财险、天安财险、中意财险、长江财险)。

(二)参数估计

第一步,对FTS公司进行参数估计。raw参数、$\hat{\sigma}^2$、$\hat{\sigma}_i^2$、$\hat{\rho}_i$,根据2006—2013年的数据估计raw参数,结果见表1。

表1　2006—2013年13家FTS公司的raw参数估计结果

公司名称	赔付额的方差(10万元)	公司与整个行业的相关系数
人保财险	309.734	0.994 66
国寿财险	67.223	0.994 26
大地	37.152	0.977 85
太平财险	109.49	0.931 13
中国信保	18.573	0.933 13
阳关财险	21.656	0.991 14
太保产险	42 797	0.996 87
平安财险	1 478.7	0.993 66
华泰产险	19.574	0.923 91
大众	0.284 3	0.915 92
永安	4.033 68	0.987 96
永诚	2.961 96	0.901 90
渤海	0.697 7	0.854 34
总体	247 506	1.000 00

第二步,去趋势化参数估计。康明斯等发现,财险公司的赔付额具有很强的时间趋

① Cummins J. D. ,Outreville JF,"An International Analysis of Underwriting Cycles in Property - Liability Insurance", *Journal of Risk and Insurance*, Vol. 54, No. 2, 1987, pp. 246 - 262.

势，即随着时间的推移，财险公司的赔付额具有明显的增长趋势，而这种趋势是很容易被预测的，保险公司可以通过增加保费收入以抵消这种趋势[5]。所以，在这样的情况下，财险公司因时间引起的赔付差额变动而造成的结果不够准确是可以通过样本回归所修正的。为了去除时间趋势对结果的影响，选取 raw 参数和 detrended 参数作为评估指标，以提高测度结果的准确性。在此把 $\hat{\sigma}^2$、$\hat{\sigma}_i^2$、$\hat{\rho}_i$ 作为 raw 参数的评估内容，其中 $\hat{\sigma}_i^2$ 是公司 i 赔付额的方差，$\hat{\sigma}^2$ 是整个行业赔付额的方差，$\hat{\rho}_i$ 是公司 i 的赔付额与整个行业赔付额之间的相关系数。与 raw 参数不同，detrended 参数的评估需要建立如下回归方程：

$$L_{it} = \alpha_{oi} + \alpha_{li}t + \varepsilon_{it}$$
$$L_t = \alpha_o + \alpha_l t + \varepsilon_t \tag{6}$$

其中 L_{it} 为保险公司 i 在第 t 年的赔付额，而 $L_t = \sum_{1}^{i} L_{it}$ 为整个行业在第 t 年的总赔付额，ε_{it} 和 ε_t 为回归方程的残差，用此残差值来评估去除时间因素的 detrended 参数，即用 ε_{it} 和 ε_t 的方差分别代替 $\hat{\sigma}_i^2$ 和 $\hat{\sigma}^2$，用 ε_{it} 和 ε_t 的相关系数代替 $\hat{\rho}_i$。

将原始数据赔付额作为因变量代入式(6)，以期获得去趋势化的参数。运用 EVIEWS 软件对其进行分析，其中中国人民财产保险公司和我国财险行业的回归方程估计结果如表 2 和表 3。

表 2　中国人民财产保险公司回归估计结果

变量	系数	误差	T 检验	P 检验
T	12 946.42	1 487.414	8.703 962	0.000 1
C	-25 937 720	2 989 710	-8.675 664	0.000 1
相关系数	0.938 087	F 检验	75.758 96	

表 3　中国财产保险行业回归估计结果

变量	系数	误差	T 检验	P 检验
C	-76 277 701	8 378 740	-9.103 720	0.000 3
T	38 050.14	4 168.525	9.127 963	0.000 3
相关系数	0.943 387	F 检验	85.677 90	

由表 2 和表 3 可知，代入原始数据所得人保财险公司和行业回归方程式的 P 检验符合预期。运用以上所述方法，可得数据完整的公司 detrended 回归方程结果如表 4。

表 4　数据完整公司 detrended 回归方程结果

公司名称	回归方程
人保财险	$L1t = -12\,946.42 + 1\,487.414t + \varepsilon 1t$
国寿财险	$L2t = -25\,937\,720 + 12\,946.42t + \varepsilon 2t$
大地	$L3t = -4\,770\,219 + 2\,376.226t + \varepsilon 3t$

续表

公司名称	回归方程
太平财险	$L4t = -901\ 819.5 + 450.061\ 4t + \varepsilon 4t$
中国信保	$L5t = -2\ 073\ 458\ 320 + 1\ 033.711t + \varepsilon 5t$
阳关财险	$L6t = -2\ 631\ 658 + 1\ 311.634t + \varepsilon 6t$
太保产险	$L7t = -12\ 208\ 040 + 6\ 086.358t + \varepsilon 7t$
平安财险	$L8t = -15\ 992\ 493 + 7\ 970.891t + \varepsilon 8t$
华泰产险	$L9t = -778\ 573.5 + 388.154t + \varepsilon 9t$
大众	$L10t = -104\ 426.1 + 52.398t + \varepsilon 10t$
永安	$L11t = -305\ 577.9 + 153.816t + \varepsilon 11t$
永诚	$L12t = -1\ 071\ 813 + 5\ 342\ 621t + \varepsilon 12t$
渤海	$L13t = -252\ 743.8 + 126.078\ 6t + \varepsilon 13t$
总体	$L = -76\ 277\ 701 + 38\ 050.14t + \varepsilon 14t$

根据表4回归方程估计在样本周期内数据完整公司 detrended 参数的结果见表5。

表5　2006—2013年13家FTS公司的参数估计结果

公司名称	回归方程的残差 εit	εit 和 εt 的相关系数
人保财险	15 486 711.5	0.849 532
国寿财险	3 361 190.835	0.896 662
大地	1 857 598.53	0.978 571
太平财险	547 486.74	0.934 200
中国信保	928 639.75	0.937 659
阳关财险	1 082 816.725	0.992 369
太保产险	2 139 894 790	0.996 012
平安财险	73 934 389.5	0.992 650
华泰产险	978 716.86	0.992 934
大众	14 217.608 5	0.907 017
永安	201 684.384 5	0.876 886
永诚	148 098.112 5	0.910 370
渤海	34 889.329	0.863 502
总体	12 375 300 000	1.000 000

第三步，计算各财险公司在既定灾害损失下的赔付额，并加总以获得整个财险行业在2013年底的赔付能力。在假定各保险公司的赔付额与其净保费相等的前提下，计算各公司的赔付能力 $Ri \mid L$ 时，μi 和 μl 分别等于公司 i 和整个行业在2013年的赔付额。

通过上面的样本选择和参数估计，可以计算出各财险公司在既定损失 L 下的赔付能力。其中，对于损失取值的处理原则是：在 2013 年末财险行业赔付总额的基础上依次增加，而对于损失最大值的选定也并非任意提取。即使面临巨大的灾害损失，财险行业的最大赔付额也不能超过整个行业可用于赔付的总资源（行业年赔付额期望值与行业总投资者权益值之和）。在 2014 年初财险公司投资者权益值总额为 2 505.98 亿元，其行业赔付额为 3 439.14 亿元。因此，L 的取值始于财险行业年赔付额的期望值 3 439.14 亿元，并逐步增大至 8 000 亿元。

第四步，利用以上数据所得，将风暴潮灾害造成的财产损失数额以及我国财产保险行业赔付力代入式（2），可得财险业应对风暴潮灾害损失的赔付缺口。其中，Lst 取值为 2013 年风暴潮总体损失额[①]，其直接财产损失和间接财产损失总和为 153.99 亿元人民币。以此值代入式（2）并对调整因子 100% 依次降序取值[②]，且在此取 20% 整数百分比作为降序单位[③]，以所得数据结果对风暴潮灾害赔付缺口进行比较分析。

（三）实证结果

根据前文所述，依反应函数模型计算 2014 年初我国各财产保险公司赔付能力，并对结果进行加总从而得到由原始参数和去趋势化参数估算的行业赔付能力和赔付效率，其具体结果分别由表 6 和表 7 所示。

表 6　raw 参数估测 2014 年初中国财产保险业损失赔付能力

既定损失（亿元）	样本公司赔付总和	行业赔付	样本公司赔付比率%	行业赔付比率%
3 500	3 024.168 388	3 909.214 566	86.404 811 1	111.691 844 7
4 000	3 154.288 371	4 077.415 164	78.857 209 3	101.935 379 1
4 500	3 193.413 022	4 127.989 945	70.964 733 8	91.733 109 9
5 000	3 216.104 307	4 157.322 01	64.322 086 1	83.146 440 2
5 500	3 232.088 919	4 177.984 641	58.765 253 1	75.963 357 1
6 000	3 247.953 585	4 198.492 225	54.132 559 8	69.974 870 4
6 500	3 263.818 251	4 218.999 808	50.212 588 5	64.907 689 4
7 000	3 279.682 918	4 239.507 391	46.852 613 1	60.564 391 3
7 500	3 295.542 25	4 260.008 079	43.940 563 3	56.800 107 7
8 000	3 308.891 048	4 277.263 506	41.361 138 1	53.465 793 8

① 由于本文原始数据以及去趋势化参数均用作估计 2014 年初即 2013 年底我国财险行业赔付效率，所以在此取 2013 年底风暴潮灾害总损失数据，以估计相应时点我国财险行业对风暴潮灾害的赔付缺口。

② 这样的取值方式是为了给出一个波动空间，让计算过程更加科学合理。

③ 由于经过数据分析以 20% 为单位恰好体现出我国财险行业对风暴潮赔付缺口由负到正的过程，所以在此选用 20% 为单位进行估算。

表 7 Detrended 参数估测 2014 年初中国财产保险业损失赔付能力

既定损失(亿元)	样本公司赔付总和	行业赔付	样本公司赔付比率(%)	行业赔付比率(%)
3 500	3 072.782 338	3 972.055 762	87.793 781 1	113.487 307 5
4 000	3 201.373 413	4 138.280 007	80.034 335 3	103.457 000 2
4 500	3 221.171 505	4 163.872 163	71.581 589	92.530 492 5
5 000	3 234.348 394	4 180.905 37	64.686 967 9	83.618 107 4
5 500	3 247.302 49	4 197.650 582	59.041 863 5	76.320 9197
6 000	3 260.256 586	4 214.395 794	54.337 609 8	70.239 929 9
6 500	3 273.210 682	4 231.141 005	50.357 087 4	65.094 477
7 000	3 286.164 778	4 247.886 217	46.945 211 1	60.684 088 8
7 500	3 299.118 873	4 264.631 429	43.988 251 6	56.861 752 4
8 000	3 312.072 969	4 281.376 641	41.400 912 1	53.517 208

利用我国财险行业赔付能力数据,对风暴潮调整因子进行降序取值,得到我国财险业对风暴潮灾害赔付缺口的计算结果由表 8 所示。

表 8 Detrended 参数估测 2014 年初中国财产保险业对风暴潮灾害损失赔付能力

既定损失(亿元)	αn				
	100%	80%	60%	40%	20%
3 500	-20.769 104 82	14.182 716 14	49.134 537 11	84.086 358 07	119.038 179
4 000	-5.323 434 608	26.539 252 31	58.401 939 24	90.264 626 16	122.127 313 1
4 500	11.502 294 6	39.999 835 68	68.497 376 76	96.994 917 84	125.492 458 9
5 000	25.226 476 41	50.979 181 13	76.731 885 85	102.484 590 6	128.237 295 3
5 500	36.463 415 75	59.968 732 6	83.474 049 45	106.979 366 3	130.484 683 2
6 000	45.827 531 95	67.460 025 56	89.092 519 17	110.725 012 8	132.357 506 4
6 500	53.751 014 87	73.798 811 89	93.846 608 92	113.894 405 9	133.942 203
7 000	60.542 571 66	79.232 057 33	97.921 542 99	116.611 028 7	135.300 514 3
7 500	66.428 587 48	83.940 869 98	101.453 152 5	118.965 435	136.477 717 5
8 000	71.578 851 4	88.061 081 12	104.543 310 8	121.025 540 6	137.507 770 3

三、结语

由表 7 来看,利用 detrended 参数所估算出的赔付效率,当灾害损失在 3 500 ~ 4 000 亿元人民币时,我国财险行业可以完全赔付。但当损失达到 4 500 亿元人民币时,行业赔付率开始低于 100%,出现保险公司不能完全赔付的情况。而损失达到 7 500 亿 ~ 8 000 亿元人民币时我国财险行业赔付率降到 56.9% ~ 53.5%。例如,2008 年我国面对 2 000 亿元人民币灾害损失,财险业赔付率仅为 59.27%。不过相较于 2008 年,2014 年年初中国财险业赔付能力已经有了较大的提升。

对于风暴潮灾害的保险赔付来说,2013 年,我国沿海共发生风暴潮过程 26 次,造成直接经济损失 152. 45 亿元,属于重灾年份。按照这一损失水平来估计,由表 8 可知在最大赔付的伊始,若 100% 遵循行业赔付率,保险公司能够完全承受赔付并且尚有余力,但当最大赔付额增至 8 000 亿元人民币时风暴潮灾害损失所能得到的最大赔偿为 82. 41 亿元,亦有 71. 58 亿元的缺口。而当按照 40% 行业赔付比例进行估算时,风暴潮灾害损失赔付缺口就会到 84. 09 亿 ~ 121. 03 亿元人民币,直至遵循 20% 赔付比例时,赔付缺口介于 119. 04 亿 ~ 137. 51 亿元人民币。这一结果说明,相比于普通可保风险,保险公司对风暴潮灾害损失整体的赔付率远远低于行业灾害整体赔付率,财险行业对风暴潮灾害损失的赔付缺口是较大的。而回顾风暴潮致灾事件也不难印证这一点,2013 年 9 月,“天兔”台风风暴潮造成直接损失 64. 93 亿元,而财险公司赔付却不足损失一成;又如 2013 年 10 月 7 日,“菲特”风暴潮造成的损失仅浙江、福建两省就达到 34. 93 亿元,虽然保险赔付达到了 17. 4 亿元,但近 20 亿元的赔付缺口依然成为政府和民众较大的财政负担。

由此可见,相比于欧美一些发达海洋国家,我国财险业应对海洋灾害特别是发生频率高、影响面积广的风暴潮灾害的赔付能力是亟待提高的。主要的原因有以下两点。

第一,我国财险行业巨灾损失的总体赔付能力较弱。我国财险行业赔付的可用资源少,与发达国家差距较大。据保监会有关部门统计,2013 年中国财险业的保费收入为 6 212. 26亿元人民币,财险行业赔付总支出为 3 439. 14 亿元,所有者权益为 2 505. 98 亿元人民币,行业资源合计 5 945. 12 亿元人民币。再加上原保险市场和再保险市场的发展程度均对财险行业赔能力有较大影响,而我国保险市场经历了“文革动乱”的停滞,直至党的十一届三中全会提出“把工作重心转移到经济建设”才使得保险市场的全面恢复拥有契机。虽然自 20 世纪 80 年代至今,保险市场不断改进与发展,但市场化程度仍然较低。如风暴潮灾害频发的荷兰,其高度市场化竞争的保险模式使得保险公司竞争激烈优胜劣汰,保证了较优的灾害赔付效果。

第二,我国缺乏针对性的保险产品,且居民投保意愿不高。由于承保风暴潮这类灾害损失风险较大,许多保险公司不愿涉足,投入研发资金较少,造成了相应保险产品的缺失。2000 年后,我国沿海省份陆续建立渔业保险协会,但笔者在海参养殖基地调研时发现,很多地区相关保险产品推广力度小,而渔民对渔业保险等相关海洋保险的认知度低,导致极低的投保率。

基于以上分析,对于缩小我国财险行业对风暴潮灾害赔付缺口,最终提升保险市场应对海洋灾害的承灾能力,本文提出以下几点对策建议。

首先,拓宽保险资金运用渠道,开放保险资金准入市场的监管,以此增大保险公司盈利,提高保险行业资源。对于保险公司,只有其自营资金充盈才能在风暴潮灾害出险时拥有充足的资金进行赔付。所以国家应放开保险资金的投资管制,拓宽保险公司基础设施债权计划投资渠道,丰富非标资产投资品种,以使保险公司资金充裕,提高灾害赔付能力。另外引进荷兰的保险市场模式,与我国特色的社会主义国情相结合,加大市场化竞争对保险市场的完善也具有建设性的意义。

其次,加大保险市场对外开放程度,把握建设 21 世纪海上丝绸之路的契机,减少对外资保险公司限制条件,引进国外保险资金以及预防手段和精算技术。发达国家保险发展较早,其保险公司积累了大量相关经验,引进保险外资不仅加大了我国财险行业的保险资源,而且以其先进的灾害管理技术和成熟的相关保险种类还可以为我国风暴潮灾害赔付增加软实力。

再次,借鉴美国洪水计划的经验,建立风暴潮灾害保险基金,与灾害预警机制相结合,减小保险公司赔付压力并鼓励其创新产品设计。另外,应重视提高民众保险意识,开展相关保险产品普及讲座。特别要针对沿海地区加大风暴潮等灾害保险赔付的宣传力度。例如,可以联合渔业保险协会宣传渔业保险并给予经济补助推广其进行等。

我国财险业应对台风灾害的偿付能力评估

——基于浙闽粤琼四省的分析[①]

郑慧[②]，贾敦智

（中国海洋大学经济学院，山东 青岛 266100）

内容摘要： 发生频率高、致灾影响大的台风灾害已成为制约沿海地区生产生活正常运行的重要因素。由于缺乏针对性保险产品，以政府为主导的救灾方式无疑造成了巨大的财政负担。对此，基于康明斯（Cummins）建立的偿付反应函数，计算受灾影响较重的浙江、福建、广东、云南四省财险业台风灾害偿付能力。结果显示，我国财险业对台风损失的实际赔付率仅为理论值的16%，保险市场应对台风灾害存在较充裕的空间。最后，从平衡市场力量、培育参与主体、拓展融资渠道等方面，探讨了建立台风灾害保险、提升其保险赔付能力的对策建议。

关键词： 财险业；台风灾害；偿付能力

作为海洋大国，我国由辽东半岛到东南沿海的广大沿海地区常受到台风袭击。2014年7月18日超强台风“威马逊”在我国海南省登陆，造成全省约325.83万人（其中25人死亡，6人失踪）、16.297万公顷的农作物受灾，以及23163间房屋倒塌，直接经济损失约119.52亿元。面对巨大的台风损失，灾前预防及灾后的损失补偿工作显得尤为重要。政府救助、社会捐助、政策性保险和商业保险是台风灾害补偿的四个主要途径，比如美国作为发达海洋国家，其台风保险就属于以政府为主导的保险项目。与之相比，我国台风灾害虽早已被划入了企业（家庭）综合险、车辆险、工程险等险种的保险责任范围之内，但是专门针对台风灾害的台风保险至今尚未出台，这一方面加大了财险业对台风灾害损失补偿的压力，另一方面也加重了政府救灾的财政负担。2013年11月12日中共十八届三中全会提出建立巨灾保险制度，进一步显示，台风灾害损失补偿机制特别是建立健全以保险为主要手段的市场化风险分散机制，已成为维护沿海地区和谐发展，促进海洋经济健康稳定发展面临的重要问题。而摸清现有保险市场对台风灾害损失的承载能力，则是建立灾害保险的首要环节。

---

① **基金项目：** 本文系国家自然科学基金项目（编号：71503238）、教育部人文社科青年项目（14YJCZH223）、山东省优秀中青年科学家科研奖励基金（BS2014HZ017）阶段性成果

② **作者简介：** 郑慧（1986—），女，山东潍坊人，中国海洋大学经济学院，讲师，硕士生导师、理学博士，主要研究方向：风险管理、海洋经济；贾敦智（1991—），女，山东济南人，中国海洋大学经济学院硕士研究生，主要研究方向：风险管理。

目前对偿付能力问题的研究，大致分为两类：一类是对保险公司整体偿付能力的研究；另一类是针对保险公司对巨灾偿付能力大小的研究。例如：巴林和赫什伯格（Bar-Niv and Hershbarger）① 引入 21 个变量和 12 个指标，利用逻辑和正太分布模型预测保险公司的偿付能力，得出影响预测效果的 8 个显著指标；以鲍池（Borch）的研究为基础，康明斯（Cummins）、多尔蒂、安尼塔（Doherty and Anita）② 进一步得出了测度财产保险市场应对给定巨灾损失承保能力的反应函数，并对美国财产保险业巨灾损失的承保能力进行了测度。张伟③选取保险公司财务报表中主要科目，并借助主成分分析法，对影响偿付能力的主要因素进行分析了。崔巍④运用中、外资保险公司相关数据，利用因子分析法对两类保险公司的偿付能力对比分析，得出我国中资财险公司与外资财险公司的具体差距，并据此提出改善建议；杨志坚⑤运用肯尼系数及康明斯等提出的偿付反应函数从定性和定量两个角度分析得出我国财险业巨灾承保能力不足的结论，并给出巨灾风险分散机制的构建方案。在对保险公司偿付能力问题的研究上，国内学者的研究大部分是针对保险行业整体偿付能力的预测。本文将研究视角投入到频发且影响大的台风灾害上，运用康明斯等提出的财险公司应对巨灾损失的偿付反应函数，结合台风灾害的损失数据，估算了我国财险公司对台风灾害损失偿付能力的具体数额，并据此给出我国建立台风灾害保险的相应政策建议，研究结论对我国巨灾风险的管理具有一定的指导和借鉴作用。

一、保险偿付能力模型构建

（一）基本思想与假设条件

关于保险人对巨灾损失偿付能力问题的研究，比较经典的是康明斯等利用偿付反应函数对保险人巨灾损失偿付能力进行的测算，此后我国学者左斐⑥在财险业巨灾损失偿付能力度量，张艳⑦在云南省农业巨灾保险偿付能力的评估中都运用了其函数模型及思想。结合 Borch 及康明斯等的研究，本文的基本思想及假设条件如下。

（1）基本思想

康明斯等认为单个保险人的偿付能力，就等同于在给定损失发生时，其赔付能力及效率，相应的市场中所有保险人偿付能力之和，就是整个市场的偿付能力。鲍池⑧得出

---

① Ran Bar Niv, Robert Hersbarger, “Classifying Financial Distress in The Life Insurance Industry”, Journal of Risk and Insurance, Vol. 23, 1990, pp. 110 – 136.

② J. David Cummins, Neil Doherty and AnitaLo. “Can Insurers Pay for the ‘Big One’? Measuring the Capacity of an Insurance Market to Respond to Catastrophic Losses”, Journal of Banking and Finance, Vol. 30, 2002, pp. 557 – 583.

③ 张伟：“财产保险公司偿付能力实证分析”，《江西财经大学学报》，2004 年第 4 期，第 16 – 18 页。

④ 崔巍：“我国财险公司偿付能力的实证研究”，《苏州大学硕士学位论文》，2013 年第 21 – 37 页。

⑤ 杨志坚：“我国财险业巨灾风险承保能力研究”，《厦门大学硕士学位论文》，2014 年第 14 – 33 页。

⑥ 左斐：“中国财产保险业巨灾损失赔付能力实证分析”，《灾害学》，2012 年第 1 期，第 116 – 120 页。

⑦ 张艳，范流通，卜一：“政策性农业巨灾保险偿付能力评估：基于云南试点的调查”，《保险研究》，2012 年第 12 期，第 43 – 51 页。

⑧ Borch K, “Equilibrium in Reinsurance Market”, Econometric, Vol. 30, No. 3, 1962, pp. 424 – 446.

"在不考虑交易费用的情况下，将所有保险公司汇总的'联合经营安排'是帕累托最优的风险分摊"，并据此推出偿付能力最大化的条件即单个保险人持有保险市场组合的净份额量及其产品价格是由保险人与市场组合的相关度决定的。据此，在实证分析灾害保险赔付能力时，应当首先对台风灾害损失分布进行拟合。

此外考虑到行业盈余数量、负债及盈余在行业内保险人之间的配置方式和配置效率对财险市场超额意外损失能力有决定性作用，因此，在保险偿付能力模型中这二者应是关键变量。

（2）假设条件

假设1：在既定灾害损失下，实现对保户的最大化赔付是各保险人进行负债配置的目的；

假设2：在实现对保户的最大化赔付下，每个保险人所持有的保险组合与总损失完全相关；

假设3：行业面临的台风灾害损失服从正态分布或对数正态分布；各保险公司均无额外收益即保险市场结构是完全竞争的；各保险公司所有者权益与净保费收入的和是其偿付能力上限。

（二）偿付能力模型推导

反应函数（Response Function）是由康明斯等在研究财险行业对巨灾损失偿付能力的问题时所提出的，这一函数的原理，如下图1所示：图1的横纵轴分别代表财险行业可能的总损失、财险行业预期的赔付支出。为保险人的最大赔付，其中代表期望损失且其大小与保险人的纯保费收入相等（即遵循平衡原理），代表保险公司初始权益或前期盈余积累。线段OA斜率为1，它代表在偿付能力范围内的损失全部赔付，则OAC代表在既定损失下的最大赔付。为实际损失额，e代表无法预测的超额损失。W与Y两点代表的是在有相同超额损失e时，由于损失风险分散程度的两种极端带来的两种最大赔付。其中，W点代表当资本及风险分散状况较差时的预期支付，Y点则代表风险分散程度较好情况下的预期赔付，很显然Y点的赔付率要大于W点。而X点代表的则是在有超额损失e时，保险业预期赔付的平均值，因此，把不同超额损失下的X点相连，就可以得到保险业巨灾损失的反应函数OZ。通常OZ位于OA的下方，且OZ偏离OA的距离越大，保险人偿付能力不足的情况越严重。B点代表偿付能力上限，因此当损失大于 时，偿付能力就会显著下降。

保险人i支付超出预期索赔单位保单的平均盈余是

$$E\left(\frac{T_i}{n_i}\right) = \left(\frac{1}{n_i}\right)\int_{n}^{z_i}[E(L_i) + Q_i - L_i]f(L_i)dL_i \quad (1)$$

式（1）中$Z_i = E(L_i) + Q_i$。为得出反应函数的具体形式，当给定灾害损失L时，行业总权益的终值为

$$\sum_{i=1}^{N} E(T_i \mid L) = \sum_{i=1}^{N}\int_{n}^{Z_i}[(E(L_i) + Q_i - L_i]f(L_i \mid L)dL_i \quad (2)$$

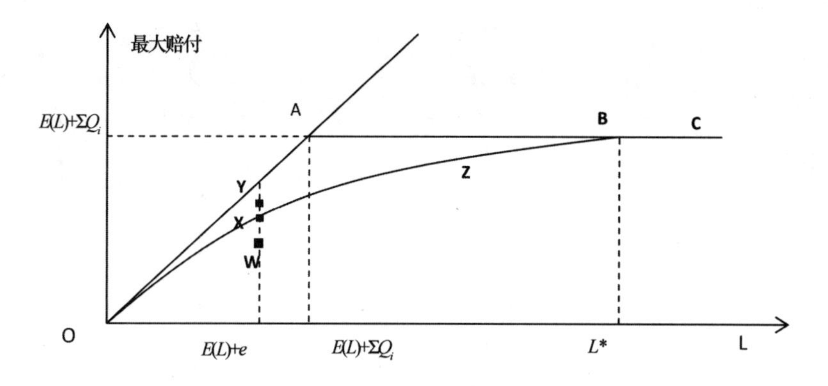

图 1　保险业应对巨灾损失的反应函数

$\Sigma_{l=1}^{n}E(T_i \mid L)$ 实际上就是图 1 中纵轴数值 $E(L)+\sum Q_i$ 与反应函数 OZ 的水平距离。由此可以将反应函数定义为

$$R \mid L = E(L) + \sum Q_i - \sum E(T_i \mid L) \tag{3}$$

观察式（2）可知，确定 L 所服从的分布是确定并简化反应函数形式的前提，因此接下来将结合我国台风灾害损失的具体数据来确定财险业对台风灾害损失的偿付能力反应函数。

二、实证分析

（一）台风灾害损失分布的模型选择

对我国 1985—2012 年台风灾害所造成的直接经济损失数据去通胀之后［数据来源为《中国海洋年鉴》（1986—2013）］，分别进行正态分布和对数正态分布拟合，两种分布下的累计概率分布拟合图如下。

观察图 2 和图 3，相比较之下我国台风灾害损失更接近对数正态分布。为了避免检验的偶然性，这里将经过去通胀处理后的台风灾害损失数据带入 Eviews 软件中做了两种分布拟合的 Q－Q 图，如下。

在忽略图中最大值与最小值的前提下，对数正态分布各点更加接近拟合曲线。Q－Q图的检验结果再次印证了我国台风灾害损失服从对数正态分布的假设，即有关我国财险业对台风灾害损失的偿付能力度量及偿付反应函数推导，都是在损失数据失服从对数正态分布的假设下进行。

根据对数正态分布的性质，推导得到既定损失下我国财险业应对台风灾害反应函数的表达式为

$$R_i \mid L = P_i + Q_{i0} - E(T_i \mid Q_{i0}L) = (P_i + Q_{i0})N(-D_{1i}) + e^{D_{2i}}N(D_{1i} - \varphi_i\sqrt{1-\gamma_i^2}) \tag{4}$$

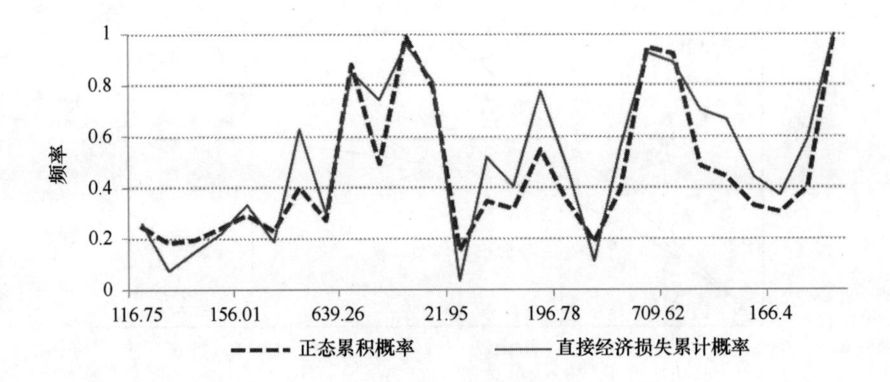

图2　正态累计概率分布拟合

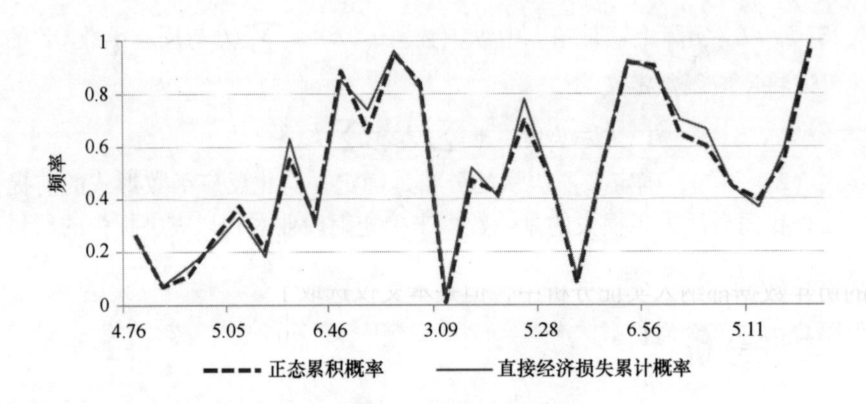

图3　对数正态累计概率分布拟合

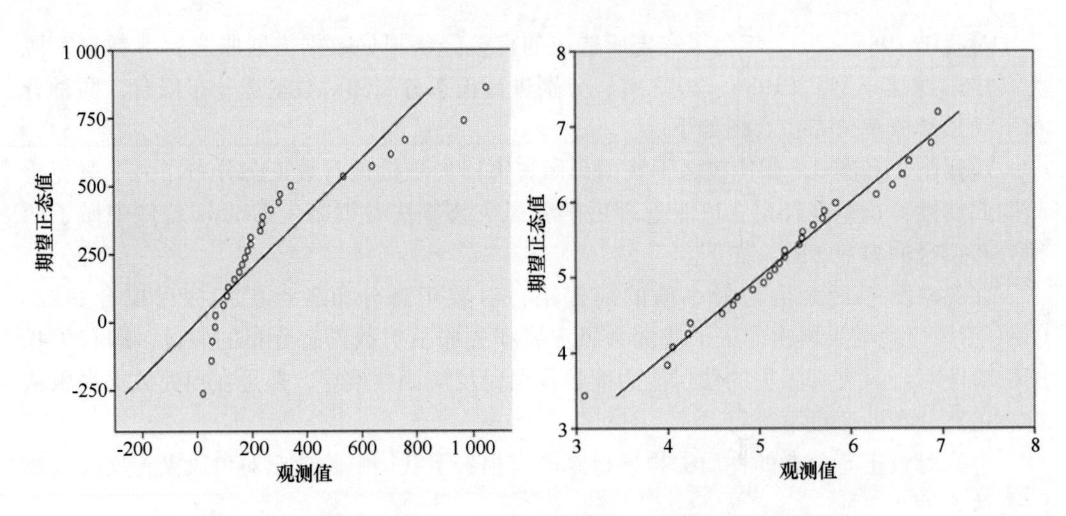

图4　Q－Q图检验结果（左图为正态分布，右图为对数正态分布）

其中：

$$D_{1i} = \frac{\ln(P + Q_0) - \delta_i - \dfrac{\varphi_i \gamma_I}{\varphi_L}(\ln L - \delta_i)}{\varphi_i \sqrt{1 - \gamma_i^2}}$$

$$D_{2i} = \delta_i + \frac{\varphi_i \gamma_i}{\varphi_L}(\ln L - \delta_L) + \frac{\varphi_i^2}{2}(1 - \gamma_i^2)$$

式中，P_i 是保险人样本区间的净保费（净保费 = 原保费 - 再保险分出 + 再保险摊回）的期望值，Q_{i0}是评估时点上保险人的权益资本，N（·）为标准正态分布函数，δ_i 与 δ_L 是对数正态分布的标准差，φ_i 与 φ_L 是对数正态分布风险因子（标准差与均值的比值），γ_i 为财险行业赔付额的对数 $\ln L$ 与单个保险公司 i 赔付额的对数 $\ln L_i$ 之间的相关系数。

（二）偿付能力评估

（1）样本与数据的选择

作为一类频发的海洋灾害，我国台风的致灾区域主要集中在东南沿海一带。在此本文选择浙江省、福建省、广东省和海南省作为主要研究对象，运用四省财险公司经营数据完成后续定量分析。此外需要指出的一点是，从理论上来说，应该把四个省份所有财险公司的历年数据都纳入实证分析中，但是本文仅选取了人保财险、太保财险与平安财险三大保险集团在四个省份财险分公司 2007—2013 年间的净赔款数额以及 3 家公司在评估时点（2013 年末）的所有者权益数据。原因有三：首先，部分财险公司的成立较晚，无法提取到足够数据；其次，上述三大保险集团的财险业务份额占到全国的 63% 以上，其代表性较强；最后康明斯和奥特为尔（Cummins and Outreville）等研究美国市场得出，美国财险公司的平均盈利周期为 6 ~ 8 年，而对我国财险公司盈利的周期性问题，冀玉娜和郑海涛（2009）、李心愉和李杰（2010）等学者研究得出的平均周期为 4 ~ 7 年①。

各分公司净赔款额均来源于《中国保险年鉴》（2008—2014），评估时点上的所有者权益数据，是根据各分公司保费收入占其相应总公司保费收入的比重，在总公司所有者权益数据基础上估算得出的。此外，财险行业的净赔款数额是由四省财险公司赔款数额加总得到的。

（2）实证度量过程

①参数估计

一般情况下，财险公司赔付额变化有强烈的时间趋势特征，因而在使用时间序列残差获得 detrended 参数之前必须消除这一影响。

接下来，需要估计的参数主要包括：三家财险分公司的损失标准差 σ_i^2、财险行业的损失标准差 σ^2、各财险分公司损失数据与行业总损失数据的相关系数 ρ_i、raw 参数与

---

① 李立松：“基于 Cummins - Outreville 模型的中国产险业保险周期实证研究”，《保险研究》，2011 年第 2 期，第 40 - 第 47 页。

detrended 参数。在此基础上进一步计算对数正态分布反应函数中的 v_i、v_L、ω_i、ω_L 与 γ_i。首先是对三个值的 raw 参数估计：

$$\hat{\sigma}_i^2 = \frac{1}{T-1}\sum_{t=1}^{T}(L_{it} - \bar{L}_i);\hat{\sigma}^2 = \frac{1}{T-1}\sum_{t=1}^{T}(L_t - \bar{L})^2;\hat{\sigma}_i = \frac{\frac{1}{T-1}\sum_{t=1}^{T}(L_{it} - \bar{L}_i)(L_t - \bar{L})}{\hat{\sigma}_i\hat{\sigma}}$$

其中，$\bar{L}_i = \frac{1}{T}\sum_t L_{it}, \bar{L} = \frac{1}{T}\sum_t L_t$，$t$ 为年份，取值为 1 ~7，$t=1$ 表示 2007 年，T 代表样本总数，此处 $T=7$。

根据损失服从对数正态分布假设前提，为了计算对应的参数，建立回归方程：

$$\begin{aligned} \text{Ln}(L_{it}) &= \beta_{oi} + \beta_{1i}t + \omega_{it} \\ \text{Ln}(L_t) &= \beta_o + \beta_1 t + \omega_t \end{aligned} \tag{5}$$

其中，ω_{it} 与 ω_t 为回归方程的残差，去除掉时间趋势后的 detrended 参数 σ_i^2、σ^w 就等于回归方程残差 ω_{it}、ω_t 的方差。设置 95% 置信区间，对对数正态分布下的各参数进行估计，得到 raw 参数、detrended 参数及具体的回归检验如表 1 和表 2。

表 1　参数估计结果

	均值	区间估计	标准差		相关系数
			raw	detrended	
人保财险	9.449 3	(9.324 869，9.573 708)	0.260 4	0.116 9	0.894 0
太保财险	8.413 9	(8.333 017，8.494 882)	0.554 5	0.076 0	0.996 2
平安财险	8.549 4	(8.471 116，8.627 777)	0.564 2	0.073 6	0.991 7
总体	10.505 0	(10.432 073，10.577 841)	0.408 8	0.068 5	1.000 0

表 2　回归检验结果

	调整 R^2	F 值	P 值
人保财险	0.798 5	19.813 4	0.006 695
太保财险	0.977 4	260.915 5	0.000 017
平安财险	0.979 6	288.838 7	0.000 013
总体	0.966 3	173.190 2	0.000 045

在表 2 回归检验结果中，调整的拟合优度反映了回归模型对观测值的拟合效果，且它的值越接近 1，拟合程度越好。由数据分析结果，该项指标均比较接近 1，可以得出财险公司的赔付变化确实具有显著的时间趋势；同时，各变量的 F 值均大于临界值 [$F_{0.05}$ (1，5) =6.607 891]，因此拒绝原假设，即认为回归方程中的被解释变量（财险公司损失的对数）与解释变量（设定的时间 t）之间的线性关系在总体上是显著的。而检验结果中 P 值均小于 $\alpha=0.05$，因此拒绝原假设，即认为时间 t 对财险公司的赔付

确实有显著影响①。

②损失范围设定

根据康明斯等（2002）在模型中的规定，行业承保的既定损失范围：下限 = 总赔款；上限 = 可用于支付赔款的总货币资金 = 总赔款 + 权益，这里我们依据历年台风灾害致灾损失情况将既定台风灾害成本损失范围定为 667 亿 ~ 967 亿元，并在中间每隔 50 亿元做一个区间。

（3）实证结果

结合偿付反应函数中各变量的实际数据，计算在既定损失下我国财险公司的最大偿付能力具体额度。在评估时点上（2013 年末），四省财险公司在 667 亿 ~ 967 亿元成本损失范围内的最大偿付能力如表 3 所示。

表 3　2013 年浙江、海南、广东、福建四省财险业台风巨灾损失偿付能力

（单位：亿元）

赔付能力 / 巨灾损失（亿元）	人保财险		太保财险		平安财险		行业总体	
	raw	detrended	raw	detrended	raw	detrended	raw	detrended
667	11.346 5	389.533 0	176.543 3	176.543 3	278.580 1	278.580 1	466.469 9	844.656 4
717	11.877 8	12.763 8	176.543 3	176.543 3	278.580 1	278.580 1	467.001 2	467.887 2
767	12.395 7	13.320 3	176.543 3	176.543 3	278.580 1	278.580 1	467.519 1	468.443 7
817	12.901 4	13.863 7	176.543 3	176.543 3	278.580 1	278.580 1	468.024 8	468.987 1
867	13.395 8	14.394 9	176.543 3	176.543 3	278.580 1	278.580 1	468.519 2	469.518 4
917	13.879 8	14.915 1	176.543 3	176.543 3	278.580 1	278.580 1	469.003 2	470.038 5
967	14.354 3	15.424 9	176.543 3	176.543 3	278.580 1	278.580 1	469.477 7	470.548 4

为更加形象的描述行业赔付效率，下面对时间趋势前后的赔付率用图 5 来表示：

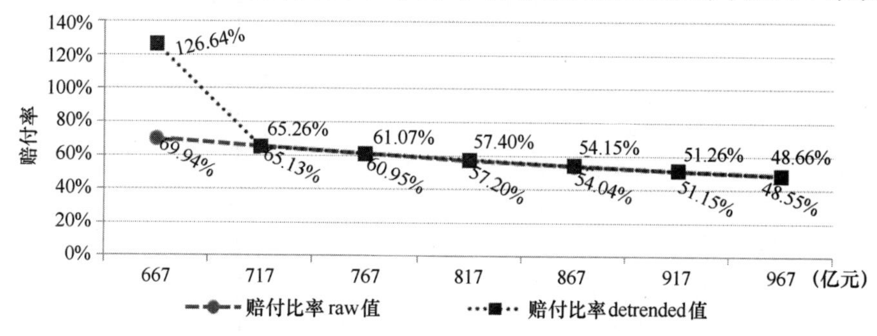

图 5　2013 年末浙江、海南、广东、福建四省财险业既定损失下的最大赔付率

由表 3 及图 5 我们可以发现几点结论：首先，财险业的赔付效率随台风灾害损失的

① 庞皓主编，《计量经济学》，科学出版社，2010 年 6 月 2 版，第 17 – 第 96 页。

增大而减少；其次，由detrended参数估算得到的赔付效率比由raw参数得出的赔付效率要高，也就是说时间因素对财险公司赔付额的影响是显著的；再次，从表3中三家财险公司在既定损失额度下各自的最大赔付额可以看出，太保和平安的最大赔付额是一个固定的值（即保费收入加所有者权益），行业总赔付额度的变化，主要是人保财险赔付额变化引起的。这从一方面表明了人保财险在财险市场中举足轻重的地位，另一方面也暗含了我国财险市场上各家保险公司之间发展的不平衡；最后，当巨灾损失达到717亿至967亿元时，根据detrended参数计算得出的最大赔付率的理论值在65.26%和48.66%之间，但是这一理论结果与实际情况还是有一定差距的。以2004年台风“云娜”为例，“云娜”给浙江省造成了180多亿元的直接经济损失，但“云娜”过后保险业仅仅为此支付了16.6亿元的理赔金额，赔付比率不到9%[①]，由此可以得出我国财产保险市场的承保能力还有巨大的发展潜力。

三、结语

近年来随着全球气候的变化，我国台风灾害发生频次高、影响范围广及受灾程度重的致灾特征更加明显，对台风灾害的预防及损失补偿成为制约沿海地区社会经济发展的紧要命题。而根据本文实证分析结果可知，我国财险业对台风灾害损失的实际赔付率并不高，仅占理论赔付率的16%，也就是说保险市场灾害分散功能并未理想释放，台风灾害的商业化保险承保空间还是较为充裕的。为了更好地提升我国财险业应对台风灾害损失的赔付能力，本文认为应该从以下方面着手改进。

首先，平衡财险公司经营地位，鼓励中小保险公司集团化发展，提高财险业整体承保能力。其次，借鉴美国、英国等应对飓风、洪灾的经验，在由政府主导采用税收优惠政策、推行强制性台风灾害保险等手段，以达到培育、扶持台风灾害保险市场主体的效果。另外，探索台风灾害损失补偿多元化融资方式，比如以台风为标的发行巨灾债券、成立政府联合的再保险项目等，为灾害保险市场运行提供充足的资金支持[②]。

---

① 沈蕾：“美国佛州的飓风灾害保险及对浙江省的启示”，《上海保险》，2008年第1期，第56－第60页。

② 施建祥，邬云玲：“我国巨灾保险风险证券化研究—台风灾害债券的设计”，《金融研究》，2006年第5期，第103－第112页。